C++
第二版

程式設計解題入門
融入程式設計競賽與APCS實作題

序

　　想寫一本易於學習與理解的 C++程式設計解題入門書，適合已經學會 C++程式語法，想要進入 C++程式解題的讀者，希望經由本書可以讓讀者熟悉 C++程式設計技巧，與使用演算法與資料結構概念進行解題。

　　本書範例的解題過程首先提供「解題概念的圖解說明」讓概念的解說清楚易懂，接著進行「程式碼實作與解說」分析程式碼的效率，最後「預覽執行結果」，讓讀者可以經由這樣的過程，理解這些解題概念、如何應用解題概念於程式解題與如何將解題概念實作為程式碼。

　　由基礎到進階方式安排章節次序，依序為常用程式設計技巧、排序演算法、模擬演算法、貪婪演算法、暴力演算法、分而治之演算法、動態規劃演算法、線性資料結構與演算法、樹狀資料結構與演算法、圖狀資料結構與演算法等。並將解題中經常會使用到的 C++標準樣板函式庫(STL)整理成 PDF 電子書，與本書範例一併提供給讀者線上下載(http://books.gotop.com.tw/download/AEL021700)。

　　希望本書能帶領讀者進入 C++程式解題的世界，並能喜歡上程式設計與程式解題，熟悉基礎的資料結構與演算法概念，能夠運用這些概念解決問題。學會程式解題沒有捷徑，透過不斷地練習，多看他人的程式碼，多想為什麼會這樣，多寫各種解題概念的程式碼，慢慢累積就會進步。

　　最後，感謝碁峰編輯群的校對與排版，讓本書能更臻完善。

黃建庭

目錄

③ 模擬

④ 貪婪（Greedy）演算法

⑤ 暴力

6 分而治之與二元搜尋

7 動態規劃

8　線性資料結構

9　樹狀結構

10 圖形資料結構與圖形走訪（DFS 與 BFS）

11 圖形最短路徑

12 常見圖形演算法

A 標準樣板函式庫(Standard Template Library) PDF格式電子書，請線上下載

▼下載說明

本書範例、附錄 A 電子書請至 http://books.gotop.com.tw/download/AEL021700 下載。其內容僅供合法持有本書的讀者使用，未經授權不得抄襲、轉載或任意散佈。

程式輸入輸出與常用 程式設計技巧

當遇到輸入資料是不固定長度的時候，且以整行當成一個輸入單位，使用 getline 與 stringstream 可讓撰寫程式變得輕鬆許多，getline 用於一次輸入一整行字串，stringstream 可以將輸入的整行字串分割為數個子字串，利用簡單的語法，處理複雜的輸入。

函式或類別	所需標頭檔
getline 函式	#include <string>
stringstream 類別	#include <sstream>

以下介紹不固定長度的資料輸入程式撰寫步驟。

Step1 包含系統串流（iostream）、字串串流處理（sstream）與字串處理（string）函式庫。

Step2 使用「getline(cin,s)」輸入資料到字串變數 s。

Step3 使用「stringstream ss(s)」，物件 ss 為 stringstream 物件，使用字串變數 s 對物件 ss 進行初始化，接著對物件 ss 使用運算子「>>」以空白字元進行字串切割，再將切割後的字串輸入到其他變數。

1-1-1 找出所有英文單字

【1-1-1-sstream1.cpp】請寫一個程式，當輸入值為一行英文時，請將非英文字母部分轉成空白鍵，並將所有字母改成小寫，最後依照順序輸出每個單字，一行一個單字。

(a) 預覽結果

```
■ I:\mybook\C++程式設計解題入門\ch1\sstream1.exe
No cross, no crown.
no
cross
no
crown
```

(b) 程式碼與解說

本程式所需函式與對應的標頭檔,如下表。

函式	標頭檔
isalpha	#include <cctype>
tolower	#include <cctype>

```
1    #include <iostream>
2    #include <sstream>
3    #include <cctype>
4    using namespace std;
5    int main() {
6      string s,tmp;
7      while(getline(cin,s)){
8        for(int i=0;i<=s.length();i++){
9          if(isalpha(s[i])){
10           s[i]=tolower(s[i]);
11         }else {
12           s[i]= ' ';
13         }
14       }
15       stringstream ss(s);
16       while(ss>>tmp){
17         cout<<tmp<<endl;
18       }
19     }
20   }
```

- 第 6 行:宣告 s 與 tmp 為 string 物件。
- 第 7 行到第 19 行:使用 while 迴圈與 getline 函式將 cin 物件的輸入串流, 讀入每一行字串到字串物件 s,直到輸入串流結束(第 7 行),使用 for 迴

圈將字串物件 s 每個字元取出，判斷每個字元是否是大小寫的英文字母（isalpha 函式），若是大小寫英文字母，則一律轉成小寫英文字母（tolower 函式）（第 9 到 10 行）；否則將該字元改成空白字元（第 11 到 13 行）。

- 第 15 行：宣告 ss 為 stringstream 物件，以字串物件 s 進行初始化。

- 第 16 行到第 18 行：使用 while 迴圈將物件 ss 輸入到字串 tmp，會利用空白字元進行字串切割，每一小段的字串 tmp 可以經由 cout 顯示到螢幕。

1-2 ▸▸ C++純文字檔案輸入輸出

C++提供檔案輸入與輸出的函式庫為 fstream，fstream 函式庫以 C++物件導向方式撰寫而成，提供 C++處理檔案輸入與輸出的類別，C++與 C 在檔案處理上，皆是將檔案輸入與輸出視為串流（stream）。串流是將電腦輸入與輸出運作方式進行抽象化，串流（stream）為無限長度的字元，串流可以對應不同的輸出與輸入裝置，可以是檔案、鍵盤或螢幕。程式中可以事先指定輸出與輸入的裝置，例如：檔案，串流的讀取就相當於讀取檔案，串流的寫入相當於寫入檔案，這就是串流概念將輸入與輸出概念進行抽象化。程式設計者不需要因為對應的設備不同就要更改程式碼，所有裝置的輸入與輸出皆視為串流，只要指定不同的裝置，就會將輸入與輸出導向該裝置，降低程式撰寫的複雜度。

以下介紹檔案的輸入與輸出程式撰寫步驟。

Step1　包含系統串流（iostream）、檔案處理（fstream）與字串處理（string）函式庫。

Step2　使用 ifstream 指定輸入的檔案與 ofstream 指定輸出的檔案。

Step3　使用運算子「>>」與「<<」及字串物件控制與處理輸入與輸出的串流。

⚡ 充電時間　利用檔案輸出進行程式除錯

將程式執行過程中重要的訊息輸出到檔案，也可以用檔案輸出進行程式除錯。將每一個程式執行的暫存結果輸出到檔案，程式執行完畢後，開啟程式輸出的檔案，檢查每一步驟是否有問題，而獲得程式執行的過程，若有問題就修改程式，再執行一次，獲得新的執行結果後輸出到檔案，可以不斷重複上述步驟直到確定程式正確執行為止。

1-2-1 檔案的讀取與寫入

【1-2-1-檔案讀取與輸出.cpp】請寫一個程式，從程式所在目錄下的 input.txt 檔案讀取每一行資料，寫入到程式所在目錄下的 output.txt 檔案。

(a) 預覽結果

在程式所在資料夾新增文字檔「input.txt」，按下「執行→編譯並執行」，於同一資料夾下產生文字檔「output.txt」。

(b) 程式碼與解說

```
1    #include <iostream>
2    #include <fstream>
3    #include <string>
4    using namespace std;
5    int main(){
6      ifstream in("input.txt");
7      ofstream out("output.txt");
8      string s;
9      while (getline(in, s)) {
10       out << s << endl;
11     }
12   }
```

- 第 1 到 3 行：包含系統串流、檔案處理與字串物件函式庫。
- 第 6 到 7 行：宣告 in 為 ifstream 物件，以檔案「input.txt」為輸入檔案。宣告 out 為 ofstream 物件，以檔案「output.txt」為輸出檔案。
- 第 8 行：宣告 s 為字串物件。
- 第 9 行到第 11 行：使用 while 迴圈與使用 getline 方法將 in 物件的輸入串流，in 物件代表指定的檔案(input.txt)，讀入每一行字串到字串物件 s，直到輸入串流結束，並輸出到 out 物件，out 物件代表輸出串流，輸出到指定的檔案(output.txt)，每行輸出後換行。

1-3 ▸▸ 程式中定義常數

在程式中可以定義常數，常數可以使用前置處理器的#define 指令，例如「#define MAX 100」，在編譯之前，前置處理器會將程式中所有 MAX 改成 100，再進行編譯。使用前置處理器的#define 的優點是，若程式中有多處需要使用 MAX 來決定程式的邊界，例如：最大的資料數量，當我們需要將 MAX 值改為 1000，若不用#define 指令，則需要手動將每個需要用到 MAX 的地方修改為 1000；若用#define 指令，則只要修改「#define MAX 1000」，所有 MAX 就會改成 1000，大大增加程式的調整彈性。舉例如下。

使用#define	不使用#define
| ```cpp
#define MAX 100
using namespace std;
int main(){
    int a[MAX];
    for(int i=0;i<MAX;i++) {
        a[i]=i;
        cout << a[i] <<" ";
    }
}
``` | ```cpp
using namespace std;
int main(){
    int a[100];
    for(int i=0;i<100;i++) {
        a[i]=i;
        cout << a[i] <<" ";
    }
}
``` |
| 將 MAX 重新定義為 1000 | 所有數字 100 改成 1000，必須都改到，不能少改或改錯。 |
| ```cpp
#define MAX 1000
using namespace std;
int main(){
    int a[MAX];
    for(int i=0;i<MAX;i++) {
        a[i]=i;
        cout << a[i] <<" ";
    }
}
``` | ```cpp
using namespace std;
int main(){
    int a[1000];
    for(int i=0;i<1000;i++) {
        a[i]=i;
        cout << a[i] <<" ";
    }
}
``` |

另一種常數的定義方式是「const」，當變數宣告為 const，表示變數不能被修改。程式在編譯時，可以檢查程式是否有修改到 const 變數，若被更改會發出錯誤訊息。

例如：定義數學的圓周率 π，可以使用反餘弦函式 acos，輸入餘弦值-1.0，反餘弦函式 acos 反查餘弦值-1.0 的徑度，剛好是圓周率 π，將結果儲存到倍精度浮點數變數 PI，結果如下。

```
const double PI=acos(-1.0);
```

1-3-1 定義常數

【1-3-1-定義常數.cpp】請寫一個程式，使用「#define MAX 100」定義陣列的大小與迴圈執行次數，使用「const double PI=acos(-1.0);」定義圓周率 π 的值，顯示變數 PI 到螢幕。

(a) 預覽結果

(b) 程式碼與解說

程式所需函式與對應的標頭檔，如下表。

函式	標頭檔
acos	#include \<cmath\>
setprecision	#include \<iomanip\>

```
1    #include <iostream>
2    #include <cmath>
3    #include <iomanip>
4    #define MAX 100
5    using namespace std;
6    int main(){
7      int a[MAX];
8      const double PI=acos(-1.0);
```

```
9        for(int i=0;i<MAX;i++) {
10          a[i]=i;
11          cout<<a[i]<<" ";
12        }
13        cout<<endl;
14        cout<<setprecision(15)<<PI<<endl;
15      }
```

- 第 4 行：定義 MAX 為 100
- 第 7 行：宣告 a 為整數陣列，有 MAX 個元素。
- 第 8 行：宣告 PI 為倍精度浮點數，使用反餘弦函式 acos，輸入餘弦值-1.0，反餘弦函式 acos 反查餘弦值-1.0 的徑度。
- 第 9 行到第 12 行：使用 for 迴圈，初始化陣列 a，與輸出陣列 a 的每個元素值。
- 第 13 行：輸出換行。
- 第 14 行：設定輸出精準度到小數點以下第 15 位，顯示變數 PI 到螢幕。

1-4 ▸▸ 大量修改與比較資料

若要大量修改與比較資料，可使用函式 memset、memcpy 與 memcmp，相較於使用迴圈進行資料的修改，有較佳的執行速度，但須小心使用，要注意記憶體空間是否超出範圍。程式所需函式與對應的標頭檔，如下表。

函式	標頭檔
memset	#include <cstring>
memcpy	#include <cstring>
memcmp	#include <cstring>

函式	功能	範例
void * memset (*ptr ,int value, num);	將 ptr 到 (ptr+num-1) 所指定記憶體空間的每一個 Byte 都改成數值 value。	memset(a,0,sizeof(a));　　說明：將 a 到 (a+sizeof(a)-1) 所指定記憶體空間的所有元素的每個 Byte 設定為 0

函式	功能	範例
`void * memcpy (*dest, *src, num );`	將 src 到 (src+num-1) 所指定記憶體空間複製到 dest 到 (dest+num-1) 所指定記憶體空間。	`memcpy(dest,src,sizeof(src));` 說明：將 src 到 (src+sizeof(src)-1) 所指定的空間複製到 dest 到 (dest+sizeof(src)-1) 所指定的空間。
`int memcmp (*ptr1, *ptr2, num );`	比較 ptr1 到 (ptr1+num-1) 所指定記憶體空間與 ptr2 到 (ptr2+num-1) 所指定記憶體空間，若 ptr1 與 ptr2 所指定記憶體空間，第一個不相同的 Byte，若 ptr1 記憶體儲存值大於 ptr2 記憶體儲存值，回傳大於 0 的數值；若 ptr1 記憶體儲存值小於 ptr2 記憶體儲存值，回傳小於 0 的數值；若 ptr1 記憶體儲存值相等於 ptr2 記憶體儲存值，回傳 0。	`memcmp(p1,p2,sizeof(p1));` 說明；比較 p1 到 p1+sizeof(p1)-1 與 p2 到 p2+sizeof(p1)-1 所指定的記憶體空間，若 p1 與 p2 所指定記憶體空間，第一個不相同的 Byte，若 p1 記憶體儲存值大於 p2 記憶體儲存值，回傳大於 0 的數值；若 p1 記憶體儲存值小於 p2 記憶體儲存值，回傳小於 0 的數值；若 p1 記憶體儲存值相等於 p2 記憶體儲存值，回傳 0。

1-4-1　memset 範例

【1-4-1-memset.cpp】請寫一個程式，使用「memset(a,0,sizeof(a))」設定陣列 a 中每個 Byte 都設定為 0，顯示陣列中所有元素到螢幕。

(a) 預覽結果

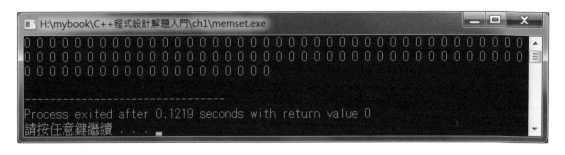

(b) 程式碼與解說

```
1    #include <iostream>
2    #include <cstring>
3    using namespace std;
4    int main(){
5      int a[100];
6      memset(a,0,sizeof(a));
7      for(int i=0;i<100;i++){
8        cout << a[i] <<" ";
9      }
10     cout << endl;
11   }
```

- 第 5 行：宣告 a 為整數陣列，有 100 個元素。
- 第 6 行：使用 memset 將陣列 a 中每個 Byte 都設定為 0。
- 第 7 行到第 9 行：使用 for 迴圈輸出陣列 a 的每個元素值。
- 第 10 行：輸出換行。

延伸問題

(a) 若將第六行改成「memset(a,100,sizeof(a))」，輸出陣列 a 的陣列元素，發現了什麼問題？為什麼會如此？

提示：memset 將所指定的記憶體空間將每個 Byte 改成 100，而整數 int 有 4 個 Byte。

(b) 若將第六行改成「memset(a,-1,sizeof(a))」，輸出陣列 a 的陣列元素，有發現異狀嗎？為什麼會如此？

提示：-1 在電腦的二進位表示有關。

1-4-2　memcpy 範例

【1-4-2-memcpy.cpp】請寫一個程式，使用「memcpy(a.name, myname, sizeof(myname))」設定結構 a 的 name 為字串 myname，並使用「memcpy(&b,&a, sizeof(a));」拷貝結構 a 到結構 b，顯示結構 b 的所有內容。

(a) 預覽結果

```
H:\mybook\C++程式設計解題入門\ch1\memcpy.exe

John 99 85

------------------------------------------------
Process exited after 0.0275 seconds with return value 0
請按任意鍵繼續 . . . .
```

(b) 程式碼與解說

```cpp
1    #include <iostream>
2    #include <cstring>
3    using namespace std;
4    struct stu{
5      char name[40];
6      int math;
7      int en;
8    };
9    int main(){
10     stu a,b;
11     char myname[5]="John";
12     memcpy(a.name,myname,sizeof(myname));
13     a.math=99;
14     a.en=85;
15     memcpy(&b,&a,sizeof(a));
16     cout<<b.name<<" "<<b.math<<" "<<b.en<<endl;
17   }
```

- 第 4 行到第 8 行：宣告結構 stu，結構 stu 內包含 name 字元陣列，name 有 40 個字元，math 與 en 為整數變數。
- 第 10 行：宣告 a 與 b 為結構 stu 變數。
- 第 11 行：宣告 myname 為 5 個字元的字元陣列，初始化為「John」。
- 第 12 行：使用字串 myname 初始化結構 a 的 name。
- 第 13 行：設定結構 a 的 math 為 99。
- 第 14 行：設定結構 a 的 en 為 85。
- 第 15 行：拷貝結構 a 到結構 b。
- 第 16 行：輸出結構 b 的所有內容，最後輸出換行。

1-4-3　memcmp 範例

【1-4-3-memcmp.cpp】請寫一個程式，使用 memcmp 比較兩字串，將比較結果輸出到螢幕。

(a) 預覽結果

```
H:\mybook\C++程式設計解題入門\ch1\memcmp.exe

I love C++小於I love Java

----------------------------------
Process exited after 0.04136 seconds with return value 0
請按任意鍵繼續 . . .
```

(b) 程式碼與解說

```
1    #include <iostream>
2    #include <cstring>
3    using namespace std;
4    int main(){
5      char tmp1[11]="I love C++";
6      char tmp2[12]="I love Java";
7      int n;
8      n=memcmp(tmp1,tmp2, sizeof(tmp1) );
9      if (n>0) cout << tmp1 << "大於" << tmp2 << endl;
10     else if (n<0) cout << tmp1 << "小於" << tmp2 << endl;
11     else cout << tmp1 << "等於" << tmp2 << endl;
12   }
```

- 第 5 行：宣告 tmp1 為字元陣列，初始化為「I love C++」。
- 第 6 行：宣告 tmp2 為字元陣列，初始化為「I love Java」。
- 第 7 行：宣告 n 為整數變數。
- 第 8 行：使用 memcmp 比較 tmp1 與 tmp2，比較結果儲存到變數 n。
- 第 9 行到第 11 行：若 n 大於 0，則顯示字串 tmp1 大於字串 tmp2；否則若 n 小於 0，則顯示字串 tmp1 小於字串 tmp2；否則顯示字串 tmp1 等於字串 tmp2。

1-5 ▸▸ 廣域與自動變數的差異

編譯產生的執行檔，不同作業系統有不同的格式，DOS 的執行檔為 COFF 格式，Windows 的執行檔為 PE 格式，而 Linux 的執行檔為 ELF 格式，這些格式都須將一個執行檔分成不同的區段(segment)，以 DOS 的 COFF 格式的執行檔為例，主要分成 text 區段、data 區段、bss 區段、stack 區段與 heap 區段。

(1) text 區段用於儲存指令，設定為唯讀的區段。

(2) data 區段用於儲存已經初始化的全域變數或靜態(static)變數。

(3) bss 區段儲存未指定初始值或初始值為 0 的全域變數，和未指定初始值或初始值為 0 的靜態(static)變數，在 bss 區段中未指定初始值的全域或靜態變數系統會自動初始化為 0。

(4) stack 與 heap 區段由程式執行時，由系統指定固定大小的記憶體空間給 stack 與 heap 區段，stack 區段由高位記憶體向下增加空間，heap 區段由低位記憶體向上增加空間。

　(4a) stack 區段儲存函式內區域變數、函式的呼叫與返回位址等。

　(4b) heap 區段儲存動態變數，經由程式使用指令 new 與 malloc 新增變數，動態新增變數儲存於 heap 區段。

下圖為執行檔執行時，系統的記憶體配置。

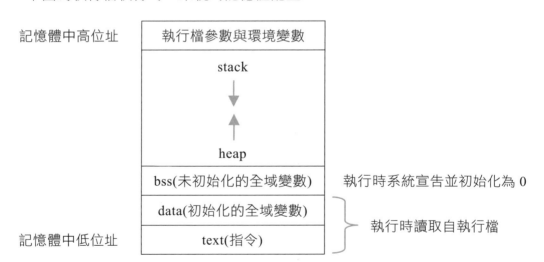

區段有可能在存取過程中超出記憶體範圍，會產生區段錯誤（segmentation fault），造成程式執行中斷。

1-5-1 全域與靜態變數有初始化範例

【1-5-1-全域與靜態變數有初始化.cpp】請寫一個程式，對全域與靜態變數進行初始化。

(a) 預覽結果

因為初始化的全域與靜態變數佔有 data 區段，執行檔需要包含 data 區段的空間，增加執行檔大小，編譯後產生的執行檔大小為 9,909,511 位元組，產生較大的執行檔，如右圖。

(b) 程式碼與解說

```
1    #include <iostream>
2    using namespace std;
3    int g[1000000]={1};//儲存在 data 區段，全域變數初始化為非 0 值
4    int main(){
5      static int h[1000000]={1};//儲存在 data 區段，靜態變數初始化為非 0 值
6    }
```

- 第 3 行：宣告 g 為全域整數陣列，擁有 1000000 個元素，每個元素初始化為 1。
- 第 5 行：宣告 h 為靜態整數陣列，擁有 1000000 個元素，每個元素初始化為 1。

使用 size 指令讀取「全域與靜態變數有初始化.exe」，結果如下圖，data 的大小有 8090700 位元組，為了儲存初始化的全域與靜態變數。

```
C:\Windows\system32\cmd.exe
I:\mybook\C++程式設計解題入門\ch1>size 全域與靜態變數有初始化.exe
   text    data     bss     dec      hex  filename
 540144  8090700          5600  8636444  83c81c  全域與靜態變數有初始化.exe
```

全域與靜態變數有初始化範例的延伸問題

可以修改第 4 行或第 6 行，請問陣列元素個數設定為多少時，會出現超出記憶體空間的區段錯誤（segmentation fault）或者因為輸出的執行檔過大導致編譯器無法回應？請觀察執行檔的檔案大小，有何變化？

1-5-2　全域與靜態變數未初始化範例

【1-5-2-全域與靜態變數未初始化.cpp】寫一個程式，宣告全域變數，但未初始化或初始化為 0。

(a) 預覽結果

因為未初始化或初始化為 0 的全域變數佔有 bss 區段，執行時系統才宣告並自動初始化為 0，編譯後產生的執行檔大小為 1,909,511 位元組，因為不佔用 data 區段，所以產生較小的執行檔，如下圖。

(b) 程式碼與解說

```
1      #include <iostream>
2      using namespace std;
3      int g[1000000];//儲存在 bss 區段，全域變數未初始化
4      int main(){
5        static int h[1000000];//儲存在 bss 區段，靜態變數未初始化
6      }
```

- 第 3 行：宣告 g 為全域整數陣列，擁有 1000000 個元素，未初始化，所以系統自動將每個元素初始化為 0。
- 第 5 行：宣告 h 為靜態整數陣列，擁有 1000000 個元素，未初始化，所以系統自動將每個元素初始化為 0。

使用 size 指令讀取「全域與靜態變數未初始化.exe」，結果如下圖，bss 的大小有 8005632 位元組，為了儲存未初始化或初始化為 0 的全域與靜態變數。

全域與靜態變數未初始化範例的延伸問題

可以修改第 4 行或第 6 行，請問陣列元素個數設定為多少時，會出現錯誤？請觀察執行檔的檔案大小，有何變化，還是沒有變化？

1-5-3 區域變數與動態變數範例

【1-5-3-區域變數與動態變數.cpp】寫一個程式，宣告區域陣列 a，有 100000 個元素，使用 new 新增動態陣列 b，有 100000 個元素。

(a) 預覽結果

區域變數佔有 stack 區段，執行時系統才宣告區域變數，stack 區段儲存於記憶體空間的高位址處；動態變數佔有 heap 區段，執行時系統才新增動態變數，heap 區段儲存於記憶體空間的低位址處。

(b) 程式碼與解說

```
1    #include <iostream>
2    using namespace std;
3    int main(){
4      int a[100000];//區域變數，儲存在 stack 區段
5      cout << a << endl;
6      cout << a+1 << endl;
7      cout << a+2 << endl;
8      int *b;
9      b=new int(100000);//動態變數，儲存在 heap 區段
10     cout << b << endl;
11     cout << b+1 << endl;
12     cout << b+2 << endl;
13   }
```

- 第 4 行：宣告 a 為區域整數陣列，擁有 100000 個元素。
- 第 5 行：顯示陣列 a 第一個元素的位址。
- 第 6 行：顯示陣列 a 第二個元素的位址。
- 第 7 行：顯示陣列 a 第三個元素的位址。
- 第 8 行：宣告 b 為整數指標
- 第 9 行：宣告 b 為動態整數陣列，擁有 100000 個元素。
- 第 10 行：顯示陣列 b 第一個元素的位址。
- 第 11 行：顯示陣列 b 第二個元素的位址。
- 第 12 行：顯示陣列 b 第三個元素的位址。

使用 size 指令讀取「區域變數與動態變數.exe」，結果如下圖，data 與 bss 區段都沒有佔用特別大的記憶體空間。

區域變數與動態變數範例的延伸問題

可以修改第 4 行或第 9 行，請問陣列元素個數設定為多少時，會出現超出記憶體空間的區段錯誤(segmentation fault)？請觀察執行檔的檔案大小，有何變化，還是沒有變化？

綜合上述實驗結果，如下表。

變數	區段	注意事項
已經初始化的全域變數或靜態(static)變數	data	會影響執行檔的大小。
未指定初始值或初始值為 0 的廣域變數，和未指定初始值或初始值為 0 的靜態變數	bss	不會影響執行檔的大小。宣告較大陣列空間時，盡量使用未指定初始值或初始值為 0 的廣域陣列，宣告位置在 main 函式之前的陣列就是全域陣列。
區域變數、函式的返回位址與函式的參數	stack	區域變數所佔空間過多，遞迴深度太深，會產生 stack overflow。
程式使用指令 new 與 malloc 新增變數	heap	動態變數不會自動回收，需要使用 delete 刪除動態變數，動態變數所佔空間過多，會產生 heap overflow。

⚡充電時間

程式中若要宣告較大的記憶體空間時，盡量宣告為廣域變數，且不要初始化，或初始化為 0，可以宣告較大的空間，且不會影響執行檔大小。若宣告為區域變數或動態變數，則會占用 stack 或 heap 空間，因為 stack 或 heap 空間較小，不適合宣告過大的陣列空間。

1-6 ▸▸ 位元運算

任何電腦中數字都會轉成二進位儲存在電腦中，例如：數字 13 轉成二進位為 00001101，位元運算會對數值轉換成二進位值的每個位元(0 與 1)進行運算，C++的位元運算提供以下運算子。

運算子	說明	範例	運算結果（二進位顯示）
&	且（and）運算	(0b101)&(0b110)	100
|	或（or）運算	(0b101)|(0b110)	111
^	互斥或（exclusive-or）運算	(0b101)^(0b110)	011
~	1 的補數運算	~(0b00000101)	11111010
<<	左移運算，「<< 1」表示左移一個位元，相當於乘以 2；「<< 2」表示左移兩個位元，相當於乘以 4，以此類推。	(0b101)<<1	1010
>>	右移運算「>> 1」表示右移一個位元，相當於除以 2；「>> 2」表示右移兩個位元，相當於除以 4，以此類推。	(0b101)>>1	10

位元運算有較佳的執行效率，以下舉例位元運算子的程式範例。

1-6-1 位元運算範例

【1-6-1-位元運算.cpp】寫一個程式,練習各種位元運算子。

(a) 預覽結果

(b) 程式碼與解說

```
1    #include <iostream>
2    using namespace std;
3    int main(){
4        int a=0b01001101;
5        int b=0b00100110;
6        cout << "a=" << hex << a << endl;
7        cout << "b=" << hex << b << endl;
8        cout << "a&b=" << hex << (a&b) << endl;
9        cout << "a|b=" << hex << (a|b) << endl;
10       cout << "a^b=" << hex << (a^b) << endl;
11       cout << "~a=" << hex << (~a) << endl;
12       cout << "(a<<1)=" << hex << (a<<1) << endl;
13       cout << "(a>>1)=" << hex << (a>>1) << endl;
14   }
```

- 第 4 行:宣告 a 為整數變數,初始化二進位值為(01001101)。
- 第 5 行:宣告 b 為整數變數,初始化二進位值為(00100110)。
- 第 6 行:顯示「a=」與變數 a 的十六進位表示。
- 第 7 行:顯示「b=」與變數 b 的十六進位表示。
- 第 8 行:顯示「a&b=」,變數 a 與變數 b 的位元且運算的結果,使用十六進位表示。

- 第 9 行：顯示「a|b=」，變數 a 與變數 b 的位元或運算的結果，使用十六進位表示。
- 第 10 行：顯示「a^b=」，變數 a 與變數 b 的位元互斥或運算的結果，使用十六進位表示。
- 第 11 行：顯示「~a=」，變數 a 的 1 的補數運算，使用十六進位表示。
- 第 12 行：顯示「(a<<1)」，變數 a 的左移 1 位的運算，使用十六進位表示。
- 第 13 行：顯示「(a>>1)」，變數 a 的右移 1 位的運算，使用十六進位表示。

上述程式範例計算過程，如下表。

A （二進位表示）	B （二進位表示）	運算子	結果 （二進位表示）	結果 （十六進位表示）
01001101	00100110	a&b	00000100	4
01001101	00100110	a|b	01101111	6f
01001101	00100110	a^b	01101011	6b
01001101	00100110	~a	10110010	ffffffb2 整數佔有 4 位元組，前 3 個位元組每個位元由 0 改成 1，變成 ffffff
01001101	00100110	a<<1	10011010	9a
01001101	00100110	a>>1	00100110	26

排序 ②

排序就是將資料由小到大或由大到小排列，常見排序演算法有氣泡排序、選擇排序、插入排序、合併排序與快速排序等，其中以合併排序與快速排序的演算法效率比較好，但程式也較複雜。

2-1 ▸▸ 氣泡排序（BubbleSort）

隨機產生一個陣列五個元素，以氣泡排序演算法將這五個元素由小到大排序。

氣泡排序舉例說明

假設隨機產生五個陣列元素，如下圖。

60	90	44	82	50

(1) 比較第一個元素 (60) 與第二個 (90) 元素，若第一個元素比第二個元素大，則第一個元素與第二個元素交換。

60	90	44	82	50

(2) 再比較第二個元素 (90) 與第三個元素 (44)，若第二個元素比第三個元素大，則第二個元素與第三個元素交換，目前第三個元素 (90) 為三個元素最大的。

60	44	90	82	50

(3) 再比較第三個元素 (90) 與第四個元素 (82)，若第三個元素比第四個元素大，則第三個元素與第四個元素交換，目前第四個元素 (90) 為四個元素最大的。

| 60 | 44 | 82 | 90 | 50 |

(4) 再比較第四個元素 (90) 與第五個元素 (50)，若第四個元素比第五個元素大，則第四個元素與第五個元素交換，目前第五個元素 (90) 為五個元素最大的，如此我們已經將最大元素放到陣列最後一個元素。

| 60 | 44 | 82 | 50 | 90 |

(5) 依此類推，將範圍改成第一到第四個元素，比較第一個元素 (60) 與第二個 (44) 元素，若第一個元素比第二個元素大，則第一個元素與第二個元素交換。

| 44 | 60 | 82 | 50 | 90 |

(6) 比較第二個元素 (60) 與第三個 (82) 元素，若第二個元素比第三個元素大，則第二個元素與第三個元素交換。

| 44 | 60 | 82 | 50 | 90 |

(7) 比較第三個元素 (82) 與第四個 (50) 元素，若第三個元素比第四個元素大，則第三個元素與第四個元素交換，照上述方式可以將四個中最大元素放到陣列第四個元素。

| 44 | 60 | 50 | 82 | 90 |

(8) 依此類推，將範圍改成第一到第三個元素，比較第一個元素 (44) 與第二個 (60) 元素，若第一個元素比第二個元素大，則第一個元素與第二個元素交換。

| 44 | 60 | 50 | 82 | 90 |

(9) 比較第二個元素 (60) 與第三個 (50) 元素，若第二個元素比第三個元素大，則第二個元素與第三個元素交換，照上述方式可以將三個中最大元素放到陣列第三個元素。

| 44 | 50 | 60 | 82 | 90 |

(10) 依此類推，將範圍改成第一到第二個元素，比較第一個元素 (44) 與第二個 (50) 元素，若第一個元素比第二個元素大，則第一個元素與第二個元素交換，照上述方式可以將兩個中最大元素放到陣列第二個元素，範圍內只有一個元素就不用排序了，到此已完成排序。

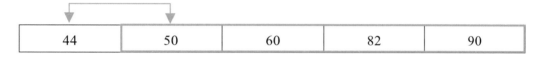

| 44 | 50 | 60 | 82 | 90 |

氣泡排序演算法程式碼【2-1-氣泡排序.cpp】

(a) 程式碼與解說

```
1    #include <iostream>
2    #include <ctime>
3    #include <cstdlib>
4    #define Size 10
5    using namespace std;
6    void printA(int *a,int s){
7      for(int i=0;i<s;i++){
8        cout << a[i] << " ";
9      }
10     cout << endl;
11   }
12   int main(){
13     int A[Size],tmp;
14     srand(time(NULL));
15     for (int i=0;i<Size;i++){
16       A[i]=rand()%1000+1;
17     }
18     cout << "排序前" << endl;
19     printA(A,Size);
20     for(int i=Size-1;i>1;i--){
21       for(int j=0;j<i;j++){
22         if (A[j]>A[j+1]){
23           tmp=A[j];
```

```
24          A[j]=A[j+1];
25          A[j+1]=tmp;
26        }
27      }
28      cout << "外層迴圈跑" << Size-i <<"次結果為" << endl;
29      printA(A,Size);
30    }
31    cout << "排序後" << endl;
32    printA(A,Size);
33  }
```

- 第 4 行：定義 Size 為 10。

- 第 6 行到第 11 行：定義函式 printA，使用迴圈印出陣列 a 的所有元素。

- 第 13 行：宣告 10 個元素的整數陣列 A，宣告 tmp 為整數變數。

- 第 14 行：初始化隨機函式。

- 第 15 到 17 行：使用 for 迴圈隨機產生陣列 A 元素的值，其值介於 1 到 1000 的整數。

- 第 18 行：顯示「排序前」。

- 第 19 行：顯示陣列 A 的元素。

- 第 20 到 30 行：氣泡排序演算法，外層迴圈變數 i，控制內層迴圈變數 j 的上限，迴圈變數 i 由 9 到 2，每次遞減 1，內層迴圈 j 由 0 到（i-1），每次遞增 1，第 22 到 26 行比較相鄰兩數，前面比後面大就交換，第 23 到 25 行表示交換兩數。

- 第 28 行：顯示「外層迴圈跑 x 次結果為」。

- 第 29 行：呼叫 printA 顯示陣列所有元素。

- 第 31 行：顯示「排序後」。

- 第 32 行：呼叫 printA 顯示排序後陣列所有元素。

(b) 預覽結果

按下「執行→編譯並執行」，螢幕顯示結果如下圖。

氣泡排序演算法效率

假設要排序 n 個資料，程式中第 20 行到第 30 行為氣泡排序演算法，外層迴圈 i 數值由 n-1 到 1，每次遞減 1，外層每執行一次內層執行 i 次，內層迴圈的執行總次數影響整個程式的執行效率，累加內層迴圈的執行次數為「(n-1)+(n-2)+(n-3)+...+2」，總次數接近「$\frac{n^2}{2}$」，演算法效率為 $O(n^2)$。

2-2 ›› 插入排序（InsertionSort）

隨機產生一個陣列五個元素，以插入排序演算法將這五個元素由小到大排序。

插入排序演算法舉例說明

假設隨機產生五個陣列元素，如下圖。

60	50	44	82	55

(1) 初始化變數 insert 為第二個元素 (50)，將變數 insert(50) 插入到陣列中，讓第一個元素與第二個元素成為已排序狀態。

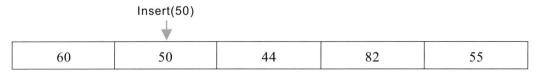

(2) 因為第一個元素 (60) 比變數 insert(50) 大，第一個元素 (60) 移到第二個元素，將變數 insert(50) 放到第一個元素，這樣第一個與第二個元素就變成已排序狀態。

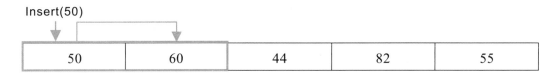

(3) 初始化變數 insert 為第三個元素 (44)，將變數 insert(44) 插入到陣列中，讓第一個元素到第三個元素成為已排序狀態。

Insert(44)

| 50 | 60 | 44 | 82 | 55 |

(4) 因為第二個元素 (60) 比變數 insert(44) 大，第二個元素 (60) 移到第三個元素，因為第一個元素 (50) 比變數 insert(44) 大，第一個元素 (50) 移到第二個元素，將變數 insert(44) 放到第一個元素，這樣第一個元素到第三個元素就變成已排序狀態。

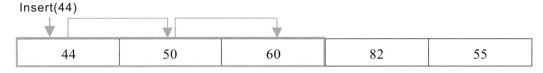

(5) 初始化變數 insert 為第四個元素 (82)，將變數 insert (82) 插入到陣列中，讓第一個元素到第四個元素成為已排序狀態。

Insert(82)

| 44 | 50 | 60 | 82 | 55 |

(6) 因為第三個元素 (60) 比變數 insert(82) 小,將變數 insert(82) 放到第四個元素,這樣第一個元素到第四個元素就變成已排序狀態。

Insert(82)

| 44 | 50 | 60 | 82 | 55 |

(7) 初始化變數 insert 為第五個元素 (55),將變數 insert (55) 插入到陣列中,讓第一個元素到第五個元素成為已排序狀態。

Insert(55)

| 44 | 50 | 60 | 82 | 55 |

(8) 因為第四個元素 (82) 比變數 insert(55) 大,第四個元素 (82) 移到第五個元素,因為第三個元素 (60) 比變數 insert(55) 大,第三個元素 (60) 移到第四個元素,最後將變數 insert(55) 放到第三個元素,這樣第一個元素到第五個元素就變成已排序狀態。

Insert(55)

| 44 | 50 | 55 | 60 | 82 |

插入排序演算法程式碼【2-2-插入排序.cpp】

(a) 程式碼與解說

```
1    #include <iostream>
2    #include <ctime>
3    #include <cstdlib>
4    #define Size 10
5    using namespace std;
6    void printA(int *a,int s){
7      for(int i=0;i<s;i++){
8        cout << a[i] << " ";
9      }
10     cout << endl;
11   }
12   int main() {
13     int A[Size],insert;
14     srand(time(NULL));
15     for (int i=0;i<Size;i++){
```

```
16          A[i]=rand()%1000+1;
17        }
18      cout << "排序前" << endl;
19      printA(A,Size);
20      int j;
21      for(int i=1;i<Size;i++){
22        insert = A[i];
23        for(j=i-1;j>=0;j--){
24          if(insert < A[j]) {
25            A[j+1]=A[j];
26          }else {
27            break;
28          }
29        }
30        A[j+1]=insert;
31        cout << "外層迴圈執行" << i <<"次結果為" << endl;
32        printA(A,Size);
33      }
34      cout << "排序後" << endl;
35      printA(A,Size);
36    }
```

- 第 4 行：定義 Size 為 10。

- 第 6 行到第 11 行：定義函式 printA，使用迴圈印出陣列 a 的所有元素。

- 第 12 行到第 36 行：定義 main 函式。

- 第 13 行：宣告 10 個元素的整數陣列 A，宣告 insert 為整數變數。

- 第 14 行：初始化隨機函式。

- 第 15 到 17 行：使用 for 迴圈隨機產生陣列 A 元素的值，其值介於 1 到 1000 的整數。

- 第 18 行：顯示「排序前」。

- 第 19 行：顯示陣列 A 的元素。

- 第 20 行：宣告變數 j 為整數變數。

- 第 20 到 33 行：插入排序演算法，外層迴圈變數 i，控制內層迴圈變數 j 的初始值，外層迴圈變數 i 由 1 到 Size-1，每次遞增 1，初始化變數 insert 為 A[i]，內層迴圈 j 由 i-1 到 0，每次遞減 1，若索引值 j 所指定的元素值較變數 insert 大，則將 A[j] 複製到 A[j+1]；否則中斷內層迴圈（第 27 行）。

- 第 30 行：將變數 insert 儲存到 A[j+1]。

- 第 31 行：顯示「外層迴圈執行 x 次結果為」

- 第 32 行：呼叫 printA 顯示陣列所有元素。
- 第 34 行：顯示「排序後」。
- 第 35 行：呼叫 printA 顯示排序後陣列所有元素。

(b) 預覽結果

按下「執行→編譯並執行」，螢幕顯示結果如下圖。

插入排序演算法效率

假設要排序 n 個資料，程式中第 20 行到第 33 行為插入排序演算法，外層迴圈 i 數值由 1 到 n-1，每次遞增 1，外層每執行一次內層執行 i 次，內層迴圈的執行總次數影響整個程式的執行效率，累加內層迴圈的執行次數為「1+2+3+…+(n-2)+(n-1)」，總次數接近「$\frac{n^2}{2}$」，演算法效率為 $O(n^2)$。

2-3 ▸▸ 合併排序（MergeSort）

隨機產生一個陣列八個元素，以合併排序演算法將這八個元素由小到大排序。

合併排序演算法舉例說明

假設隨機產生八個數字放置於陣列中，如下圖。

60	50	44	82	55	24	99	33

(1) 排序第 1 個元素到第 8 個元素，排序左半部（第 1 個元素到第 4 個元素）與右半部（第 5 個元素到第 8 個元素），最後將左右兩邊資料合併完成排序，首先執行排序左半部（第 1 個元素到第 4 個元素）。

60	50	44	82	55	24	99	33

(2) 排序第 1 個元素到第 4 個元素，排序左半部（第 1 個元素到第 2 個元素）與右半部（第 3 個元素到第 4 個元素），最後將左右兩邊資料合併完成排序，首先執行排序左半部（第 1 個元素到第 2 個元素）。

60	50	44	82	55	24	99	33

(3) 排序第 1 個元素到第 2 個元素，排序左半部（第 1 個元素到第 1 個元素）與右半部（第 2 個元素到第 2 個元素），因為左右兩邊都只剩下一個元素，左右兩邊都已經排序完成，將左右兩邊資料合併完成排序，比較兩邊最小的元素，較小的放在前面，合併過程完成第 1 個元素到第 2 個元素的排序。

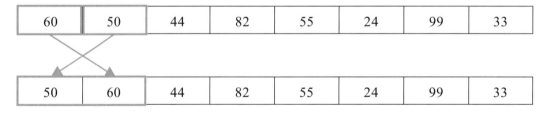

(4) 現在執行 (2) 排序第 3 個元素到第 4 個元素，排序左半部（第 3 個元素到第 3 個元素）與右半部（第 4 個元素到第 4 個元素），因為左右兩邊都只剩下一個元素，左右兩邊都已經排序完成，將左右兩邊資料合併完成排序，比較兩邊最小的元素，較小的放在前面，合併過程完成第 3 個元素到第 4 個元素的排序。

(5) 在 (2) 排序第 1 個元素到第 4 個元素，先排序左半部（第 1 個元素到第 2 個元素）與右半部（第 3 個元素到第 4 個元素），到此完成左右兩邊的排序，現在合併左右兩邊資料完成排序，比較兩邊最小的元素，較小的放在前面，合併過程完成第 1 個元素到第 4 個元素的排序。

(6) 現在執行 (1) 排序右半部（第 5 個元素到第 8 個元素），最後將左右兩邊資料合併完成排序。

| 44 | 50 | 60 | 82 | 55 | 24 | 99 | 33 |

(7) 排序第 5 個元素到第 8 個元素，排序左半部（第 5 個元素到第 6 個元素）與右半部（第 7 個元素到第 8 個元素），最後將左右兩邊資料合併完成排序，首先執行排序左半部（第 5 個元素到第 6 個元素）。

| 44 | 50 | 60 | 82 | 55 | 24 | 99 | 33 |

(8) 排序第 5 個元素到第 6 個元素，排序左半部（第 5 個元素到第 5 個元素）與右半部（第 6 個元素到第 6 個元素），因為左右兩邊都只剩下一個元素，左右兩邊都已經排序完成，將左右兩邊資料合併完成排序，比較兩邊最小的元素，較小的放在前面，合併過程完成第 5 個元素到第 6 個元素的排序。

| 44 | 50 | 60 | 82 | 55 | 24 | 99 | 33 |

| 44 | 50 | 60 | 82 | 24 | 55 | 99 | 33 |

(9) 現在執行 (7) 的排序右半部第 7 個元素到第 8 個元素，排序左半部（第 7 個元素到第 7 個元素）與右半部（第 8 個元素到第 8 個元素），因為左右兩邊都只剩下一個元素，左右兩邊都已經排序完成，將左右兩邊資料合併完成排序，比較兩邊最小的元素，較小的放在前面，合併過程完成第 7 個元素到第 8 個元素的排序。

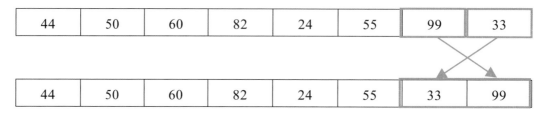

(10) 在(7)排序第 5 個元素到第 8 個元素，現在完成排序左半部（第 5 個元素到第 6 個元素）與右半部（第 7 個元素到第 8 個元素），現在將左右兩邊資料合併完成排序，比較兩邊最小的元素，較小的放在前面，合併過程完成第 5 個元素到第 8 個元素的排序。

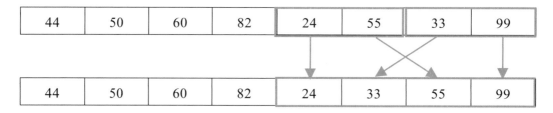

(11) 在(1)排序第 1 個元素到第 8 個元素，現在完成排序左半部（第 1 個元素到第 4 個元素）與右半部（第 5 個元素到第 8 個元素），現在將左右兩邊資料合併完成排序，比較兩邊最小的元素，較小的放在前面，合併過程完成排序。

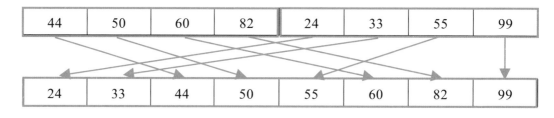

合併排序演算法程式碼【2-3-合併排序.cpp】

(a) 程式碼與解說

```
1     #include <iostream>
2     #include <ctime>
3     #include <cstdlib>
4     #define Size 10
5     using namespace std;
6     void merge(int *,int,int,int);
7     void mergesort(int *,int,int);
8     void printA(int *a,int s){
9       for(int i=0;i<s;i++){
10         cout << a[i] << " ";
11       }
12       cout << endl;
13     }
14     void mergesort(int *a,int L,int R){
15       int M;
16       if(L<R){
17         M=(L+R)/2;
18         mergesort(a,L,M);
19         mergesort(a,M+1,R);
20         merge(a,L,M,R);
21         cout <<"L="<<L<<" M="<<M<<" R="<<R<<endl;
22         printA(a,Size);
23       }
24     }
25     void merge(int *a,int L,int M,int R){
26       int left,right,i,tmp[Size];
27       left=L;
28       right=M+1;
29       i=L;
30       while((left<=M)&&(right<=R)){
31         if(a[left]<a[right]){
32           tmp[i]=a[left];
33           i++,left++;
34         }else{
35           tmp[i]=a[right];
36           i++,right++;
37         }
38       }
39       while(left<=M){
40         tmp[i]=a[left];
41         i++,left++;
42       }
43       while(right<=R){
```

```
44          tmp[i]=a[right];
45          i++,right++;
46        }
47        for(i=L;i<=R;i++){
48          a[i]=tmp[i];
49        }
50      }
51  int main() {
52      int A[Size];
53      srand(time(NULL));
54      for (int i=0;i<Size;i++){
55        A[i]=rand()%1000+1;
56      }
57      cout << "排序前" << endl;
58      printA(A,Size);
59      mergesort(A,0,Size-1);
60      cout << "排序後" << endl;
61      printA(A,Size);
62    }
```

- 第 4 行：定義 Size 為 10。
- 第 6 行：宣告 merge 函式，用於合併左右兩邊的已排序陣列。
- 第 7 行：宣告 mergesort 函式，用於將陣列切割成左右兩半分別排序。
- 第 8 行到第 13 行：定義函式 printA，使用迴圈印出陣列 a 的所有元素。
- 第 14 行到第 24 行：定義 mergesort，輸入參數有陣列 a、左半部索引值 L 與右半部索引值 R。
- 第 15 行：宣告整數變數 M。
- 第 16 行到第 23 行：若左半部索引值 L 小於右半部索引值 R，則令索引值 M 為 L 與 R 除以 2。呼叫函式 mergesort(a,L,M) 切割成左半部先排序，呼叫函式 mergesort(a,M+1,R) 切割成右半部先排序，最後經由呼叫 merge(a,L,M,R) 將左右兩邊已排序陣列元素，合併成一個已排序陣列。顯示變數 L、變數 M 與變數 R 的數值，列印陣列所有元素，用於顯示執行合併排序的過程（第 21 到 22 行）。
- 第 25 到 50 行：定義 merge 函式，輸入的參數有要排序的陣列 a，左邊界索引值 L、中間索引值 M 與右邊界索引值 R。
- 第 26 行：宣告整數變數 left（目前左半部執行到第幾個元素）、right（目前右半部執行到第幾個元素）、i（合併後的暫存陣列 tmp 的索引值）與合併過程的暫存陣列 tmp，有 Size 個元素。

- 第 27 行：變數 left 初始化為 L，因為左半部的目前合併元素 left 從左邊界索引值 L 開始。

- 第 28 行：變數 right 初始化為 M+1，因為右半部的目前合併元素 right 從右邊界索引值 M+1 開始。

- 第 29 行：變數 i 初始化為 L，因為暫存陣列 tmp 的索引值 i 從左邊界索引值 L 開始。

- 第 30 行到第 38 行：當 left 小於等於 M 且 right 小於等於 R，表示左右兩半部都還有元素可以合併，繼續執行合併動作。合併動作為當陣列 a 的索引值 left 元素小於陣列 a 的索引值 right，將左半部元素放入陣列 tmp 第 i 個元素位置（第 32 行），變數 i 與 left 都遞增 1（第 33 行）；否則將右半部元素放入陣列 tmp 第 i 個元素位置（第 35 行），變數 i 與 right 都遞增 1（第 36 行）

- 第 39 行到第 42 行：若 left 小於等於 M，表示左半部還有元素需要放入陣列 tmp，而右半部已經全部放入，將左半部剩餘元素依序放入陣列 tmp。

- 第 43 行到第 46 行：若 right 小於等於 R，表示右半部還有元素需要放入陣列 tmp，而左半部已經全部放入，將右半部剩餘元素依序放入陣列 tmp。

- 第 47 行到第 49 行：將陣列 tmp 的第 L 個元素到第 R 個元素複製給陣列 a 的第 L 個元素到第 R 個元素。

- 第 51 行到第 62 行：定義 main 函式。

- 第 52 行：宣告 Size 個元素的整數陣列 A。

- 第 53 行：初始化隨機函式。

- 第 54 到 55 行：使用 for 迴圈隨機產生陣列 A 元素的值，其值介於 1 到 1000 的整數。

- 第 57 行：顯示「排序前」。

- 第 58 行：顯示陣列 A 的所有元素。

- 第 59 行：呼叫 mergesort 函式，排序陣列 A 所有元素。

- 第 60 行：顯示「排序後」。

- 第 61 行：呼叫 printA 顯示排序後陣列所有元素。

(b) 預覽結果

按下「執行→編譯並執行」，螢幕顯示結果如下圖。

合併排序演算法效率

假設要排序 n 個資料，程式中第 14 行到第 50 行為合併排序演算法，第 18 行到第 19 行的 mergesort 函式每次將資料拆成一半，所以合併排序的 mergesort 的遞迴深度為 O(log(n))，第 20 行的 merge 動作每一層都需要 O(n)，所以合併演算法效率為 O(n log(n))，相較於氣泡排序與插入排序演算法效能較佳，但排序過程須額外使用 O(n) 的暫存記憶體空間，所以記憶體空間的使用較氣泡排序與插入排序演算法來的多。

2-4 ▸▸ 快速排序（QuickSort）

隨機產生一個陣列八個元素，以快速排序演算法將這八個元素由小到大排序。

快速排序演算法舉例說明

假設隨機產生八個數字放置於陣列中，如下圖。

| 60 | 50 | 44 | 82 | 55 | 47 | 99 | 33 |

(1) 以第 1 個元素 (60) 為基準，使用 i 由前往後找大於第一個元素 (60) ，使用 j 由後往前找小於第一個元素 (60)。

(2) 將 (1) 所找到的第 i 個與第 j 個元素互換。

(3) 以第 1 個元素 (60) 為基準，使用 i 繼續由前往後找大於第一個元素 (60)，使用 j 由後往前找小於第一個元素 (60)，因為 i 大於等於 j，所以停止交換第 i 個與第 j 個元素。

| 60 | 50 | 44 | 33 | 55 | 47 | 99 | 82 |

(4) 第 1 個元素(60)與第 j 個元素互換，到此已經確定第 1 個元素(60)排序後所在位置，也就是小於第 1 個元素(60)會在前面，大於第 1 個元素(60)會在後面。

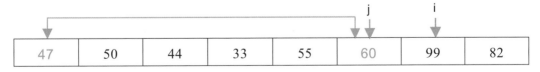

2-18 | Chapter 02

(5) 以元素 (60) 的左半部與右半部分成兩部分，分別重複步驟(1)到(4)，假設左半部先執行。

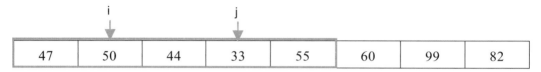

| 47 | 50 | 44 | 33 | 55 | 60 | 99 | 82 |

(6) 以第 1 個元素 (47) 為基準，使用 i 由前往後找大於第一個元素 (47)，使用 j 由後往前找小於第一個元素 (47)。

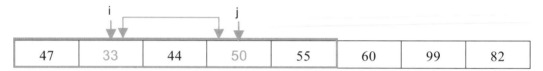

(7) 將 (6) 所找到的第 i 個與第 j 個元素互換。

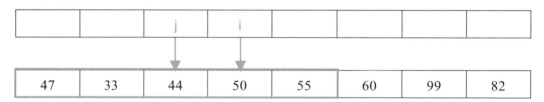

(8) 以第 1 個元素 (47) 為基準，使用 i 繼續由前往後找大於第一個元素 (47)，使用 j 由後往前找小於第一個元素 (47)，因為 i 大於等於 j，所以停止交換第 i 個與第 j 個元素。

| | | j | i | | | | |
| 47 | 33 | 44 | 50 | 55 | 60 | 99 | 82 |

(9) 第 1 個元素 (47) 與第 j 個元素互換，到此已經確定第 1 個元素 (47) 排序後所在位置，也就是小於第 1 個元素 (47) 會在前面，大於第 1 個元素 (47) 會在後面。

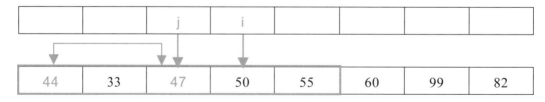

(10) 以元素 (47) 的左半部與右半部分成兩部分，分別重複步驟 (1) 到 (4)，假設左半部先執行。

| 44 | 33 | 47 | 50 | 55 | 60 | 99 | 82 |

(11) 以第 1 個元素 (44) 為基準,使用 i 由前往後找大於第一個元素 (44),使用 j 由後往前找小於第一個元素 (44),因為 i 大於等於 j,所以停止交換第 i 個與第 j 個元素。。

| 44 | 33 | 47 | 50 | 55 | 60 | 99 | 82 |

(12) 第 1 個元素 (44) 與第 j 個元素互換,到此已經確定第 1 個元素 (44) 排序後所在位置,也就是小於第 1 個元素 (44) 會在前面,大於第 1 個元素 (44) 會在後面。

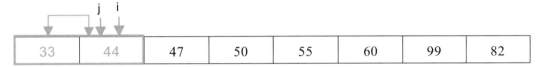

| 33 | 44 | 47 | 50 | 55 | 60 | 99 | 82 |

(13) 以元素 (44) 的左半部與右半部分成兩部分,因為左半部只剩下一個元素,右半部是空的,就不用繼續排序。

| 33 | 44 | | 47 | 50 | 55 | 60 | 99 | 82 |

(14) 回到第 (10) 的右半部,以該半部的第 1 個元素 (50) 為基準,使用 i 由前往後找大於第一個元素 (50),使用 j 由後往前找小於第一個元素 (50),因為 i 大於等於 j,所以停止交換第 i 個與第 j 個元素。

| 33 | 44 | 47 | 50 | 55 | 60 | 99 | 82 |

(15) 該半部的第 1 個元素 (50) 與第 j 個元素互換,自己跟自己交換,沒有改變,到此已經確定第 1 個元素 (50) 排序後所在位置,也就是小於第 1 個元素(50)會在前面,大於第 1 個元素 (50) 會在後面。

| 33 | 44 | 47 | 50 | 55 | 60 | 99 | 82 |

(16) 以元素 (55) 的左半部與右半部分成兩部分,因為左半部是空的,右半部只剩下一個元素,就不用繼續排序。

| 33 | 44 | 47 | | 50 | 55 | 60 | 99 | 82 |

(17) 回到第(5)的右半部,以該半部的第 1 個元素 (99) 為基準,使用 i 由前往後找大於第一個元素 (99),使用 j 由後往前找小於第一個元素 (99),因為 i 大於等於 j,所以停止交換第 i 個與第 j 個元素。

| 33 | 44 | 47 | 50 | 55 | 60 | 99 | 82 |

(18) 第 1 個元素(99)與第 j 個元素互換,到此已經確定第 1 個元素(99)排序後所在位置,也就是小於第 1 個元素(99)會在前面,大於第 1 個元素(99)會在後面。

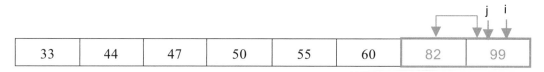

| 33 | 44 | 47 | 50 | 55 | 60 | 82 | 99 |

(19) 以元素 (99) 的左半部與右半部分成兩部分,因為左半部只剩下一個元素,右半部是空的,就不用繼續排序,到此完成快速排序。

| 33 | 44 | 47 | 50 | 55 | 60 | 82 | 99 |

快速排序演算法程式碼【2-4-快速排序.cpp】

(a) 程式碼與解說

```
1    #include <iostream>
2    #include <ctime>
3    #include <cstdlib>
4    #define Size 10
5    using namespace std;
6    void swap(int *p,int *q){
7      int tmp;
8      tmp=*p;
9      *p=*q;
10     *q=tmp;
11   }
12   void printA(int *a,int s){
13     for(int i=0;i<s;i++){
14       cout << a[i] << " ";
15     }
16     cout << endl;
17   }
18   void quicksort(int *a,int L,int R) {
19     int i,j;
```

```
20      if(L < R) {
21        i=L,j=R+1;
22        while(1) {
23          while((i<R)&&(a[++i]<a[L])) ;
24          while((j>0)&&(a[--j]>a[L])) ;
25          if(i >= j) break;
26          swap(&a[i],&a[j]);
27        }
28        swap(&a[L],&a[j]);
29        cout <<"L="<<L<<" j="<<j<<" R="<<R<<endl;
30        printA(a,Size);
31        quicksort(a,L,j-1);
32        quicksort(a,j+1,R);
33      }
34    }
35    int main(void) {
36      int A[Size];
37      srand(time(NULL));
38      for (int i=0;i<Size;i++){
39        A[i]=rand()%1000+1;
40      }
41      cout << "排序前" << endl;
42      printA(A,Size);
43      quicksort(A,0,Size-1);
44      cout << "排序後" << endl;
45      printA(A,Size);
46    }
```

- 第 4 行：定義 Size 為 10。
- 第 6 行到第 11 行：使用 swap 函式將 p 與 q 交換。
- 第 12 行到第 17 行：定義函式 printA，使用迴圈印出陣列 a 的所有元素。
- 第 18 行到第 34 行：quicksort 函式是快速排序演算法，輸入參數 a 為要排序的陣列資料，整數變數 L 與 R，表示要排序陣列 a[L] 到 a[R] 的所有元素。
- 第 19 行：宣告 i 與 j 為整數變數。
- 第 20 行到第 33 行：當 L 小於 R，表示還有兩個以上的元素需要排序，則變數 i 初始化為 L，變數 j 初始化為 R+1（第 21 行）。i 不斷遞增直到找出 a[i] 大於等於 a[L] 的元素或者 i 大於等於 R 就停止（第 23 行）。j 不斷遞減直到找出 a[j] 小於等於 a[L] 的元素或者 j 小於等於 0 就停止（第 24 行）。當 i 大於等於 j，就中斷 while 迴圈（第 25 行），表示已經找到 a[L] 的放置位置。過程中將 a[i] 與 a[j] 兩元素交換（第 26 行）。

- 第 28 行：把 a[L] 與 a[j] 兩元素交換，a[L] 放在 a[j] 的位置，元素 a[L] 確定完成排序，也就是比 a[L] 小的放在左半部，比 a[L] 大的放在右半部。

- 第 29 到 30 行：顯示快速排序演算法的遞迴呼叫過程，與排序過程中陣列所有元素。

- 第 31 到 32 行：遞迴呼叫排序左半部，排序陣列 a[L] 到 a[j-1] 的元素，與遞迴呼叫排序右半部，排序陣列 a[j+1] 到 a[R] 的元素。

- 第 35 行到第 46 行：定義 main 函式。

- 第 36 行：宣告 Size 個元素的整數陣列 A。

- 第 37 行：初始化隨機函式。

- 第 38 到 40 行：使用 for 迴圈隨機產生陣列 A 元素的值，其值介於 1 到 1000 的整數。

- 第 41 行：顯示「排序前」。

- 第 42 行：顯示陣列 A 的所有元素。

- 第 43 行：呼叫 quicksort 函式，排序陣列 A 所有元素。

- 第 44 行：顯示「排序後」。

- 第 45 行：呼叫 printA 顯示排序後陣列所有元素。

(b) 預覽結果

按下「執行→編譯並執行」，螢幕顯示結果如下圖。

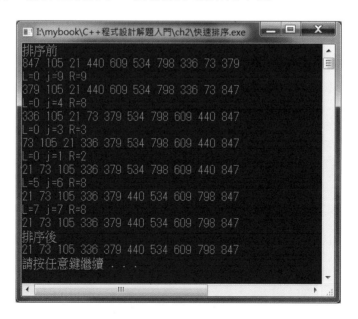

快速排序演算法效率

假設要排序 n 個資料，程式中第 18 行到第 34 行為快速排序演算法，第 31 行到第 32 行的 quicksort 函式每次將資料拆成一半或接近一半，所以快速排序的 quicksort 的遞迴深度接近 O(log(n))，每一層都需要 O(n)，所以快速排序演算法平均效率為 O(n log(n))，相較於氣泡排序與插入排序演算法效能較佳，但最差情形就是每次切割都很不均勻，分成一邊沒有任何元素，另一邊是 n-1 個元素（當數字已經由大到小或由小到大完成排序時，就會有此情況），這時快速排序演算法效率為 $O(n^2)$，並不會比氣泡排序與插入排序演算法來的好。相較於合併排序演算法，最差情形合併排序比快速排序效率要好，快速排序平均而言需使用 O(log(n)) 記憶體空間，因為遞迴深度所占記憶體空間，而合併排序須額外使用 O(n) 的記憶體空間。

2-5 ▸▸ 各種排序演算法的比較

綜合比較本章所介紹的四種排序演算法，如下表。

演算法	氣泡排序 （Bubble Sort）	插入排序 （Insertion Sort）	合併排序 （MergeSort）	快速排序 （Quick Sort）
平均演算法效率	$O(n^2)$	$O(n^2)$	O(n log(n))	O(n log(n))
最差情況演算法效率	$O(n^2)$	$O(n^2)$	O(n log(n))	$O(n^2)$
記憶體空間使用量	O(1)	O(1)	O(n)	O(log(n))

2-6 ▸▸ 利用 STL 進行排序

在（Standard Template Library）STL 中提供了排序（sort）函式，須包含 algorithm 函式庫，排序演算法的效率為 O(n log(n))，我們不須辛苦撰寫合併排序或快速排序，可直接呼叫使用。

STL 中排序演算法的函式說明，如下表。

函式	功能	平均效率
sort(first, last)	在 [first,last) 範圍內進行排序，範圍包含 first，但不含 last，預設使用遞增排序。	O(n*log(n))
sort(first, last,cmp)	在 [first,last) 範圍內使用 cmp 函式進行排序，範圍包含 first，但不含 last，經由修改 cmp 函式，可以改成遞增排序或遞減排序。	O(n*log(n))
stable_sort(first, last)	在 [first,last) 範圍內進行排序，範圍包含 first，但不含 last，預設使用遞增排序，stable 表示相同數值的元素，在排序過程中前後關係維持不變。	O(n*log(n))
stable_sort(first,last,cmp)	在 [first,last) 範圍內使用 cmp 函式進行排序，範圍包含 first，但不含 last，經由修改 cmp 函式，可以改成遞增排序或遞減排序，stable 表示相同數值的元素，在排序過程中前後關係維持不變。	O(n*log(n))

STL 的排序演算法程式碼【2-6-sort.cpp】

隨機產生一個陣列 10 個元素，使用 STL 中的排序演算法將這 10 個元素由小到大排序，再重新產生 10 個元素，使用 STL 中的排序演算法將這 10 個元素由大到小排序。

(a) 程式碼與解說

```
1    #include <iostream>
2    #include <algorithm>
3    #include <ctime>
4    #include <cstdlib>
5    #define Size 10
6    using namespace std;
7    bool cmp1(int i,int j){
8      return (i<j);
9    }
10   bool cmp2(int i,int j){
11     return (i>j);
12   }
13   void printA(int *a,int s){
14     for(int i=0;i<s;i++){
15       cout << a[i] << " ";
```

```
16        }
17        cout << endl;
18    }
19    int main () {
20      int A[Size];
21      srand(time(NULL));
22      for (int i=0;i<Size;i++){
23        A[i]=rand()%1000+1;
24      }
25      cout << "排序前" << endl;
26      printA(A,Size);
27      sort(A,A+Size);
28      cout << "使用 sort(A,A+Size)排序後" << endl;
29      printA(A,Size);
30      for (int i=0;i<Size;i++){
31        A[i]=rand()%1000+1;
32      }
33      cout << "排序前" << endl;
34      printA(A,Size);
35      sort(A,A+Size,cmp1);
36      cout << "使用 sort(A,A+Size,cmp1)排序後" << endl;
37      printA(A,Size);
38      for (int i=0;i<Size;i++){
39        A[i]=rand()%1000+1;
40      }
41      cout << "排序前" << endl;
42      printA(A,Size);
43      sort(A,A+Size,cmp2);
44      cout << "使用 sort(A,A+Size,cmp2)排序後" << endl;
45      printA(A,Size);
46    }
```

- 第 5 行：定義 Size 為 10。
- 第 7 行到第 9 行：使用 cmp1 函式讓陣列由小到大排序。
- 第 10 行到第 12 行：使用 cmp2 函式讓陣列由大到小排序。
- 第 13 行到第 18 行：定義函式 printA，使用迴圈印出陣列 a 的所有元素。
- 第 19 行到第 46 行：定義 main 函式。
- 第 20 行：宣告 Size 個元素的整數陣列 A。
- 第 21 行：初始化隨機函式。
- 第 22 到 24 行：使用 for 迴圈隨機產生陣列 A 元素的值，其值介於 1 到 1000 的整數。

- 第 25 行：顯示「排序前」。
- 第 26 行：顯示陣列 A 的所有元素。
- 第 27 行：呼叫 sort 函式，預設讓陣列 A 所有元素由小到大排序。
- 第 28 行：顯示「使用 sort(A,A+Size) 排序後」。
- 第 29 行：呼叫 printA 顯示排序後陣列所有元素。
- 第 30 到 32 行：使用 for 迴圈隨機產生陣列 A 元素的值，其值介於 1 到 1000 的整數。
- 第 33 行：顯示「排序前」。
- 第 34 行：顯示陣列 A 的元素。
- 第 35 行：呼叫 sort 函式，使用 cmp1 將陣列 A 所有元素由小到大排序。
- 第 36 行：顯示「使用 sort(A,A+Size,cmp1) 排序後」。
- 第 37 行：呼叫 printA 顯示排序後陣列所有元素。
- 第 38 到 40 行：使用 for 迴圈隨機產生陣列 A 元素的值，其值介於 1 到 1000 的整數。
- 第 41 行：顯示「排序前」。
- 第 42 行：顯示陣列 A 的元素。
- 第 43 行：呼叫 sort 函式，使用 cmp2 將陣列 A 所有元素由大到小排序。
- 第 44 行：顯示「使用 sort(A,A+Size,cmp2) 排序後」。
- 第 45 行：呼叫 printA 顯示排序後陣列所有元素。

(b) 預覽結果

按下「執行→編譯並執行」，螢幕顯示結果如下圖。

2-7 ▸▸ 多鍵值排序

　　若同時間有多個鍵值需要比較，稱為多鍵值排序，例如排序全校成績時，可以將學生依照國文、英文與數學排序，也就是若國文同分則比較英文，若英文同分則比較數學，程式也可以進行多鍵值排序，需要自訂結構（struct），將同一個學生的國文、英文與數學成績經由結構（struct）結合在一起，接著定義 cmp 函式，最後使用 STL 的 sort 函式與 cmp 函式進行多鍵值排序。

多鍵值排序的程式碼【2-7-多鍵值排序.cpp】

　　請寫一個程式，隨機產生一個學生的國文、英文與數學成績，再依照國文、英文與數學排序，也就是若國文同分則比較英文，若英文同分則比較數學。

(a) 程式碼與解說

```
1    #include <iostream>
2    #include <algorithm>
3    #include <ctime>
4    #include <cstdlib>
5    #define Size 40
6    using namespace std;
7    typedef struct _node{
8      int chi;
9      int eng;
10     int math;
11   }Node;
12   bool cmp(Node a,Node b){
13     if ((a.chi==b.chi)&&(a.eng==b.eng)) return a.math>b.math;
14     if (a.chi==b.chi) return a.eng>b.eng;
15     else return a.chi>b.chi;
16   }
17   int main(){
18     Node stu[Size];
19     srand(time(NULL));
20     for (int i=0;i<Size;i++){
21       stu[i].chi=rand()%40+60;
22       stu[i].eng=rand()%40+60;
23       stu[i].math=rand()%40+60;
24     }
25     sort(stu,stu+Size,cmp);
26     for(int i=0;i<Size;i++){
27       cout<<stu[i].chi<<" "<< stu[i].eng<<" "<<stu[i].math<<endl;
```

```
28      }
29    }
```

- 第 5 行：定義 Size 為 40。

- 第 7 行到第 11 行：自訂結構 Node 有國文成績（chi）、英文成績（eng）與數學成績（math）。

- 第 12 行到第 16 行：使用 cmp 函式，若國文與英文成績相同，則比較數學成績高者排在前面；否則若國文成績相同，英文高者排在前面，否則國文高者排在前面。

- 第 17 行到第 29 行：定義 main 函式。

- 第 18 行：宣告 Size 個元素的陣列 stu，每個元素都是 Node 結構。

- 第 19 行：初始化隨機函式。

- 第 20 到 24 行：使用 for 迴圈隨機產生陣列 stu 元素的國文、英文與數學成績，其值介於 60 到 99 的整數。

- 第 25 行：呼叫 sort 函式，預設讓陣列 stu 所有元素依照國文、英文與數學由大到小排序。

- 第 26 到 28 行：使用 for 迴圈顯示陣列 stu 所有元素的國文、英文與數學成績。

(b) 預覽結果

按下「執行→編譯並執行」，螢幕顯示結果如右圖。

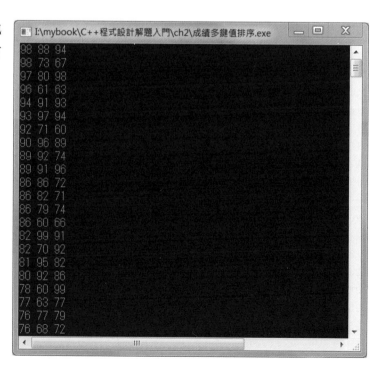

2-8 ▸▸ APCS 排序相關實作題詳解

2-8-1 成績指標（10503 第 1 題）【2-8-1-成績指標.cpp】

問題描述

一次考試中，於所有及格學生中獲取最低分數者最為幸運，反之，於所有不及格同學中，獲取最高分數者，可以說是最為不幸，而此二種分數，可以視為成績指標。

請你設計一支程式，讀入全班成績（人數不固定），對所有分數進行排序，並分別找出不及格中最高分數，以及及格中最低分數。

當找不到最低及格分數時，表示此次考試全班皆不及格，此時請你印出：「worst case」；反之，當找不到最高不及格分數時，請你印出「best case」。

註：假設及格分數為 60，每筆測資皆為 0~100 間整數，且筆數未定。

輸入格式

第一行輸入學生人數，第二行為各學生分數（0~100 間），分數與分數之間以一個空白間格。每一筆測資的學生人數為 1~20 的整數。

輸出格式

- 每筆測資輸出三行。
- 第一行由小而大印出所有成績，兩數字之間以一個空白間格，最後一個數字後無空白。
- 第二行印出最高不及格分數，如果全數及格時，於此行印出 best case。
- 第三行印出最低及格分數，當全數不及格時，於此行印出 worst case。

範例一：輸入

10
0 11 22 33 55 66 77 99 88 44

範例一：正確輸出

> 0 11 22 33 44 55 66 77 88 99
> 55
> 66

（說明）不及格分數最高為 55，及格分數最低為 66。

範例二：輸入

> 1
> 13

範例二：正確輸出

> 13
> 13
> worst case

（說明）由於找不到最低及格分數，因此第三行須印出「worst case」。

範例三：輸入

> 2
> 73 65

範例三：正確輸出

> 65 73
> best case
> 65

（說明）由於找不到不及格分數，因此第二行須印出「best case」。

評分說明

輸入包含若干筆測試資料，每一筆測試資料的執行時間限制（time limit）均為 2 秒，依正確通過測資筆數給分。

(a) 解題想法

使用函式庫 algorithm 的函式 sort 進行成績排序，可以自行定義比較函式 cmp 輸入到函式 sort，讓函式 sort 由小到大排序資料，接著由前往後找尋不及格成績，

就可以找到最高的不及格成績；由後往前找尋及格成績，就可以找到最低的及格成績。

(b) 程式碼與解說

```
1    #include <iostream>
2    #include <algorithm>
3    using namespace std;
4    int cmp(int a, int b){
5      return a<b;
6    }
7    int main(){
8      int n,score[20],a60,b60;
9      while (cin >> n){
10       a60=-1,b60=-1;
11       for(int i=0;i<n;i++){
12         cin >> score[i];
13       }
14       sort(score,score+n,cmp);
15       for(int i=0;i<n;i++){
16         if (score[i]<60) b60=score[i];
17       }
18       for(int i=n-1;i>=0;i--){
19         if (score[i]>=60) a60=score[i];
20       }
21       cout << score[0];
22       for(int i=1;i<n;i++){
23         cout << " " << score[i];
24       }
25       cout << endl;
26       if (b60 != -1) cout << b60 << endl;
27       else cout << "best case" << endl;
28       if (a60 != -1) cout << a60 << endl;
29       else cout << "worst case" << endl;
30     }
31   }
```

- 第 4 到 6 行：自行定義函式 cmp，將此函式輸入函式 sort，會造成數值由小到大排序。

- 第 7 到 31 行：定義函式 main。

- 第 8 行：宣告 n、a60 與 b60 為整數變數，score 為 20 個元素的整數陣列。

- 第 9 到 30 行：不斷輸入成績個數到變數 n，設定變數 a60 初始值為-1，變數 b60 初始值為-1（第 10 行）。

- 第 11 到 13 行：使用迴圈輸入 n 個成績到陣列 score。

- 第 14 行：使用函式 sort 以函式 cmp 為輸入，由小到大排序陣列 score。

- 第 15 到 17 行：使用迴圈由前往後找小於 60 的數值到變數 b60，變數 b60 就是最高的不及格成績。

- 第 18 到 20 行：使用迴圈由後往前找大於等於 60 的數值到變數 a60，變數 a60 就是最低的及格成績。

- 第 21 到 25 行：輸出由小到大已經排序的所有成績。

- 第 26 到 27 行：若 b60 不等於-1，表示 b60 為最高的不及格成績，輸出變數 b60；否則表示找不到最高的不及格成績，則輸出「best case」。

- 第 28 到 29 行：若 a60 不等於-1，表示 a60 為最低的及格成績，輸出變數 a60；否則表示找不到最低的及格成績，則輸出「worst case」。

(c) 預覽結果

　　按下「執行→編譯並執行」，輸入題目所規定的三組測資後，螢幕顯示結果如下圖。

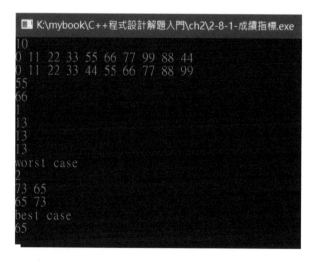

(d) 演算法效率分析

　　第 14 行排序演算法效率為 O(N*log(N))，N 為成績個數，第 15 到 20 行找尋最高的不及格成績與最低的及格成績演算法效率為 O(N)，本程式演算法效率為 O(N*log(N))。

2-8-2　線段覆蓋長度（10503 第 3 題）【2-8-2-線段覆蓋長度.cpp】

問題描述

給定一維座標上一些線段，求這些線段所覆蓋的長度，注意，重疊的部分只能算一次。例如給定三個線段：(5, 6)、(1, 2)、(4, 8)、和(7, 9)，如下圖，線段覆蓋長度為 6。

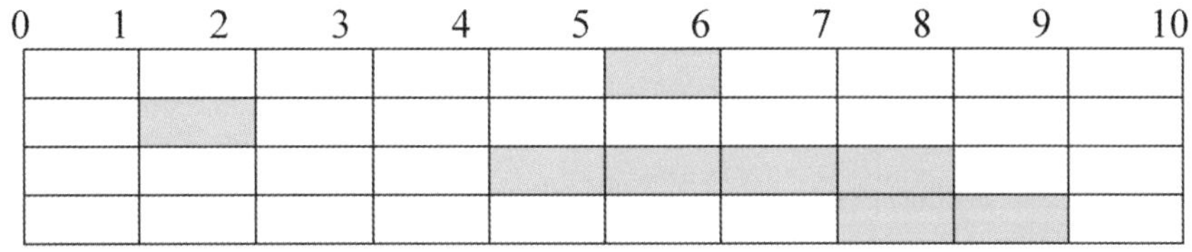

0	1	2	3	4	5	6	7	8	9	10
					░	░				
	░									
				░	░	░	░			
							░	░		

輸入格式

第一列是一個正整數 N，表示此測試案例有 N 個線段。

接著的 N 列每一列是一個線段的開始端點座標和結束端點座標整數值，開始端點座標值小於等於結束端點座標值，兩者之間以一個空格區隔。

輸出格式

輸出其總覆蓋的長度。

範例一：輸入

輸入	說明
5	此測試案例有 5 個線段
160 180	開始端點座標值與結束端點座標
150 200	開始端點座標值與結束端點座標
280 300	開始端點座標值與結束端點座標
300 330	開始端點座標值與結束端點座標
190 210	開始端點座標值與結束端點座標

範例一：輸出

輸出	說明
110	測試案例的結果

範例二：輸入

輸入	說明
1	此測試案例有 1 個線段
120 120	開始端點座標值與結束端點座標值

範例二：輸出

輸出	說明
0	測試案例的結果

評分說明

輸入包含若干筆測試資料，每一筆測試資料的執行時間限制（time limit）均為 2 秒，依正確通過測資筆數給分。每一個端點座標是一個介於 0~M 之間的整數，每筆測試案例線段個數上限為 N。其中：

第一子題組共 30 分，M<1000，N<100，線段沒有重疊。

第二子題組共 40 分，M<1000，N<100，線段可能重疊。

第三子題組共 30 分，M<10000000，N<10000，線段可能重疊。

(a) 解題想法

使用多鍵值排序，線段依照開始端點座標由小到大排序，若開始端點座標相同，則依照結束端點座標由大到小排序。從第一個線段開始，若第一個線段的結束座標包含第二個線段的開始座標，接著若第一個線段的結束座標包含第二個線段的結束座標，則忽略此線段，繼續找尋下一個線段；若第一個線段的結束座標不包含第二個線段的結束座標，則更新第一個線段的結束座標為第二個線段的結束座標，如此下去不斷地串接可以連接的線段，直到結束座標無法包含下一個線段的開始座標，則累加此區段長度到解答，繼續求解下一個線段，最後就可以獲得總共的線段長度。

(b) 程式碼與解說

```
1    #include <cstdio>
2    #include <algorithm>
3    using namespace std;
4    typedef struct _node {
5      int a;
6      int b;
```

```
7       }Node;
8       bool cmp(Node p, Node q) {
9         if (p.a == q.a) return (p.b > q.b);
10        else return(p.a < q.a);
11      }
12      Node d[10000];
13      int main() {
14        int n, cnt,s,e;
15        while (scanf("%d", &n) != EOF) {
16          cnt = 0;
17          for (int i = 0; i<n; i++) {
18            scanf("%d %d", &(d[i].a), &(d[i].b));
19          }
20          sort(d, d + n, cmp);
21          for (int i = 0; i < n;i++) {
22            s = d[i].a;
23            e = d[i].b;
24            while ((i + 1 < n) && d[i + 1].a < e) {
25              if (d[i + 1].b <= e) i++;
26              else {
27                e = d[i + 1].b;
28                i++;
29              }
30            }
31            cnt = cnt + e - s;
32          }
33          printf("%d\n", cnt);
34        }
35      }
```

- 第 4 到 7 行：結構_node 包含兩個變數 a 與 b，轉換成自訂型別 Node。

- 第 8 到 11 行：自行定義函式 cmp，線段依照開始端點座標由小到大排序，若開始端點座標相同，則依照結束端點座標由大到小排序。

- 第 12 行：宣告陣列 d 有 10000 個元素，每個元素都是資料型別 Node，用於儲存線段的兩個端點座標。

- 第 13 到 35 行：定義函式 main。

- 第 14 行：宣告 n、cnt、s 與 e 為整數變數。

- 第 15 到 34 行：不斷輸入線段個數到變數 n，設定變數 cnt 初始值為 0（第 16 行）。

- 第 17 到 19 行：使用迴圈輸入 n 個線段的兩個端點座標到陣列 d。

- 第 20 行：使用函式 sort 以函式 cmp 為輸入，使用多鍵值排序來排序陣列 d。

- 第 21 到 32 行：使用迴圈變數 i，變數 i 由 0 到 n-1，每次遞增 1，設定變數 s 為 d[i] 的開始座標（第 22 行），設定變數 e 為 d[i] 的結束座標（第 23 行）。

- 第 24 到 30 行：當 i + 1 < n（下一個線段存在）且 d[i + 1].a（下一個線段的開始座標）小於變數 e，若 d[i + 1].b（下一個線段的結束座標）小於等於變數 e，則 i 遞增 1（忽略此線段）；否則設定變數 e 為 d[i + 1].b（下一個線段的結束座標），i 遞增 1（考慮下一個線段）。

- 第 31 行：累加線段的長度到變數 cnt。

- 第 33 行：輸出變數 cnt，變數 cnt 就是所有線段的覆蓋長度。

(c) 預覽結果

按下「執行→編譯並執行」，輸入題目所規定的兩組測資後，螢幕顯示結果如下圖。

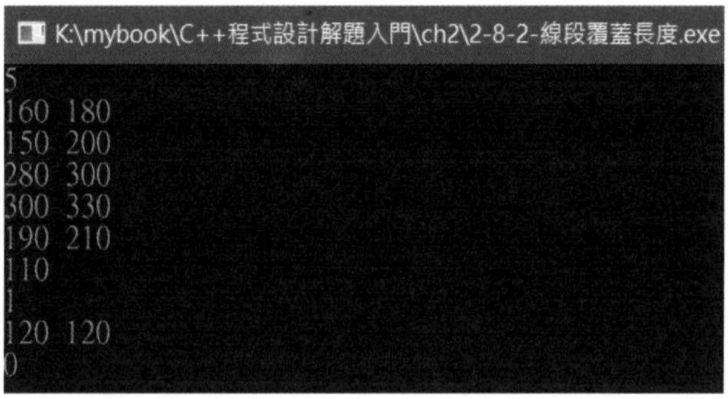

(d) 演算法效率分析

本題的第三組測資輸入大量資料，使用函式 scanf 相較指令 cin 有效率，所以本程式融合 C 語言的輸入與輸出與 C++的 algorithm 函式庫。第 20 行排序演算法效率為 $O(N*\log(N))$，N 為線段的個數，第 21 到 32 行找尋線段覆蓋長度演算法效率為 $O(N)$，本程式演算法效率為 $O(N*\log(N))$。如果使用暴力方式解題，N 個線段，每個線段的座標範圍為 0 到 M，則演算法效率為 $O(N*M)$，可能無法通過第三組測資。

UVa Online Judge 網路解題資源

排序	
分類	**UVa 題目**
基礎題	UVa 10107 What is the Median?
基礎題	UVa 11462 Age Sort
基礎題	UVa 10474 Where is the Marble?
進階題	UVa 11369 Shopaholic
進階題	UVa 10763 Foreign Exchange

多鍵值排序	
分類	**UVa 題目**
基礎題	UVa 10062 Tell me the frequencies!
基礎題	UVa 10008 What's Cryptanalysis?
進階題	UVa 10194 Football (aka Soccer)

註：使用題目編號與名稱為關鍵字進行搜尋，可以在網路上找到許多相關的線上解題資源。

模擬 ③

　　模擬題目千變萬化，依照題意撰寫程式，沒有特別的解題方式，有時需選擇適當的資料結構，會讓程式更容易撰寫，適合考驗初學者撰寫程式的能力，有時題目過於複雜，需要足夠的耐心與細心才不易出錯。

　　最著名的模擬題目就是淘汰遊戲，沒有特定的演算法，只能依照題意以陣列進行模擬。

3-1 ▸▸ 淘汰遊戲（使用陣列紀錄狀態）

　　【3-1-淘汰遊戲.cpp】有 11 個人圍成一個圓圈，如下圖表示。從箭頭所指為開始，每隔一人，就淘汰一人，從 1 號開始編號，編號 1 開始不淘汰，（例如 3 號離開，5 號離開…，依此類推，若超過編號 11 號就接回到 1 號繼續淘汰下去），請問最後剩下來的那個人，是編號幾號？

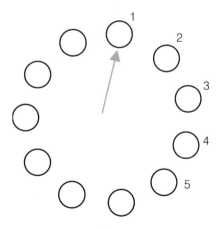

- 輸入說明：每次輸入兩個數字 n 與 p，n 表示每次參加淘汰遊戲的人數，p 表示間隔多少人淘汰一人，輸入 n 小於 100，且 p<n。
- 輸出說明：輸出一個數字，表示最後剩下一人的編號。

- 輸入範例：

  11 3

- 輸出範例：

  10

(a) 解題想法

使用陣列進行模擬，宣告一個 101 個元素的陣列，陣列第一個元素不使用，也就是陣列索引值為 0 的元素不使用，先設定陣列中所有元素為 0，若被淘汰改成 1，一個變數紀錄淘汰幾個了，當剩最後一個時，就使用迴圈找出陣列值為 0 的索引值，就是答案。

(b) 程式碼與解說

```cpp
1     #include<iostream>
2     #include<cstring>
3     #define Size 101
4     using namespace std;
5     int main(){
6       bool a[Size];
7       int n,p,leave,c,i;
8       while(cin >> n){
9         cin >> p;
10        leave=0;
11        i=2;
12        memset(a,0,sizeof(a));
13        while(leave<(n-1)){
14          c=0;
15          while(c<p){
16            if (a[i]==0){
17              c++;
18              if (i<n) i++;
19              else i=1;
20            }else{
21              if (i<n) i++;
22              else i=1;
23            }
24          }
25          while(a[i]==1){
26            if (i<n) i++;
27            else i=1;
28          }
```

```
29          a[i]=1;
30          leave++;
31        }
32        for(int j=1;j<=n;j++){
33          if (a[j]==0){
34            cout << j <<endl;
35            break;
36          }
37        }
38      }
39    }
```

- 第 3 行：定義 Size 為 101。

- 第 5 到 39 行：定義 main 函式。

- 第 6 行：宣告陣列 a 為布林陣列，有 101 個元素。

- 第 7 行：宣告 n、p、leave、c 與 i 為整數變數。

- 第 8 到 39 行：使用 while 迴圈不斷輸入 n 與 p。

- 第 10 行：初始化變數 leave 為 0。

- 第 11 行：初始化變數 i 為 2，表示第一個不淘汰。

- 第 12 行：設定陣列 a 所有元素都為 0。

- 第 13 到 31 行：當變數 leave 小於（n-1），繼續執行 while 迴圈。

- 第 14 行：初始化變數 c 為 0，c 表示目前間隔幾人。

- 第 15 到 24 行：當變數 c 小於 p，表示間隔人數未到 p 人，繼續執行 while 迴圈。

- 第 16 到 23 行：若 a[i] 等於 0，表示第 i 個人還未淘汰，變數 c 遞增 1（第 17 行），表示間隔人數增加 1。若 i 小於 n，則變數 i 遞增 1，否則 i 設定為 1，回到編號 1（第 18 到 19 行）；否則 a[i] 不等於 0，表示已經遭淘汰，若 i 小於 n，則變數 i 遞增 1，否則 i 設定為 1，回到編號 1（第 20 到 23 行）。

- 第 25 到 28 行：間隔了 p 個為淘汰的人後，a[i] 不一定是 0，0 表示還未淘汰，此時使用 while 往後找第一個為 0 的 a[i]。

- 第 29 行：將 a[i] 設為 1，表示淘汰。

- 第 30 行：離開人數 leave 增加 1。

- 第 32 到 37 行：使用迴圈變數 j，變數 j 由 1 到 n，找出 a[j] 為 0 的元素，輸出 j 值就是答案。

(c) 預覽結果

按下「執行→編譯並執行」，螢幕顯示結果如下圖。

3-2 ▸▸ 服務顧客（模擬時間的進行）

【3-2-服務顧客.cpp】便利商店店員服務顧客，請幫他計算沒有顧客的時間，已知顧客到達時間與服務所需時間，假設店員服務時不用休息，當顧客到時店員若在服務其他客人，則顧客會依序排隊等待服務，若超過該店員服務時間則由下一位店員服務，時間以分鐘為單位，同時間到的客人可以任意順序進行排隊，請計算店員在指定上班時間，沒有顧客的總時間，以分鐘為單位。

- 輸入說明：每次輸入兩個數字 t 與 n，t 表示店員要上班幾小時，n 表示有幾個客人需要服務，接著後面有 n 行，每行兩個數字 a 與 b，a 表示顧客到達時間，所輸入的a為採用將小時與分鐘累加為累計分鐘數呈現，累計分鐘數從 0 開始，第一個小時為 0 到 59，第二個小時為 60 到 119，例如：80，表示第 2 小時的第 20 分鐘結束時，第 2 小時的第 21 分鐘剛開始時到便利商店，b 表示顧客服務所需時間，以分鐘為單位，所輸入資料會以顧客到達時間進行排序，n 小於 200 人，t 小於 10 小時。

- 輸出說明：輸出一個數字，表示店員沒有顧客的總時間，以分鐘為單位。

- 輸入範例：

  4　5
  1　3
  45　20
  160　3
  161　80
  170　10

- 輸出範例：

  137

(a) 解題想法

使用陣列進行模擬，宣告一個 600 個元素的陣列 ser，先設定為 0，若需要服務客人改成 1，一個變數 now 紀錄服務目前客人完成的時間，不斷經由客人到達時間與服務時間，更新陣列 ser 與變數 now，最後統計服務時間內的陣列 ser 的值等於 0 的個數。

(b) 程式碼與解說

```
1    #include <iostream>
2    #include <cstring>
3    using namespace std;
4    int main(){
5      int n,t,now,ans;
6      int arr[200],time[200],ser[600];
7      while(cin >> t){
8        cin >> n;
9        for(int i=0;i<n;i++){
10         cin >> arr[i] >> time[i];
11       }
12       memset(ser,0,sizeof(ser));
13       now=-1;
14       ans=0;
15       for(int i=0;i<n;i++){
16         if (now>=t*60) break;
17         if (arr[i]>=now){
18           for(int j=arr[i];j<arr[i]+time[i];j++){
19             if (j>=t*60) break;
20             ser[j]=1;
21           }
22           now=arr[i]+time[i];
23         }else{
24           for(int j=now;j<now+time[i];j++){
25             if (j>=t*60) break;
26             ser[j]=1;
27           }
28           now=now+time[i];
29         }
30       }
31       for(int i=0;i<t*60;i++){
```

```
32          if (ser[i]==0){
33            ans++;
34          }
35        }
36      cout << ans << endl;
37    }
38  }
```

- 第 4 到 38 行：定義 main 函式。

- 第 5 行：宣告 n、t、now 與 ans 為整數變數。

- 第 6 行：宣告陣列 arr 為整數陣列，有 200 個元素，儲存顧客到達時間，宣告陣列 time 為整數陣列，有 200 個元素，儲存顧客服務時間，宣告陣列 ser 為整數陣列，有 600 個元素，儲存店員在指定的分鐘內是否有服務客人。

- 第 7 到 38 行：使用 while 迴圈不斷輸入 t 與 n。

- 第 9 到 11 行：使用迴圈輸入 n 個到達時間到陣列 arr，服務所需時間到陣列 time。

- 第 12 行：設定陣列 ser 所有元素都為 0。

- 第 13 行：初始化變數 now 為-1，表示服務目前客人完成的時間。

- 第 14 行：初始化變數 ans 為 0，表示店員沒有顧客的總時間先設定為 0。

- 第 15 到 30 行：使用迴圈跑 n 次，考慮每一個顧客。

- 第 16 行：若 now 大於等於 t 乘以 60，表示超過店員服務時間，跳出迴圈。

- 第 17 到 22 行：若 arr[i] 大於等於 now，表示客人較晚到或剛好客人離開，使用迴圈變數 j，由 arr[i] 到（arr[i]+time[i]-1），若 j 大於等於 t 乘以 60，表示超過店員服務時間，跳出迴圈（第 19 行），設定 ser[j] 為 1，表示第 j 分鐘需要服務客人（第 20 行），變數 now 改成 arr[i]+time[i]，表示服務第 i 個客人的完成時間（第 22 行）。

- 第 23 到 29 行：否則 arr[i] 小於 now，表示客人需要等待，使用迴圈變數 j，由 now 到（now+time[i]-1），若 j 大於等於 t 乘以 60，表示超過店員服務時間，跳出迴圈（第 25 行），設定 ser[j] 為 1，表示第 j 分鐘需要服務客人（第 26 行），變數 now 改成 now+time[i]，表示服務第 i 個客人的完成時間。

- 第 31 到 35 行：使用迴圈變數 i，變數 i 由 0 到（t*60-1），找出 ser[j] 為 0 的元素，找到 ans 就遞增 1。

- 第 36 行：輸出變數 ans 的值，就是店員沒有顧客的總時間。

(c) 預覽結果

按下「執行→編譯並執行」，螢幕顯示結果如下圖。

3-3 ▸▸ 神奇的蝸牛（模擬高度）

【3-3-神奇的蝸牛.cpp】此題目中的蝸牛天天往上爬，想爬到樹頂。題目只給你樹的高度，蝸牛白天往上爬，晚上休息就會往下掉，且隨著天數增加往下掉的距離會不斷增加，且往下掉增加的距離都是第一天晚上往下掉的距離的 10%，例如：第一天往下掉 1 公尺，第二天往下掉 1.1 公尺，第三天往下掉 1.2 公尺，依此類推，問第幾天爬到樹頂，或者會掉到地面，所有輸入的單位都以公尺為單位，而且都是整數。

- 輸入說明：每次輸入三個數字 h、d 與 n，h 表示樹的高度，d 表示蝸牛白天爬幾公尺，n 表示蝸牛第一天晚上往下掉幾公尺。
- 輸出說明：輸出一個數字，表示第幾天爬到樹頂，若是第一天就爬到樹頂，就輸出「第 1 天爬到樹頂」，或者第二天掉到地面，就輸出「第 2 天掉到地面」。
- 輸入範例：

  100 5 1
- 輸出範例：

  第 82 天掉到地面

(a) 解題想法

宣告一個變數 day 紀錄目前到第幾天，變數 ch 紀錄目前的高度，變數 down 會每天不斷更新掉下的高度，利用迴圈模擬每天的變化，變數 ch 白天增加變數 d 的高度，判斷變數 ch 是否到達樹頂，變數 ch 晚下掉下 down 的高度，判斷變數 ch 是不是掉到地上。

(b) 程式碼與解說

```
1    #include<iostream>
2    using namespace std;
3    int main() {
4      int h,d,n,day;
5      double ch,down,r;
6      while(cin >> h){
7        cin >> d >> n;
8        day=0;
9        ch=0;
10       down=(double)n;
11       r=n/10.0;
12       while(1){
13         day++;
14         ch=ch+d;
15         if ((ch >= h)||(ch <=0)) break;
16         ch=ch-down;
17         down=down+r;
18       }
19       if(ch >= h) cout << "第" << day << "天爬到樹頂" << endl;
20       if(ch <= 0) cout << "第" << day << "天掉到地面" << endl;
21     }
22   }
```

- 第 3 到 22 行：定義 main 函式。
- 第 4 行：宣告 h、d、n 與 day 為整數變數。
- 第 5 行：宣告 ch、down 與 r 為倍精度浮點數變數。
- 第 6 到 21 行：使用 while 迴圈不斷輸入 h、d 與 n。
- 第 8 行：設定 day 為 0，表示目前第幾天。
- 第 9 行：設定 ch 為 0，表示目前爬行高度。
- 第 10 行：設定 down 為 n，表示晚上掉下來的距離。
- 第 11 行：設定 r 為 n 除以 10.0，表示每次多掉下來的增加距離。
- 第 12 到 18 行：無窮迴圈，當爬到樹頂或掉到地上，才跳出迴圈。
- 第 13 行：變數 day 遞增 1。
- 第 14 行：變數 ch 增加 d，表示蝸牛白天往上爬。
- 第 15 行：當爬到樹頂或掉到地上，才跳出迴圈。
- 第 16 行：變數 ch 減去 down，表示蝸牛晚上掉下來。

- 第 17 行：變數 down 增加 r，表示每天多掉下的高度。
- 第 19 行：若 ch 大於等於 h，輸出第幾天到達樹頂。
- 第 20 行：若 ch 小於等於 0，輸出第幾天掉到地面。

(c) 預覽結果

按下「執行→編譯並執行」，螢幕顯示結果如下圖。

3-4 ▶▶ 撲克牌比大小（模擬撲克牌遊戲進行）

【3-4-撲克牌比大小.cpp】兩位玩家各拿五張牌，比較兩位玩家手中的五張撲克牌的大小來決定勝負，個別牌的數字大小順序分別為 A、K、Q、J、T、9、8、7、6、5、4、3、2，花色為黑梅 (C)、紅磚 (D)、紅心 (H) 與黑桃 (S)，所輸入資料一定可以區分兩位玩家的勝負，可以不考慮平手情形，牌由小到大如下表，編號越大牌越大，大者獲勝。這個範例很複雜，需要耐心依據題意解題。

編號	名稱	說明
1	散牌	五張牌的數字都不一樣，且花色沒有相同，若兩位玩家都是散牌，本題假設最大牌的數字一定不相同，比較最大一張牌的數字就可以區分大小。
2	一對	五張牌中只有兩張牌數字一樣，若兩位玩家都是一對，本題假設一對的數字一定不相同，一對的數字越大者獲勝。
3	兩對	五張牌中有兩張數字一樣且另兩張數字也一樣，若兩位玩家都是兩對，本題假設兩對的數字至少有一對數字不相同，兩對的數字越大者獲勝。
4	三條	五張牌的數字有三張一樣，另兩張數字不相同，三條的數字越大者獲勝。
5	順子	五張牌的數字呈現遞減或遞增，且花色不相同，若兩位玩家都是順子，本題假設最大數字一定不相同。

編號	名稱	說明
6	同花	五張牌的花色相同，且五張牌的數字不是遞增或遞減，若兩位玩家都是同花，本題假設最大數字一定不相同。
7	葫蘆	五張牌中有三張數字一樣、另外兩張數字也一樣，三張一樣的數字越大者獲勝。
8	四條	五張牌中有四張數字一樣，四張一樣的數字越大者獲勝。
9	同花順	五張牌的數字呈現遞減或遞增，且花色相同，若兩位玩家都是同花順，本題假設最大數字一定不相同。

- 輸入說明：輸入十張牌前面五張牌表示第一位玩家的牌，後面五張牌表示第二位玩家的牌，輸入的牌由兩個字元的花色與數字組合起來，例如 SA 表示黑桃 A、DT 表示紅磚 10，CJ 表示黑莓 J，HK 表示紅心 K，依此類推。
- 輸出說明：若第一位玩家較第二位玩家較大，就輸出「第一位玩家獲勝」，若第二位玩家較第一位玩家較大，就輸出「第二位玩家獲勝」。
- 輸入範例：

CJ CK CT C2 C4 D2 S2 H2 DJ DT

- 輸出範例：

第一位玩家獲勝

(a) 解題想法

將撲克牌黑莓 2 到黑莓 A 轉換成數字 0 到 12，紅磚 2 到紅磚 A 轉換成數字 13 到 25，紅心 2 到紅心 A 轉換成數字 26 到 38，黑桃 2 到黑桃 A 轉換成數字 39 到 51。利用將第一位與第二位玩家的撲克牌傳成數字後分別儲存到陣列 fp（第一位）與陣列 sp（第二位），由小到大排序 fp 與 sp，並統計兩位玩家五張牌中，不考慮花色只考慮數字，五張牌的數字出現個數到陣列 f（第一位）與陣列 s（第二位）。第一位玩家撲克牌的大小等級可以利用陣列 fp 與 f 進行判斷，第二位玩家撲克牌的大小等級可以利用陣列 sp 與 s 進行判斷。若兩位玩家的撲克牌大小等級相同，則需另外判斷最高位的牌區分出哪一方獲勝。

(b) 程式碼與解說

```
1    #include <iostream>
2    #include <string>
3    #include <cstring>
4    #include <algorithm>
```

```
5      #include <sstream>
6      using namespace std;
7      int f[13],s[13];
8      int PokerToNum(string s){
9        int suit,num;
10       switch(s[1]){
11          case 'A':
12             num=12;
13             break;
14          case 'K':
15             num=11;
16             break;
17          case 'Q':
18             num=10;
19             break;
20          case 'J':
21             num=9;
22             break;
23          case 'T':
24             num=8;
25             break;
26          default:
27             num=s[1]-'2';
28             break;
29       }
30       switch(s[0]){
31          case 'C':
32             suit=0;
33             break;
34          case 'D':
35             suit=1;
36             break;
37          case 'H':
38             suit=2;
39             break;
40          case 'S':
41             suit=3;
42             break;
43       }
44       return (suit*13+num);
45    }
46    bool IsSF(int *poker){//同花順
47       if ((poker[4]-poker[0])==4){
48          if ((poker[0]>=0)&&(poker[4]<13)) return true;
49          if ((poker[0]>=13)&&(poker[4]<26)) return true;
```

```
50       if ((poker[0]>=26)&&(poker[4]<39)) return true;
51       if ((poker[0]>=39)&&(poker[4]<52)) return true;
52     }
53     return false;
54   }
55   bool IsF(int *poker){//同花
56     if ((poker[0]>=0)&&(poker[4]<13)) return true;
57     if ((poker[0]>=13)&&(poker[4]<26)) return true;
58     if ((poker[0]>=26)&&(poker[4]<39)) return true;
59     if ((poker[0]>=39)&&(poker[4]<52)) return true;
60     return false;
61   }
62   int fL(int *poker){//計算第一位牌的大小
63     if (IsSF(poker)) return 9; //同花順
64     for(int i=0;i<13;i++) {
65       if (f[i]==4) return 8; //四條
66     }
67     for(int i=0;i<13;i++) {
68       if (f[i]==2) {
69         for(int j=i+1;j<13;j++) {
70           if (f[j]==3) return 7; //葫蘆
71         }
72       }
73       if (f[i]==3) {
74         for(int j=i+1;j<13;j++) {
75           if (f[j]==2) return 7; //葫蘆
76         }
77       }
78     }
79     if (IsF(poker)) return 6; //同花
80     for(int i=0;i<9;i++) {
81       if ((f[i]==1)&&(f[i+1]==1)&&(f[i+2]==1)&&(f[i+3]==1)&&(f[i+4]==1)) {
82         return 5; //順子
83       }
84     }
85     for(int i=0;i<13;i++) {
86       if (f[i]==3) {
87         return 4; //三條
88       }
89     }
90     for(int i=0;i<13;i++) {
91       if (f[i]==2) {
92         for(int j=i+1;j<13;j++) {
93           if (f[j]==2) return 3; //兩對
94         }
```

```
95          }
96        }
97      for(int i=0;i<13;i++) {
98        if (f[i]==2) return 2; //一對
99      }
100     return 1;//散牌
101   }
102   int sL(int *poker){//計算第二位牌的大小
103     if (IsSF(poker)) return 9; //同花順
104     for(int i=0;i<13;i++) {
105       if (s[i]==4) return 8; //四條
106     }
107     for(int i=0;i<13;i++) {
108       if (s[i]==2) {
109         for(int j=i+1;j<13;j++) {
110           if (s[j]==3) return 7; //葫蘆
111         }
112       }
113       if (s[i]==3) {
114         for(int j=i+1;j<13;j++) {
115           if (s[j]==2) return 7; //葫蘆
116         }
117       }
118     }
119     if (IsF(poker)) return 6; //同花
120     for(int i=0;i<9;i++) {
121       if ((s[i]==1)&&(s[i+1]==1)&&(s[i+2]==1)&&(s[i+3]==1)&&(s[i+4]==1)) {
122         return 5; //順子
123       }
124     }
125     for(int i=0;i<13;i++) {
126       if (s[i]==3) {
127         return 4; //三條
128       }
129     }
130     for(int i=0;i<13;i++) {
131       if (s[i]==2) {
132         for(int j=i+1;j<13;j++) {
133           if (s[j]==2) return 3; //兩對
134         }
135       }
136     }
137     for(int i=0;i<13;i++) {
138       if (s[i]==2) return 2; //一對
139     }
```

```
140        return 1;//散牌
141      }
142    int winloss(int level){
143      int fh,sh;
144      if (level==9) {  //同花順
145        for(int i=12;i>3;i--){//找出第一位牌的最高值
146          if (f[i]==1) {
147            fh=i;
148            break;
149          }
150        }
151        for(int i=12;i>3;i--){//找出第二位牌的最高值
152          if (s[i]==1) {
153            sh=i;
154            break;
155          }
156        }
157        if (fh>sh) return 1;
158        if (fh<sh) return -1;
159      }
160      if (level==8) {  //四條
161        for(int i=12;i>=0;i--){//找出第一位牌的最高值
162          if (f[i]==4) {
163            fh=i;
164            break;
165          }
166        }
167        for(int i=12;i>=0;i--){//找出第二位牌的最高值
168          if (s[i]==4) {
169            sh=i;
170            break;
171          }
172        }
173        if (fh>sh) return 1;
174        if (fh<sh) return -1;
175      }
176      if (level==7) {  //葫蘆
177        for(int i=12;i>=0;i--){//找出第一位牌的最高值
178          if (f[i]==3) {
179            fh=i;
180            break;
181          }
182        }
183        for(int i=12;i>=0;i--){//找出第二位牌的最高值
184          if (s[i]==3) {
```

```
185              sh=i;
186              break;
187            }
188         }
189       if (fh>sh) return 1;
190       if (fh<sh) return -1;
191     }
192     if (level==6) { //同花
193       for(int i=12;i>=0;i--){//由高到低
194         if ((f[i]==1)&&(s[i]==0)) {//第一位有，第二位沒有
195           return 1;
196         }
197         if ((f[i]==0)&&(s[i]==1)) {//第一位沒有，第二位有
198           return -1;
199         }
200       }
201     }
202     if (level==5) { //順子
203       for(int i=12;i>=0;i--){//找出第一位牌的最高值
204         if (f[i]==1) {
205           fh=i;
206           break;
207         }
208       }
209       for(int i=12;i>=0;i--){//找出第二位牌的最高值
210         if (s[i]==1) {
211           sh=i;
212           break;
213         }
214       }
215       if (fh>sh) return 1;
216       if (fh<sh) return -1;
217     }
218     if (level==4) { //三條
219       for(int i=12;i>=0;i--){//找出第一位牌的最高值
220         if (f[i]==3) {
221           fh=i;
222           break;
223         }
224       }
225       for(int i=12;i>=0;i--){//找出第二位牌的最高值
226         if (s[i]==3) {
227           sh=i;
228           break;
229         }
```

```
230              }
231          if (fh>sh) return 1;
232          if (fh<sh) return -1;
233      }
234      if (level==3) { //兩對
235        for(int i=12;i>=0;i--){
236          if ((f[i]==2)&&(s[i]<2)) {//第一位有，第二位沒有
237            return 1;
238          }
239          if ((f[i]<2)&&(s[i]==2)) {//第一位沒有，第二位有
240            return -1;
241          }
242        }
243      }
244      if (level==2) { //一對
245        for(int i=12;i>=0;i--){
246          if ((f[i]==2)&&(s[i]<2)) {//第一位有，第二位沒有
247            return 1;
248          }
249          if ((f[i]<2)&&(s[i]==2)) {//第一位沒有，第二位有
250            return -1;
251          }
252        }
253      }
254      if (level==1) { //散牌
255        for(int i=12;i>=0;i--){//找出第一位與第二位牌，第一個不相同的值
256          if ((f[i]==1)&&(s[i]==0)) {
257            return 1;
258          }
259          if ((f[i]==0)&&(s[i]==1)) {
260          return -1;
261          }
262        }
263      }
264    }
265    int main(){
266      int fp[5],sp[5],fLevel,sLevel;
267      string line,str;
268      int result;
269      while(getline(cin,line)){
270        istringstream iss(line);
271        memset(s,0,sizeof(s));
272        memset(f,0,sizeof(f));
273        for(int i=0;i<5;i++){
274          iss >> str;
```

```
275              fp[i]=PokerToNum(str);//花色*13+數值      花色:0-3,數值:0-12
276          }
277          for(int i=0;i<5;i++){
278              iss >> str;
279              sp[i]=PokerToNum(str);//花色*13+數值      花色:0-3,數值:0-12
280          }
281          for(int i=0;i<5;i++){
282              f[fp[i]%13]++;//計算第一位每個牌數字的出現頻率
283          }
284          for(int i=0;i<5;i++){
285              s[sp[i]%13]++;//計算第二位每個牌數字的出現頻率
286          }
287          sort(fp,fp+5);//依照花色與值排序第一位牌
288          sort(sp,sp+5);//依照花色與值排序第二位牌
289          fLevel=fL(fp);//得到第一位牌的level
290          sLevel=sL(sp);//得到第二位牌的level
291          if (fLevel > sLevel) cout << "第一位玩家獲勝"<<endl;
292          else if (fLevel < sLevel) cout << "第二位玩家獲勝"<<endl;
293          else {
294              result=winloss(fLevel);//相同牌型依照題目敘述求出結果
295              if (result == 1) cout << "第一位玩家獲勝"<<endl;
296              if (result == -1) cout << "第二位玩家獲勝"<<endl;
297          }
298      }
299  }
```

- 第 7 行：宣告陣列 f 用於紀錄第一位玩家五張牌的數字出現個數，陣列 s 用於紀錄第二位玩家五張牌的數字出現個數。

- 第 8 到 45 行：定義函式 PokerToNum 將輸入的每張牌，右邊字元的 A 轉成 12（第 11 到 13 行），K 轉成 11（第 14 到 16 行），Q 轉成 10（第 17 到 19 行），J 轉成 9（第 20 到 22 行），T 轉成 8（第 23 到 25 行），9 轉成 7，8 轉成 6，依此類推到 2 轉成 0 為止（第 26 到 28 行）

- 第 30 到 43 行：將左邊字元的 C 傳換成數字 0（第 31 到 33 行）、D 傳換成數字 1（第 34 到 36 行）、H 傳換成數字 2（第 37 到 39 行）、S 傳換成數字 3（第 40 到 42 行）

- 第 44 行：最後回傳花色乘以 13 加上數字。

- 第 46 到 54 行：判斷是否是同花順，若是同花順，則回傳 true，否則回傳 false。若 poker[4] 與 poker[0] 相減等於 4 表示為連續撲克牌，若是介於 0 到 12，則屬於黑莓的同花順；若是介於 13 到 25，則屬於紅磚的同花順；若

是介於 26 到 38，則屬於紅心的同花順；若是介於 39 到 51，則屬於黑桃的同花順。

- 第 55 到 61 行：判斷是否是同花，若是同花，則回傳 true，否則回傳 false。若 poker[0] 大於等於 0 且 poker[4] 小於 13，則五張牌都是黑梅的同花；若 poker[0] 大於等於 13 且 poker[4] 小於 26，則五張牌都是紅磚的同花；若 poker[0] 大於等於 26 且 poker[4] 小於 39，則五張牌都是紅心的同花；若 poker[0] 大於等於 39 且 poker[4] 小於 52，則五張牌都是黑桃的同花。

- 第 62 到 101 行：計算第一位玩家的牌大小。

- 第 63 行：呼叫函式 IsSF 判斷是否為同花順，若是同花順則回傳 9。

- 第 64 到 66 行：檢查陣列 f 是否等於 4 表示有四張牌數字相同，就是四條，回傳 8。第 67 到 78 行：使用迴圈依序找出 f 是否有 2 張相同，接著繼續找是否有 3 張相同，若有則是葫蘆，回傳 7（第 68 到 72 行），或找出 f 是否有 3 張相同，接著繼續找是否有 2 張相同，若有則是葫蘆，回傳 7（第 73 到 77 行）。

- 第 79 行：利用函式 IsF 判斷是否為同花，若是同花，則回傳 6。

- 第 80 到 84 行：利用陣列 f 找出是否連續五個數字都只有一張，若是則回傳 5，表示順子。

- 第 85 到 89 行：檢查陣列 f 是否等於 3 表示有三張牌數字相同，就是三條，回傳 4。

- 第 90 到 96 行：使用迴圈依序找出 f 是否有 2 張相同，接著繼續找是否有 2 張相同，若有則是兩對，回傳 3。

- 第 97 到 99 行：使用迴圈依序找出 f 是否有 2 張相同，若有則是一對，回傳 2。

- 第 100 行：最後回傳 1，表示上述情形皆無，就是散牌。

- 第 102 到 142 行：計算第二位玩家的牌大小。

- 第 103 行：呼叫函式 IsSF 判斷是否為同花順，若是同花順則回傳 9。

- 第 104 到 106 行：檢查陣列 s 是否等於 4 表示有四張牌數字相同，就是四條，回傳 8。

- 第 107 到 118 行：使用迴圈依序找出 s 是否有 2 張相同，接著繼續找是否有 3 張相同，若有則是葫蘆，回傳 7（第 108 到 112 行），或找出 s 是否有 3 張相同，接著繼續找是否有 2 張相同，若有則是葫蘆，回傳 7（第 113 到 117 行）。

- 第 119 行：利用函式 IsF 判斷是否為同花，若是同花，則回傳 6。

- 第 120 到 124 行：利用陣列 s 找出是否連續五個數字都只有一張，若是則回傳 5，表示順子。

- 第 125 到 129 行：檢查陣列 s 是否等於 3 表示有三張牌數字相同，就是三條，回傳 4。

- 第 130 到 136 行：使用迴圈依序找出 s 是否有 2 張相同，接著繼續找是否有 2 張相同，若有則是兩對，回傳 3。

- 第 137 到 139 行：使用迴圈依序找出 s 是否有 2 張相同，若有則是一對，回傳 2。

- 第 140 行：最後回傳 1，表示上述情形皆無，就是散牌。

- 第 142 到 264 行：定義函式 winloss，當兩位玩家排的類型相同時，需要比較最高數字牌的大小決定勝負。

- 第 144 到 159 行：當都是同花順時，找出第一位玩家的最大數字儲存到變數 fh（第 145 到 150 行），找出第二位玩家的最大數字儲存到變數 sh（第 151 到 156 行），若變數 fh 大於變數 sh，回傳 1（第 157 行），表示第一位玩家獲勝，若變數 fh 小於變數 sh 表示，回傳-1（第 158 行），第二位玩家獲勝。

- 第 160 到 175 行：當都是四條時，找出第一位玩家的數字儲存到變數 fh（第 161 到 166 行），找出第二位玩家的數字儲存到變數 sh（第 167 到 172 行），若變數 fh 大於變數 sh，回傳 1（第 173 行），表示第一位玩家獲勝，若變數 fh 小於變數 sh 表示，回傳-1（第 174 行），第二位玩家獲勝。

- 第 176 到 191 行：當都是葫蘆時，找出第一位玩家三張相同牌的數字儲存到變數 fh（第 177 到 182 行），找出第二位玩家三張相同牌的數字儲存到變數 sh（第 183 到 188 行），若變數 fh 大於變數 sh，回傳 1（第 189 行），表示第一位玩家獲勝，若變數 fh 小於變數 sh 表示，回傳-1（第 190 行），第二位玩家獲勝。

- 第 191 到 201 行：當都是同花時，由大到小找出第一位玩家有的牌而第二位玩家沒有的牌，則回傳 1，表示第一位玩家獲勝（第 194 到 196 行），由大到小找出第二位玩家有的牌而第一位玩家沒有的牌，則回傳-1（第 197 到 199 行）。

- 第 202 到 217 行：當都是順子時，找出第一位玩家的最大數字儲存到變數 fh（第 203 到 208 行），找出第二位玩家的最大數字儲存到變數 sh（第 209 到 214 行），若變數 fh 大於變數 sh，回傳 1（第 215 行），表示第一位玩

家獲勝，若變數 fh 小於變數 sh 表示，回傳-1（第 216 行），第二位玩家獲勝。

- 第 218 到 233 行：當都是三條時，找出第一位玩家的數字儲存到變數 fh（第 219 到 224 行），找出第二位玩家的數字儲存到變數 sh（第 225 到 230 行），若變數 fh 大於變數 sh，回傳 1（第 231 行），表示第一位玩家獲勝，若變數 fh 小於變數 sh 表示，回傳-1（第 232 行），第二位玩家獲勝。

- 第 234 到 243 行：當都是兩對時，由大到小找出第一位玩家有一對的牌而第二位玩家沒有一對的牌，則回傳 1，表示第一位玩家獲勝（第 236 到 238 行），由大到小找出第二位玩家有一對的牌而第一位玩家沒有一對的牌，則回傳-1（第 239 到 241 行）。

- 第 244 到 253 行：當都是一對時，由大到小找出第一位玩家有一對的牌而第二位玩家沒有一對的牌，則回傳 1，表示第一位玩家獲勝（第 246 到 248 行），由大到小找出第二位玩家有一對的牌而第一位玩家沒有一對的牌，則回傳-1（第 249 到 251 行）。

- 第 254 到 263 行：當都是散牌時，由大到小找出第一位玩家有的牌而第二位玩家沒有的牌，則回傳 1，表示第一位玩家獲勝（第 256 到 258 行），由大到小找出第二位玩家有的牌而第一位玩家沒有的牌，則回傳-1（第 259 到 261 行）。

- 第 265 到 299 行：定義 main 函式，宣告陣列 fp 用於儲存第一位玩家的五張牌，宣告陣列 sp 用於儲存第二位玩家的五張牌，變數 fLevel 用於儲存第一位玩家的牌的大小等級，變數 sLevel 用於儲存第二位玩家的牌的大小等級。宣告 line 與 str 為字串變數，變數 result 為整數變數。

- 第 269 到 298 行：使用 getline 輸入一整行到字串 line，將字串 line 經由 istringstream 物件進行字串分析，初始化陣列 s 與 f 為 0。輸入最前面五個撲克牌到 str，每輸入一個撲克牌字串就傳入 PokerToNum 函式轉成數字儲存到陣列 fp（第 273 到 276 行）。接著輸入最後面五個撲克牌到 str，每輸入一個撲克牌字串就傳入 PokerToNum 函式轉成數字儲存到陣列 sp（第 277 到 280 行）。使用迴圈計算第一位五張牌數字出現次數到陣列 f（第 281 到 283 行）。使用迴圈計算第一位五張牌數字出現次數到陣列 s（第 284 到 286 行）。排序陣列 fp 與陣列 sp（第 287 到 288 行）。呼叫 fL 函式計算第一位玩家牌的大小層級，儲存到變數 fLevel；呼叫 sL 函式計算第二位玩家牌的大小層級，儲存到變數 sLevel。若變數 fLevel 大於 sLevel，則顯示「第一位玩家獲勝」；否則若變數 fLevel 小於 sLevel，則顯示「第二位玩家獲勝」，否則呼叫 winloss 函式，判斷相同牌的層級時看誰獲勝（第 294 行），若回

傳 1，則顯示「第一位玩家獲勝」（第 295 行），若回傳-1，則顯示「第二位玩家獲勝」（第 296 行）

(c) 預覽結果

按下「執行→編譯並執行」，螢幕顯示結果如下圖。

3-5 ▸▸ APCS 模擬相關實作題詳解

3-5-1　小群體（10603 第 2 題）【3-5-1-小群體.cpp】

問題描述

Q 同學正在學習程式，P 老師出了以下的題目讓他練習。

一群人在一起時經常會形成一個一個的小群體。假設有 N 個人，編號由 0 到 N-1，每個人都寫下他最好朋友的編號（最好朋友有可能是他自己的編號，如果他自己沒有其他好友），在本題中，每個人的好友編號絕對不會重複，也就是說 0 到 N-1 每個數字都恰好出現一次。

這種好友的關係會形成一些小群體。例如 N=10，好友編號如下，

	0	1	2	3	4	5	6	7	8	9
好友編號	4	7	2	9	6	0	8	1	5	3

0 的好友是 4，4 的好友是 6，6 的好友是 8，8 的好友是 5，5 的好友是 0，所以 0、4、6、8、和 5 就形成了一個小群體。另外，1 的好友是 7 而且 7 的好友是 1，所以 1 和 7 形成另一個小群體，同理，3 和 9 是一個小群體，而 2 的好友是自己，因此他自己是一個小群體。總而言之，在這個例子裡有 4 個小群體：{0,4,6,8,5}、{1,7}、{3,9}、{2}。本題的問題是：輸入每個人的好友編號，計算出總共有幾個小群體。

Q 同學想了想卻不知如何下手，和藹可親的 P 老師於是給了他以下的提示：如果你從任何一人 x 開始，追蹤他的好友，好友的好友，....，這樣一直下去，一定會形成一個圈回到 x，這就是一個小群體。如果我們追蹤的過程中把追蹤過的加以標記，很容易知道哪些人已經追蹤過，因此，當一個小群體找到之後，我們再從任何一個還未追蹤過的開始繼續找下一個小群體，直到所有的人都追蹤完畢。

Q 同學聽完之後很順利的完成了作業。

在本題中，你的任務與 Q 同學一樣：給定一群人的好友，請計算出小群體個數。

輸入格式

(1) 第一行是一個正整數 N，說明團體中人數。

(2) 第二行依序是 0 的好友編號、1 的好友編號、......、N-1 的好友編號。共有 N 個數字，包含 0 到 N-1 的每個數字恰好出現一次，數字間會有一個空白隔開。

輸出格式

請輸出小群體的個數。不要有任何多餘的字或空白，並以換行字元結尾。

範例一：輸入	範例二：輸入
10	3
4 7 2 9 6 0 8 1 5 3	0 2 1
範例一：正確輸出	**範例二：正確輸出**
4	2
（說明）	（說明）
4 個小群體是 {0,4,6,8,5}, {1,7}, {3,9} 和 {2}。	2 個小群體分別是 {0},{1,2}。

評分說明

輸入包含若干筆測試資料，每一筆測試資料的執行時間限制（time limit）均為 1 秒，依正確通過測資筆數給分。其中：

- 第 1 子題組 20 分，$1 \leq N \leq 100$，每一個小群體不超過 2 人。
- 第 2 子題組 30 分，$1 \leq N \leq 1,000$，無其他限制。
- 第 3 子題組 50 分，$1,001 \leq N \leq 50,000$，無其他限制。

(a) 解題想法

　　使用兩個陣列分別紀錄好朋友資料與是否拜訪過，使用迴圈依照題意模擬解題。

(b) 程式碼與解說

```
1    #include<iostream>
2    using namespace std;
3    int main(){
4      int fri[50001],visit[50001],count,n,next;
5      while(cin>>n){
6        count=0;
7        for(int i=0;i<n;i++){
8          cin>> fri[i];
9          visit[i]=0;
10       }
11       for(int i=0;i<n;i++){
12         if (visit[i]==0){//沒有拜訪過
13           if (fri[i]==i) {//好朋友只有自己
14             count++;
15             visit[i]=1;
16           }else{
17             next=i;
18             do{
19               visit[next]=1;
20               next=fri[next];
21             }while(visit[next]==0);
22             count++;
23           }
24         }
25       }
26       cout<<count<<endl;
27     }
28   }
```

- 第 3 到 28 行：定義 main 函式。
- 第 4 行：宣告整數陣列 fri 與 visit 都有 50001 個元素，變數 count、n 與 next 都是整數變數。
- 第 5 到 27 行：輸入數值到變數 n，表示 n 個同學的好朋友編號。
- 第 6 行：設定變數 count 為 0。
- 第 7 到 10 行：使用迴圈輸入 n 個好朋友編號到陣列 fri，初始化陣列 visit 為 0。

- 第 11 到 25 行：使用迴圈找尋群體個數，若陣列 visit 等於 0，表示沒有拜訪過（第 12 行），則若好朋友只有自己，則變數 count 遞增 1，設定陣列 visit 為 1，表示已經拜訪過（第 13 到 15 行）；否則設定變數 next 為變數 i 的值（第 17 行），使用 do-while 迴圈不斷找尋下一個好朋友，設定陣列 visit[next]為 1，表示編號 next 已經拜訪過，設定變數 next 為 fri[next]（編號 next 的好朋友編號），當 visit[next]等於 0（編號 next 未拜訪過）時繼續執行 while 迴圈（第 18 到 21 行），最後變數 count 遞增 1，表示群體個數增加 1（第 22 行）。

- 第 26 行：顯示變數 count（群體個數）到螢幕上

(c) 預覽結果

按下「執行→編譯並執行」，輸入題目所規定的兩組測資後，螢幕顯示結果如右圖。

(d) 演算法效率分析

本程式的第 7 到 10 行輸入資料的演算法效率為 O(N)，第 11 到 25 行不斷找尋每一個同學的好朋友編號，找出群體個數，每一個同學都只會拜訪一次，所以演算法效率為 O(N)，所以整體演算法效率為 O(N)。

3-5-2 定時 K 彈（10510 第 3 題）【3-5-2-定時 K 彈.cpp】

問題描述

「定時 K 彈」是一個團康遊戲，N 個人圍成一個圈，由 1 號依序到 N 號，從 1 號開始依序傳遞一枚玩具炸彈，炸彈每次到第 M 個人就會爆炸，此人即淘汰，被淘汰的人要離開圓圈，然後炸彈再從該淘汰者的下一個開始傳遞。遊戲之所以稱 K 彈是因為這枚炸彈只會爆炸 K 次，在第 K 次爆炸後，遊戲即停止，而此時在第 K 個淘汰者的下一位遊戲者被稱為幸運者，通常就會被要求表演節目。例如 N=5，M=2，如果 K=2，炸彈會爆炸兩次，被爆炸淘汰的順序依序是 2 與 4（參見下圖），這時 5 號就是幸運者。如果 K=3，剛才的遊戲會繼續，第三個淘汰的是 1 號，所以幸運者是 3 號。如果 K=4，下一輪淘汰 5 號，所以 3 號是幸運者。給定 N、M 與 K，請寫程式計算出誰是幸運者。

輸入格式

輸入只有一行包含三個正整數，依序為 N、M 與 K，兩數中間有一個空格分開。其中 1 ≤ K<N。

輸出格式

請輸出幸運者的號碼，結尾有換行符號。

範例一：輸入	範例二：輸入
5 2 4	8 3 6

範例一：正確輸出	範例二：正確輸出
3	4

（說明）
被淘汰的順序是 2、4、1、5，此時 5 的下一位是 3，也是最後剩下的，所以幸運者是 3。

（說明）
被淘汰的順序是 3、6、1、5、2、8，此時 8 的下一位是 4，所以幸運者是 4。

評分說明

輸入包含若干筆測試資料，每一筆測試資料的執行時間限制（time limit）均為 1 秒，依正確通過測資筆數給分。其中：

- 第 1 子題組 20 分，1 ≤ N ≤ 100，且 1 ≤ M ≤ 10，K = N-1。
- 第 2 子題組 30 分，1 ≤ N ≤ 10,000，且 1 ≤ M ≤ 1,000,000，K = N-1。
- 第 3 子題組 20 分，1 ≤ N ≤ 200,000，且 1 ≤ M ≤ 1,000,000，K = N-1。
- 第 4 子題組 30 分，1 ≤ N ≤ 200,000，且 1 ≤ M ≤ 1,000,000，1 ≤ K < N。

(a) 解題想法

這個問題屬於約瑟夫問題（Josephus Problem），使用陣列進行模擬淘汰過程，本程式使用標準樣板函式庫（STL，請參閱附錄 A）的容器 vector 進行模擬，容器

vector 提供函式 push_back 加入元素,索引值指定要刪除的元素,接著使用函式 erase 刪除元素,不斷地刪除到指定的個數為止,最後找出幸運者的編號。

(b) 程式碼與解說

```
1    #include <iostream>
2    #include <vector>
3    using namespace std;
4    int main() {
5      int n, m, k, now;
6      vector<int> p;
7      while (cin >> n >> m >> k) {
8          p.clear();
9          for (int i = 1; i <= n; i++) {
10           p.push_back(i);
11         }
12         now = 0;
13         for (int i = 0; i<k; i++) {
14           now = (now + m - 1) % p.size();
15           p.erase(p.begin() + now);//刪除淘汰的人
16         }
17         now = now%p.size();
18       cout << p[now]<<endl;
19     }
20    }
```

- 第 4 到 20 行:定義函式 main。
- 第 5 行:宣告 n、m、k 與 now 為整數變數。
- 第 6 行:宣告 p 為 vector 容器,儲存整數元素。
- 第 7 到 19 行:使用迴圈不斷輸入三個數值到變數 n、m 與 k,清空容器 p(第 8 行)。
- 第 9 到 11 行:使用迴圈將數值 1 到 n 的每個數字依序加入到容器 p。
- 第 12 行:初始化變數 now 為 0。
- 第 13 到 16 行:使用迴圈執行 k 次,now 為準備要淘汰的編號,now+m-1 為下一個要淘汰的編號,超過容器 p 元素的範圍,要回到容器 p 的開頭,所以取容器 p 元素個數的餘數(第 14 行),容器 p 使用函式 erase 刪除第 p.begin() + now 元素(第 15 行)。
- 第 17 行:若變數 now 指向容器 p 最後一個,在第 15 行時已經被刪除了,此時要修正指向第一個元素,所以取容器 p 元素個數的餘數。

- 第 18 行：顯示容器 p 索引值 now 的元素，就是幸運者。

(c) 預覽結果

按下「執行→編譯並執行」，輸入題目所規定的兩組測資後，螢幕顯示結果如下圖。

```
K:\mybook\C++程式設計解題入門\ch3\3-5-2-定時K彈.exe
5 2 4
3
8 3 6
4
```

(d) 演算法效率分析

本程式在第 13 到 16 行是最花時間，容器 p 的函式 erase 演算法效率為 O(N)，N 為容器 p 的元素個數，所以第 13 到 16 行演算法效率為 O(N*K)，K 為淘汰人數。

3-5-3 棒球遊戲（10510 第 4 題）【3-5-3-棒球遊戲.cpp】

問題描述

謙謙最近迷上棒球，他想自己寫一個簡化的棒球遊戲計分程式。這個程式會讀入球隊中每位球員的打擊結果，然後計算出球隊的得分。

這是個簡化版的模擬，假設擊球員的打擊結果只有以下情況：

(1) 安打：以 1B、2B、3B 和 HR 分別代表一壘打、二壘打、三壘打和全(四)壘打。

(2) 出局：以 FO、GO 和 SO 表示。

這個簡化版的規則如下：

(1) 球場上有四個壘包，稱為本壘、一壘、二壘和三壘。

(2) 站在本壘握著球棒打球的稱為「擊球員」，站在另外三個壘包的稱為「跑壘員」。

(3) 當擊球員的打擊結果為「安打」時，場上球員（擊球員與跑壘員）可以移動;結果為「出局」時，跑壘員不動，擊球員離場，換下一位擊球員。

(4) 球隊總共有九位球員，依序排列。比賽開始由第 1 位開始打擊，當第 i 位球員打擊完畢後，由第 (i+1) 位球員擔任擊球員。當第九位球員完畢後，則輪回第一位球員。

(5) 當打出 K 壘打時,場上球員(擊球員和跑壘員)會前進 K 個壘包。從本壘前進一個壘包會移動到一壘,接著是二壘、三壘,最後回到本壘。

(6) 每位球員回到本壘時可得 1 分。

(7) 每達到三個出局數時,一、二和三壘就會清空(跑壘員都得離開),重新開始。

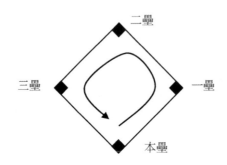

請寫出具備這樣功能的程式,計算球隊的總得分。

輸入格式

1. 每組測試資料固定有十行。

2. 第一到九行,依照球員順序,每一行代表一位球員的打擊資訊。每一行開始有一個正整數 a (1 <= a <= 5),代表球員總共打了 a 次。接下來有 a 個字串(均為兩個字元),依序代表每次打擊的結果。資料之間均以一個空白字元隔開。球員的打擊資訊不會有錯誤也不會缺漏。

3. 第十行有一個正整數 b (1 <= b <= 27),表示我們想要計算當總出局數累計到 b 時,該球隊的得分。輸入的打擊資訊中至少包含 b 個出局。

輸出格式

計算在總計第 b 個出局數發生時的總得分,並將此得分輸出於一行。

範例一：輸入
```
5 1B 1B FO GO 1B
5 1B 2B FO FO SO
4 SO HR SO 1B
4 FO FO FO HR
4 1B 1B 1B 1B
4 GO GO 3B GO
4 1B GO GO SO
4 SO GO 2B 2B
4 3B GO GO FO
3
```

範例二：輸入
```
5 1B 1B FO GO 1B
5 1B 2B FO FO SO
4 SO HR SO 1B
4 FO FO FO HR
4 1B 1B 1B 1B
4 GO GO 3B GO
4 1B GO GO SO
4 SO GO 2B 2B
4 3B GO GO FO
6
```

範例一：正確輸出
```
0
```

範例二：正確輸出
```
5
```

（說明）
1B：一壘有跑壘員。
1B：一、二壘有跑壘員。
SO：一、二壘有跑壘員，一出局。
FO：一、二壘有跑壘員，兩出局。
1B：一、二、三壘有跑壘員，兩出局。
GO：一、二、三壘有跑壘員，三出局。

達到第三個出局數時，一、二、三壘均有跑壘員，但無法得分。因為 $b=3$，代表三個出局就結束比賽，因此得到 0 分。

（說明）接續範例一，達到第三個出局數時未得分，壘上清空。
1B：一壘有跑壘員。
SO：一壘有跑壘員，一出局。
3B：三壘有跑壘員，一出局，得一分。
1B：一壘有跑壘員，一出局，得兩分。
2B：二、三壘有跑壘員，一出局，得兩分。
HR：一出局，得五分。
FO：兩出局，得五分。
1B：一壘有跑壘員，兩出局，得五分。
GO：一壘有跑壘員，三出局，得五分。

因為 $b=6$，代表要計算的是累積六個出局時的得分，因此在前 3 個出局數時得 0 分，第 4~6 個出局數得到 5 分，因此總得分是 0+5=5 分。

評分說明

輸入包含若干筆測試資料，每一筆測試資料的執行時間限制（time limit）均為 1 秒，依正確通過測資筆數給分。其中：

- 第 1 子題組 20 分，打擊表現只有 HR 和 SO 兩種。
- 第 2 子題組 20 分，安打表現只有 1B，而且 b 固定為 3。
- 第 3 子題組 20 分，b 固定為 3。
- 第 4 子題組 40 分，無特別限制。

(a) 解題想法

模擬棒球比賽的進行，沒有特定的寫法，只要符合題意即可。定義函式 convert 將「1B」轉換成 1，「2B」轉換成 2，「3B」轉換成 3，「HR」轉換成 4，「FO」、

「GO」與「SO」與跑壘無關轉換成 0。定義函式 win 輸入整數 1 到 4，輸入 1 會模擬 1 壘安打的跑壘並計算得分，輸入 2 會模擬 2 壘安打的跑壘並計算得分，輸入 3 會模擬 3 壘安打的跑壘並計算得分，輸入 4 會模擬全壘打的跑壘並計算得分。將輸入測資經由函式 convert 轉換成數字 1 到 4，再將這些數字輸入函式 win 計算得分，累加得分就可以獲得最後總分。

(b) 程式碼與解說

```
1    #include <iostream>
2    #include <string>
3    using namespace std;
4    bool b[4];
5    int convert(string s) {
6      if (s.compare("1B") == 0) return 1;
7      if (s.compare("2B") == 0) return 2;
8      if (s.compare("3B") == 0) return 3;
9      if (s.compare("HR") == 0) return 4;
10     if (s.compare("FO") == 0) return 0;
11     if (s.compare("GO") == 0) return 0;
12     if (s.compare("SO") == 0) return 0;
13   }
14   int win(int c) {
15     int s = 0;
16     for (int i = 3; i>3 - c; i--) {//已經在壘包上的得分
17       if (b[i]) s++;
18     }
19     for (int i = 3; i>c; i--) {//已經在壘包上往前推進
20         b[i] = b[i - c];
21     }
22     if (c == 4) s++; //全壘打
23     else b[c] = true;//打擊者上壘
24     for (int i = 1; i<c; i++) b[i] = false;//設定壘包沒人
25     return s;//回傳得分
26   }
27   int main() {
28     int p[9][20], n[9], out, ocount, score;
29     string s;
30     for (int i = 0; i<9; i++) {
31       cin >> n[i];
32       for (int j = 0; j<n[i]; j++) {
33         cin >> s;
34         p[i][j] = convert(s);
35       }
36     }
```

```
37        cin >> out;
38        ocount = 0;
39        score = 0;
40        for (int i = 1; i<4; i++) b[i] = false;
41        for (int i = 0; i<9 && ocount<out; i++) {
42          for (int j = 0; j< 9 && ocount<out; j++) {
43            if (p[j][i] > 0) {//1B 2B 3B HR
44              score += win(p[j][i]);
45            } else {
46              ocount++;//出局
47              if (ocount % 3 == 0) {//三出局
48                for (int k = 1; k<4; k++) b[k] = false;
49              }
50            }
51          }
52        }
53        cout << score << endl;
54      }
```

- 第 4 行：宣告 b 為布林陣列，有 4 個元素，用於模擬壘包上的跑者，本程式只使用 b[1]、b[2] 與 b[3]，若 b[1] 等於 true 表示一壘有跑者，否則表示一壘沒有跑者；若 b[2] 等於 true 表示二壘有跑者，否則表示二壘沒有跑者；若 b[3] 等於 true 表示三壘有跑者，否則表示三壘沒有跑者。

- 第 5 到 13 行：定義函式 convert，輸入字串 s，回傳整數值，將「1B」轉換成 1，「2B」轉換成 2，「3B」轉換成 3，「HR」轉換成 4，將「FO」、「GO」與「SO」轉換成 0。

- 第 14 到 26 行：定義函式 win，宣告整數變數 s 並初始化為 0，表示目前得分為 0（第 15 行）。

- 第 16 到 18 行：使用迴圈計算跑者已經在壘包上且會得分的部分，得分累加到變數 s。

- 第 19 到 21 行：使用迴圈模擬已經在壘包上但不會得分的部分，跑者往前推進。

- 第 22 到 23 行：若 c 等於 4，表示全壘打，打擊者也會得 1 分，變數 s 遞增 1；否則設定陣列元素 b[c] 為 true，表示打擊者上壘。

- 第 24 行：當壘包推進後，使用迴圈設定 1 壘到（c-1）壘為 false，表示沒有人。

- 第 25 行：回傳變數 s，表示回傳得分。

- 第 27 到 54 行：定義函式 main。

- 第 28 行：宣告二維整數陣列 p、一維整數陣列 n、整數變數 out、整數變數 ocount、整數變數 score。

- 第 29 行：宣告字串變數 s。

- 第 30 到 36 行：使用外層迴圈輸入每個打擊者打擊次數到陣列 n（第 31 行），內層迴圈輸入每個打擊者的打擊結果到字串 s（第 33 行），使用函式 convert 將字串 s 轉換成數字 0 到 4 儲存到二維陣列 p。

- 第 37 行：輸入出局數到變數 out。

- 第 38 行：初始化 ocount 為 0，表示目前出局數為 0。

- 第 39 行：初始化 score 為 0，表示目前得分為 0。

- 第 40 行：使用迴圈清空壘包。

- 第 41 到 52 行：使用巢狀迴圈讀取二維陣列 p 每個元素，如果 p[j][i]大於 0 表示出現安打，則呼叫函式 win 模擬壘包推進與計算得分，累加得分到變數 score（第 43 到 44 行）；否則表示出現出局數，累加出局數到變數 ocount，如果變數 ocount 除以 3 的餘數等於 0，表示三出局，使用迴圈清空壘包（第 45 到 49 行）。

- 第 53 行：最後輸出變數 score，就是最後總得分。

(c) 預覽結果

按下「執行→編譯並執行」，分別輸入題目所規定的兩組測資後，螢幕顯示結果如下圖。

輸入測資一，執行結果如下圖。

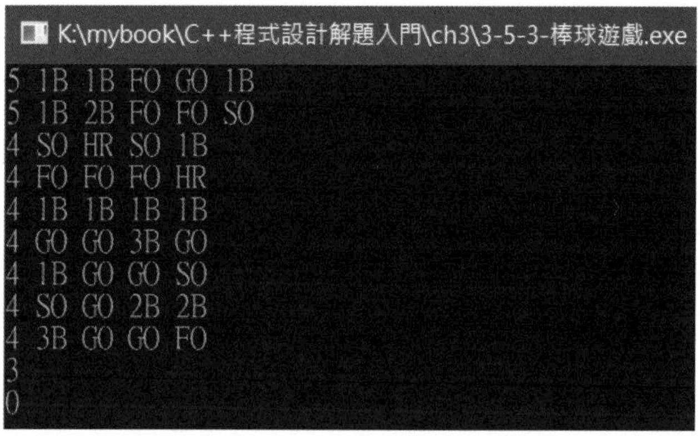

輸入測資二，執行結果如下圖。

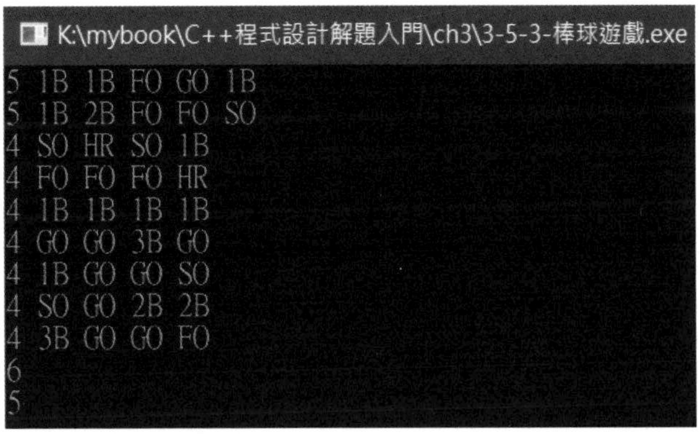

(d) 演算法效率分析

本程式第 30 到 36 行與第 41 到 52 行為本程式的最耗時的程式區塊，演算法效率為 O(9*N)，相當於 O(N)，9 表示有九位打擊者，N 為這九位打擊者中最多的打擊次數。

UVa Online Judge 網路解題資源

模擬	
分類	UVa 題目
基礎題	UVa 402 M*A*S*H
基礎題	UVa 10191 Longest Nap
基礎題	UVa 10050 Hartals
基礎題	UVa 573 The Snail
基礎題	UVa 100 The 3n + 1 problem
進階題	UVa 10205 Stack 'em Up
進階題	UVa 10196 Check the Check
進階題	UVa 10315 Poker Hands
進階題	UVa 246 10-20-30
進階題	UVa 12174 Shuffle
進階題	UVa 10033 Interpreter

註：使用題目編號與名稱為關鍵字進行搜尋，可以在網路上找到許多相關的線上解題資源。

貪婪（Greedy）演算法 ④

　　什麼是貪婪（Greedy）演算法？其實已經在排序演算法中使用過了，使用氣泡排序將 10 個數字由小到大排序，每次將最大的元素放到第 10 個位置，縮小範圍到前 9 個數字，將前 9 個數字最大的放到第 9 個位置，縮小範圍到前 8 個數字，將前 8 個數字最大的放到第 8 個位置，依此類推，縮小範圍到前 2 個數字，將前 2 個數字較大的放到第 2 個位置，剩下 1 個就不用再調整，到此完成排序，這就是一種貪婪演算法，策略是將目前範圍內的最大值，移到目前範圍的最後，這就是貪婪演算法的貪婪準則，將 10 個數字由小到大排序。

　　貪婪演算法只考慮目前狀態最佳的選擇，且之前所選擇的解答不會影響後面所選擇的解答，不斷的選擇局部的最佳解，全部選取結束後就獲得整體的最佳解。貪婪演算法的程式碼通常較簡潔，且執行速度較快，但嚴謹的貪婪演算法需要證明，證明此問題適合使用貪婪演算法進行解題。不是所有題目都適合貪婪演算法，有時使用貪婪演算法只能找到部分測試資料是最佳解，但可以列舉出某個測試資料無法獲得最佳解，若可以舉出反例，就證明所使用的貪婪演算法的貪婪準則是不正確的，需要更換貪婪演算法的貪婪準則，或者是題目本身就不適合使用貪婪演算法。

貪婪演算法的解題步驟

Step1　定義貪婪準則

　　　　根據此貪婪準則，不斷找出目前小問題的最佳解。

Step2　不斷重複貪婪準則，直到解決問題為止

　　　　不斷的使用貪婪準則，找出每個小問題的最佳解，直到解決問題為止。

　　貪婪演算法要能成功解題，對於問題要能歸納與證明出貪婪準則的存在，才能百分之百確定此問題適合使用貪婪演算法。

4-1 ▸▸ 工作排程 1-最多有幾個工作可以執行

【4-1-工作排程 1 -最多有幾個工作可以執行.cpp】有 n 個工作可以執行，給定每個工作的開始時間與結束時間，時間從 0 開始，開始與結束時間都是整數，只有一台機器可以執行，每次只能執行一個工作，且工作一旦開始就必須做完，機器執行中不能跳到另一個工作，可以一結束就馬上接著執行另一個工作，機器更換工作很快，可以不考慮切換所需時間，請計算執行完後最多有幾個工作被完成？

- 輸入說明：每次輸入數字 n，n 表示需要執行的工作個數，輸入 n 小於 100，之後有 n 行分別是每一行兩個整數 s 與 e，s 表示工作的開始時間與 e 表示工作的結束時間，且 s 永遠小於 e。

- 輸出說明：輸出一個數字，表示結束時最多有幾個工作被完成。

- 輸入範例

  5
  1 10
  2 4
  3 6
  2 5
  4 9

- 輸出範例

  2

(a) 解題想法

貪婪準則是將結束時間最早的工作先做，讓機器可以空下來準備做其他工作。先將 n 個工作以結束時間較早的工作排在前面，利用此原則排序好 n 個工作。

(1) 由最前面取出第一個工作，工作取出後表示這個工作送入機器執行，可以執行的工作數增加 1。

(2) 所有剩餘的工作中，若開始時間早於正在執行工作的結束時間，就放棄執行這些工作，直到找到開始時間等於或晚於正在執行工作的結束時間，將找到的工作放入機器執行，可以執行的工作數增加 1。

(3) 繼續將所有剩餘的工作中，若開始時間早於正在執行工作的結束時間，就放棄執行這些工作，直到找到開始時間等於或晚於正在執行工作的結束時間，將找到的工作放入機器執行，可以執行的工作數增加 1。

(4) 不斷測試到 n 個工作檢查完，就可以獲得最多可以完成的工作數。

(b) 程式碼與解說

```
1    #include<iostream>
2    #include<algorithm>
3    using namespace std;
4    struct job{
5      int s;
6      int e;
7    };
8    bool cmp(job a,job b){
9      return a.e<b.e;
10   }
11   int main(){
12     int n,now,ans;
13     job jb[101];
14     while(cin>>n){
15       for(int i=0;i<n;i++){
16         cin >> jb[i].s>>jb[i].e;
17       }
18       sort(jb,jb+n,cmp);
19       ans=0;
20       now=-1;
21       for(int i=0;i<n;i++){
22         if (now<=jb[i].s) {
23           ans++;
24           now=jb[i].e;
25         }
26       }
27       cout << ans << endl;
28     }
29   }
```

- 第 4 到 7 行：宣告結構 job，有兩個元素 s 與 e，s 表示工作開始時間，e 表示工作結束時間。

- 第 8 到 10 行：定義 cmp 函式呼叫 sort 函式時使用，會讓結構 job 中 e 較小元素排在前面。

- 第 11 到 29 行：定義 main 函式。

- 第 12 行：宣告 n、now 與 ans 為整數變數。

- 第 13 行：宣告結構 job 的陣列 jb，有 101 個元素。

- 第 14 到 28 行：不斷輸入整數到 n，表示有 n 個工作需要被執行，使用迴圈輸入 n 個工作的開始時間到 jb[i].s，結束時間到 jb[i].e（第 15 到 17 行）。

- 第 18 行：使用 cmp 函式排序結構陣列 jb，讓結束時間早的排在前面。
- 第 19 到 20 行：初始化變數 ans 為 0 與變數 now 為-1。
- 第 21 到 26 行：使用迴圈依序取出結構陣列 jb 的每個元素，若變數 now 小於等於 jb[i].s，表示 jb[i] 可以到機器去執行，所以變數 ans 遞增 1，多一個工作可以執行，變數 now 更新為 jb[i].e，表示變數 now 因為執行工作 jb[i]，需更新變數 now 為 jb[i] 的結束時間。
- 第 27 行：輸出變數 ans 就是最多完成的工作數。

(c) 預覽結果

按下「執行→編譯並執行」，螢幕顯示結果如下圖。

4-2 ▸▸ 工作排程 2 最多有幾台機器一起運作

【4-2-工作排程 2 -最多有幾台機器一起運作.cpp】有 n 個工作可以執行，給定每個工作的開始時間與結束時間，工作時間可能重疊，時間從 0 開始，開始與結束時間都是整數，有 n 台機器可以執行，每台機器同時間只可以執行一個工作，工作可以到每台機器去執行，且工作開始做就需要做完，機器執行中不能跳到另一個工作，可以一結束就馬上接著執行另一個工作，機器更換工作很快，可以不考慮切換所需時間，執行完後最少需要幾台機器才能完成所有工作？

- 輸入說明：每次輸入數字 n，n 表示需要執行的工作個數，輸入 n 小於 100，之後有 n 行分別是每一行兩個整數 s 與 e，s 表示工作的開始時間與 e 表示工作的結束時間，且 s 永遠小於 e。
- 輸出說明：輸出一個數字，表示需要幾台機器才能在指定的時間執行完所有工作。

- 輸入範例

  5

  1 10

  2 4

  3 6

  2 5

  4 9

- 輸出範例

  4

(a) 解題想法

貪婪準則是先將 n 個工作以開始時間最早的工作排在前面，若開始時間相同就以最早結束的工作排在前面進行排序，將排序好的工作，由最前面依序取出每個工作，優先分配到目前已經執行完畢或沒有工作可以執行的機器，若全部機器都有工作正在執行就需要啟用新的機器。需使用陣列 m，紀錄每個機器執行目前工作完成後的時間，才能判斷機器是否有空可以執行下一個工作，還是要啟動新的機器。

(b) 程式碼與解說

```
1     #include<iostream>
2     #include<algorithm>
3     using namespace std;
4     struct job{
5       int s;
6       int e;
7     };
8     bool cmp(job a,job b){
9       if (a.s==b.s) return a.e<b.e;
10      return a.s<b.s;
11    }
12    int main(){
13      int n,ans,m[101];
14      job jb[101];
15      while(cin>>n){
16        for(int i=0;i<n;i++){
17          cin >> jb[i].s>>jb[i].e;
18        }
19        sort(jb,jb+n,cmp);
20        ans=1;
```

```
21        m[0]=jb[0].e;
22        for(int i=1;i<n;i++){
23          bool found=false;
24          for(int j=0;j<ans;j++){
25            if (m[j]<=jb[i].s){
26              m[j]=jb[i].e;
27              found=true;
28              break;
29            }
30          }
31          if (!found){
32            m[ans]=jb[i].e;
33            ans++;
34          }
35        }
36      cout << ans << endl;
37    }
38  }
```

- 第 4 到 7 行：宣告結構 job，有兩個元素 s 與 e，s 表示工作開始時間，e 表示工作結束時間。

- 第 8 到 11 行：定義 cmp 函式呼叫 sort 函式時使用，會讓結構 job 中 s（開始時間）較小元素排在前面，若結構 job 中 s（開始時間）相同，則結構 job 中 e（結束時間）較小元素排在前面。

- 第 12 到 38 行：定義 main 函式。

- 第 13 行：宣告 n 與 ans 為整數變數，整數陣列 m 有 101 個元素。

- 第 14 行：宣告結構 job 的陣列 jb，有 101 個元素。

- 第 15 到 37 行：不斷輸入整數到 n，表示有 n 個工作需要被執行，使用迴圈輸入 n 個工作的開始時間到 jb[i].s，結束時間到 jb[i].e（第 16 到 18 行）。

- 第 19 行：使用 cmp 函式排序結構陣列 jb，讓開始時間早的排在前面，若開始時間相同，則結束時間早的排在前面。

- 第 20 行：初始化變數 ans 為 1。

- 第 21 行：初始化陣列 m[0] 為 jb[0] 的結束時間，表示機器 m[0] 需要執行工作到 jb[0] 的結束時間。

- 第 22 到 35 行：使用迴圈依序取出結構陣列 jb 的每個元素，設定變數 found 為 false。

- 第 24 到 30 行：使用迴圈找正在執行的所有機器，若 m[j]（表示機器 j 可以使用的時間）小於等於 jb[i].s(jb[i] 的開始時間)（第 25 行），將工作分配給機器 j，將 m[j] 設定為 jb[i].e，表示 jb[i] 的結束時間(e)（第 26 行），設定變數 found 為 true，表示找到有空的機器可以執行，不用新增機器（第 27 行），中斷迴圈（第 28 行）。

- 第 31 到 34 行：若 found 為 false，表示若找不到空的機器可以執行工作，則陣列 m[ans] 更新為 jb[i].e，表示陣列 m[ans] 因為執行工作 i，更新機器 m[ans] 的可以使用時間為 jb[i].e，表示 jb[i] 的結束時間（第 32 行），變數 ans 遞增 1（第 33 行）。

- 第 36 行：輸出變數 ans 就是最少需要幾台機器才能完成所有工作。

(c) 預覽結果

　　按下「執行→編譯並執行」，螢幕顯示結果如下圖。

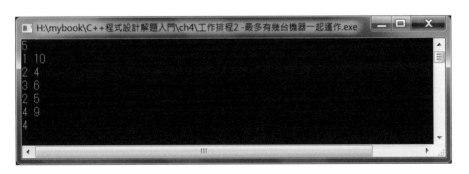

4-3 ▸▸ 工作排程 3 最小平均等待時間

　　【4-3-工作排程 3-最小平均等待時間.cpp】有 n 個工作從開始就進入到機器，給予 n 個工作的執行需要的時間，只有一台機器可以執行，每次只能執行一個工作，且工作開始做就需要做完，機器執行中不能跳到另一個工作，請計算完成所有工作所需要的最小平均等待時間？

- 輸入說明：每次輸入數字 n，n 表示需要執行的工作個數，輸入 n 小於 100，之後有 n 行分別是每一行一個整數 x，x 表示工作執行完成所需時間。

- 輸出說明：輸出一個浮點數，表示執行所有工作的最小平均等待時間。

- 輸入範例

  5

  10

  4

  6

  5

  9

- 輸出範例

  10.4

(a) 解題想法

　　貪婪準則是最少執行時間的工作優先執行。由小到大排序所工作的執行時間，執行時間越短的工作越優先執行，最後統計每個工作的等待時間，計算平均等待時間就可獲得最小平均等待時間。

(b) 程式碼與解說

```cpp
1     #include<iostream>
2     #include<algorithm>
3     using namespace std;
4     bool cmp(int a,int b){
5       return a<b;
6     }
7     int main(){
8       int n,now,wait;
9       int jb[101];
10      while(cin>>n){
11        for(int i=0;i<n;i++){
12          cin >> jb[i];
13        }
14        sort(jb,jb+n,cmp);
15        now=0;
16        wait=0;
17        for(int i=0;i<n-1;i++){
18          now+=jb[i];
19          wait+=now;
20        }
21        cout << (double)wait/n << endl;
22      }
23    }
```

- 第 4 到 6 行：定義 cmp 函式呼叫 sort 函式時使用，會讓較小元素排在前面。

- 第 7 到 23 行：定義 main 函式。

- 第 8 行：宣告 n、now 與 wait 為整數變數。

- 第 9 行：宣告整數陣列 jb，有 101 個元素。

- 第 10 到 22 行：不斷輸入整數到 n，表示有 n 個工作需要被執行，使用迴圈輸入 n 個工作的執行時間到 jb[i]（第 11 到 13 行）。

- 第 14 行：使用 cmp 函式由小到大排序陣列 jb。

- 第 15 行：初始化變數 now 為 0。

- 第 16 行：變數 wait 為 0。

- 第 17 到 20 行：使用迴圈依序取出陣列 jb 的每個元素，使用 now 累加陣列 jb 第 i 個元素的值，為下一個程式執行時所需等待時間（第 18 行），使用 wait 累加 now 的值，為累加工作的等待時間（第 19 行）。

- 第 21 行：輸出變數 wait 除以 n，就是執行所有工作的最小平均等待時間。

(c) 預覽結果

按下「執行→編譯並執行」，螢幕顯示結果如下圖。

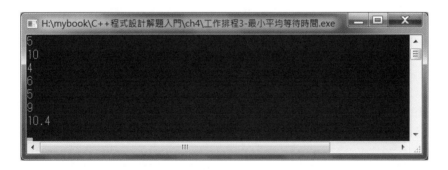

4-4 ▸▸ 工作排程 4 有截止期限的最大利潤

【4-4-工作排程 4-有截止期限的最大利潤.cpp】假設剛開始有 n 個工作進入到機器，給予 n 個工作的截止時間與獲得的利潤，只有一台機器可以執行，每個工作都需花費一個單位時間執行，請計算在截止時間前如何安排工作執行，可以獲得最大利潤？

- 輸入說明：每次輸入數字 n，n 表示需要執行的工作個數，輸入 n 小於 100，之後有 n 行分別是每一行兩個整數 x 與 income，x 表示工作的截止時間，而 income 表示執行該工作所獲得的利潤。
- 輸出說明：輸出一個整數，表示在截止時間前完成工作的最大利潤總和。
- 輸入範例

    5
    2 10
    3 4
    1 5
    2 7
    3 8
- 輸出範例

    25

(a) 解題想法

貪婪準則是優先考慮利潤最高的工作，將利潤高的工作優先新增到機器，若不違反已經選取的工作，則加入到預計執行工作的集合，否則丟棄此工作，所謂違反是指新選取的工作無法在截止時間內完成，或造成已經選取的工作無法完成。最後取出預計執行工作的集合，計算所獲得的最大利潤。

以本節輸入範例為例，進行解說。

輸入後的 jb 陣列

	jb[0]	jb[1]	jb[2]	jb[3]	jb[4]
x	2	3	1	2	3
ic	10	4	5	7	8

Step1 利潤高的排在前面，排序後的 jb 陣列。

	jb[0]	jb[1]	jb[2]	jb[3]	jb[4]
x	2	3	2	1	3
ic	10	8	7	5	4

Step2　依序考慮陣列 jb 所有元素。

Step2-1　先將 jb[0]加入陣列 ans 的第一個元素。

	ans[0]	ans[1]	ans[2]	ans[3]	ans[4]
x	2				
ic	10				

Step2-2　考慮 jb[1]，因為 jb[1]的截止時間為 3，陣列 ans 沒有元素的截止時間大於等於 3，將 jb[1]加入陣列 ans，將陣列 ans 依照截止時間 x 由小到大進行排序。

	ans[0]	ans[1]	ans[2]	ans[3]	ans[4]
x	2	3			
ic	10	8			

Step2-3　考慮 jb[2]，因為 jb[2]的截止時間為 2，ans[0]的截止時間大於等於 2，目前會影響的只有 ans[0]，因為只有一個且截止時間為 2，再加入一個截止時間為 2 是可行的，將 jb[2]加入陣列 ans。

	ans[0]	ans[1]	ans[2]	ans[3]	ans[4]
x	2	3	2		
ic	10	8	7		

將陣列 ans 依照截止時間 x 由小到大進行排序。

	ans[0]	ans[1]	ans[2]	ans[3]	ans[4]
x	2	2	3		
ic	10	7	8		

Step2-4　考慮 jb[3]，因為 jb[3]的截止時間為 1，ans[0]的截止時間大於等於 1，目前會影響的有 ans[0]與 ans[1]，因為陣列 ans 已經有 2 個工作的截止時間等於 2，再加入一個截止時間為 1 是不可行的，忽略 jb[3]，陣列 ans 維持不變。

	ans[0]	ans[1]	ans[2]	ans[3]	ans[4]
x	2	2	3		
ic	10	7	8		

Step2-5　考慮 jb[4]，因為 jb[4]的截止時間為 3，ans[2]的截止時間大於等於 3，目前會影響的有 ans[2]，因為陣列 ans 已經有 3 個工作的截止時間小於等於 3，再加入一個截止時間為 3 是不可行的，忽略 jb[4]，陣列 ans 維持不變。

	ans[0]	ans[1]	ans[2]	ans[3]	ans[4]
x	2	2	3		
ic	10	7	8		

Step3　累加目前在 ans 陣列的所有工作的利潤，結果符合截止時間的最大利潤為 25。

(b) 程式碼與解說

```
1    #include<iostream>
2    #include<algorithm>
3    using namespace std;
4    struct job{
5      int x;
6      int ic;
7    };
8    bool cmp1(job a,job b){
9      if (a.ic==b.ic) a.x<b.x;
10     return a.ic>b.ic;
11   }
12   bool cmp2(job a,job b){
13     return a.x<b.x;
14   }
15   int main(){
16     int n,now,c;
17     job jb[101],ans[101];
18     while(cin>>n){
19       for(int i=0;i<n;i++){
20         cin >> jb[i].x >> jb[i].ic;
21       }
22       sort(jb,jb+n,cmp1);
```

```
23        ans[0]=jb[0];
24        c=1;
25        for(int i=1;i<n;i++){
26          int j;
27          bool found=false;
28          for(j=0;j<c;j++){
29            if (ans[j].x >= jb[i].x){
30              found=true;
31              break;
32            }
33          }
34          while((found)&&(j<(c-1))&&(ans[j+1].x==ans[j].x)) j++;
35          if (!found){
36            ans[c]=jb[i];
37            c++;
38            sort(ans,ans+c,cmp2);
39          }else if ((j+1)<jb[i].x) {
40            ans[c]=jb[i];
41            c++;
42            sort(ans,ans+c,cmp2);
43          }
44        }
45        int sum=0;
46        for(int i=0;i<c;i++){
47          sum+=ans[i].ic;
48        }
49        cout << sum << endl;
50      }
51    }
```

- 第 4 到 7 行：宣告結構 job，有兩個元素 x 與 ic，x 表示工作截止時間，ic 表示工作完成時所獲得利潤。

- 第 8 到 11 行：定義 cmp1 函式呼叫 sort 函式時使用，會讓結構 job 中利潤較大的元素排在前面，若利潤一樣，截止時間較早的排在前面。

- 第 12 到 14 行：定義 cmp2 函式呼叫 sort 函式時使用，會讓結構 job 中截止時間較早的排在前面。

- 第 15 到 51 行：定義 main 函式。

- 第 16 行：宣告 n、now 與 c 為整數變數。

- 第 17 行：宣告陣列 jb 與 ans 為結構 job 的陣列，都各有 101 個元素。

- 第 18 到 50 行：不斷輸入整數到 n，表示有 n 個工作需要被執行，使用迴圈輸入 n 個工作的截止時間到 jb[i].x，獲得利潤到 jb[i].ic（第 19 到 21 行）。

- 第 22 行：使用 cmp1 函式排序結構陣列 jb，讓利潤較大的元素排在前面，若利潤一樣，截止時間較早的排在前面。

- 第 23 行：初始化陣列 ans 的第一個元素為陣列 jb 的第一個元素，表示目前陣列 jb 的第一個元素一定會被執行。

- 第 24 行：初始化變數 c 為 1，表示已經有一個工作被選出來執行。

- 第 25 到 44 行：使用迴圈變數 i，由 1 到（n-1），每次遞增 1，依序取出結構陣列 jb 的每個元素，宣告變數 j 為整數變數，宣告變數 found 為布林變數，且初始化為 false，使用迴圈檢查已經確定要執行的工作陣列 ans 的所有工作，若陣列 ans 中工作有截止時間（ans[j].x）大於等於目前考慮的工作的截止時間（jb[i].x），則設定變數 found 為 true，中斷迴圈，表示新加入的工作（jb[i]）有可能會影響在陣列 ans 中已經確定要執行的工作（第 28 到 33 行）。

- 第 34 行：使用 while 迴圈不斷地找尋第一個 ans[j+1].x 大於 ans[j].x 的變數 j，若變數 found 等於 true，且陣列 ans 中找到大於 ans[j].x 的元素，且變數 j 需要小於（c-1）。

- 第 35 到 38 行：若沒有找到陣列 ans 中有工作的截止時間大於等於目前考慮的工作的截止時間，則將 jb[i] 儲存到陣列 ans[c]（第 36 行），變數 c 遞增 1（第 37 行），以截止時間越早的排在前面進行排序（第 38 行）

- 第 39 到 43 行：否則（表示有找到陣列 ans 中有工作的截止時間大於等於目前考慮的工作的截止時間，若（j+1）小於 jb[i] 的截止時間，表示還可以加入 jb[i] 到陣列 ans，則將 jb[i] 儲存到陣列 ans[c]（第 40 行），變數 c 遞增 1（第 41 行），以截止時間越早的排在前面進行排序（第 42 行）

- 第 45 行：宣告整數變數 sum，初始化為 0。

- 第 46 到 48 行：使用迴圈計算目前陣列 ans 中所有工作的利潤加總到變數 sum。

- 第 49 行：最後輸出變數 sum 就是所獲得的最大利潤。

(c) 預覽結果

按下「執行→編譯並執行」，螢幕顯示結果如下圖。

4-5 ▸▸ 霍夫曼（Huffman）編碼

【4-5-霍夫曼（Huffman）編碼.cpp】這是貪婪演算法的經典問題，已知每個字元的出現頻率，經由霍夫曼編碼可以求得最短的編碼結果，霍夫曼編碼使用可以變動長度的 0 與 1 數字進行編碼。本題融合之後的樣板函式庫（STL）、樹狀結構與深度優先搜尋章節，可以先瞭解概念部分，若程式看不懂可以先跳過，等熟悉樣板函式庫（STL）、樹狀結構與深度優先搜尋等概念後，再回來複習程式碼。

- 輸入說明：每次輸入數字 n，n 表示字元個數，輸入 n 小於 26，之後有 n 行分別是每一行為一個小寫英文字母與一個整數組成，小寫英文字母表示被編碼的字元，而整數表示出現的頻率，數值越大表示頻率越高。

- 輸出說明：輸出每個小寫英文字母的編碼。

- 輸入範例

    5

    a 10

    b 4

    c 5

    d 7

    e 8

- 輸出範例

    d 00

    e 01

    b 100

    c 101

    a 11

(a) 解題想法

　　貪婪準則是先將所有字元依照出現頻率的由小到大進行排序，優先考慮出現頻率最低的兩個字元，組合成新的節點，此節點的頻率為兩個目前最小字元頻率的加總，將此節點重新加入所有字元的排序，再取出最小的兩個字元或節點，組合成新的節點，此節點的頻率為兩個目前最小字元頻率的加總，將此節點重新加入所有字元的排序，如此不斷重複，直到最後剩下一個節點。編碼為最上層的左邊編碼 0 而右邊編碼 1，從上到下重複左邊編碼 0 而右邊編碼 1，直到無法下去為止，越下面字元編碼越長。

　　以本節輸入範例為例，進行解說。

　　輸入後的 hf 陣列

	hf[0]	hf[1]	hf [2]	hf [3]	hf [4]
ch	a	b	c	d	e
w	10	4	5	7	8

Step1　依照出現頻率的由小到大進行排序，排序後的 hf 陣列如下。

	hf[0]	hf[1]	hf [2]	hf [3]	hf [4]
ch	b	c	d	e	a
w	4	5	7	8	10

將陣列 hf 所有元素依序加入 deque 中，deque 命名為 tmp，使用 deque 是為了方便從兩端點新增與刪除元素。

	tmp[0]	tmp[1]	tmp[2]	tmp[3]	tmp[4]
ch	b	c	d	e	a
w	4	5	7	8	10

Step2　取出 tmp 中 w 值最小的兩個元素，字元分別是 b 與 c，結合成一個新的節點，新節點的 w 等於節點 b 的 w 值加上節點 c 的 w 值等於 9，加入到 tmp 的最後。

	tmp[0]	tmp[1]	tmp[2]	tmp[3]
ch	d	e	a	b 與 c
w	7	8	10	9

將 tmp 依照出現頻率的由小到大進行排序。

	tmp[0]	tmp[1]	tmp[2]	tmp[3]
ch	d	e	b 與 c	a
w	7	8	9	10

目前建立的霍夫曼樹。

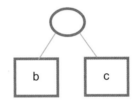

Step3 取出 tmp 中 w 值最小的兩個元素，字元分別是 d 與 e，結合成一個新的節點，新節點的 w 等於節點 d 的 w 值加上節點 e 的 w 值等於 15，加入到 tmp 的最後。

	tmp[0]	tmp[1]	tmp[2]
ch	b 與 c	a	d 與 e
w	9	10	15

將 tmp 依照出現頻率的由小到大進行排序。

	tmp[0]	tmp[1]	tmp[2]
ch	b 與 c	a	d 與 e
w	9	10	15

目前建立的霍夫曼樹。

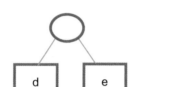
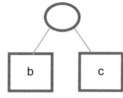

Step4 取出 tmp 中 w 值最小的兩個元素，字元分別是「b 與 c」與 a，結合成一個新的節點，新節點的 w 等於節點「b 與 c」的 w 值加上節點 a 的 w 值等於 19，加入到 tmp 的最後。

	tmp[0]	tmp[1]
ch	d 與 e	b、c 與 a
w	15	19

將 tmp 依照出現頻率的由小到大進行排序。

	tmp[0]	tmp[1]
ch	d 與 e	b、c 與 a
w	15	19

目前建立的霍夫曼樹。

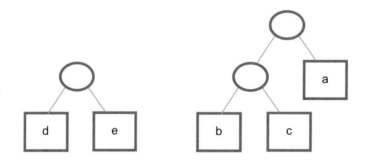

Step5 取出 tmp 中 w 值最小的兩個元素，字元分別是「d 與 e」與「b、c 與 a」，結合成一個新的節點，新節點的 w 等於節點「d 與 e」的 w 值加上節點「b、c 與 a」的 w 值等於 34，加入到 tmp 的最後。

	tmp[0]
ch	d、e、b、c 與 a
w	34

將 tmp 依照出現頻率的由小到大進行排序。

tmp[0]	
ch	d、e、b、c 與 a
w	34

完成建立的霍夫曼樹，左邊是 0，右邊是 1，編碼所有字元。

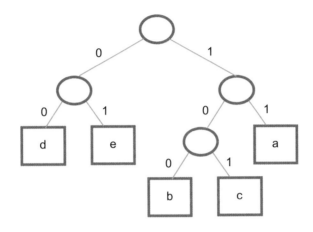

編碼結果為

字元	
d	00
e	01
b	100
c	101
a	11

(b) 程式碼與解說

```
1       #include<iostream>
2       #include<algorithm>
3       #include<deque>
4       using namespace std;
5       struct node{
6         int id;
7         char ch;
8         int w;
9         bool t;
```

```
10        int le;
11        int ri;
12      };
13      node hf[101];
14      deque<node> tmp;
15      char code[10];
16      bool cmp(node a,node b){
17        return a.w<b.w;
18      }
19      void dfs(int id,int level){
20        if (!hf[id].t){
21          code[level]='0';
22          dfs(hf[id].le,level+1);
23          code[level]='1';
24          dfs(hf[id].ri,level+1);
25        }else{
26          cout << hf[id].ch <<" ";
27          for(int i=0;i<level;i++) cout << code[i];
28          cout << endl;
29        }
30      }
31      int main(){
32        int n,w,num;
33        char c;
34        while(cin>>n){
35          tmp.clear();
36          for(int i=0;i<n;i++){
37            cin >> c >> w;
38            hf[i].id=i;
39            hf[i].ch=c;
40            hf[i].w=w;
41            hf[i].t=true;
42            tmp.push_back(hf[i]);
43          }
44          num=n;
45          sort(tmp.begin(),tmp.end(),cmp);
46          while(tmp.size()>1){
47            node a,b,s;
48            a=tmp.front();
49            tmp.pop_front();
50            b=tmp.front();
51            tmp.pop_front();
52            s.id=num;
53            s.t=false;
54            s.le=a.id;
```

```
55          s.ri=b.id;
56          s.w=a.w+b.w;
57          hf[num]=s;
58          tmp.push_back(s);
59          sort(tmp.begin(),tmp.end(),cmp);
60          num++;
61      }
62      dfs(tmp[0].id,0);
63    }
64  }
```

- 第 5 到 12 行：宣告結構 node，有六個元素分別是 id、ch、w、t、le 與 ri，id 表示節點的編號，建立霍夫曼樹時使用，ch 表示節點所代表的字元，w 表示該字元的出現頻率，t 表示是否為字元節點，t 為 true 表示為字元節點，le 表示建立霍夫曼樹時的左邊節點編號，ri 表示建立霍夫曼樹時的右邊節點編號。

- 第 13 行：宣告全域陣列 hf 為結構 node 的陣列，有 101 個元素。

- 第 14 行：宣告 deque 全域變數 tmp，tmp 每個元素都是結構 node 的元素。

- 第 15 行：宣告全域陣列 code 是字元陣列，有 10 個元素。

- 第 16 到 18 行：定義 cmp 函式呼叫 sort 函式時使用，會讓字元頻率較小的節點排在前面。

- 第 19 到 30 行：定義 dfs 函式，印出字元與霍夫曼編碼的對應。

- 第 20 到 24 行：若不是字元節點，往左邊走，字元陣列 code[level] 為字元 0（第 21 行），呼叫 dfs 進行遞迴，將節點 hf[id] 的 le（左邊節點編號）與變數 level 加 1 為輸入參數（第 22 行），往右邊走，字元陣列 code[level] 為字元 1（第 23 行），呼叫 dfs 進行遞迴，將節點 hf[id] 的 ri（右邊節點編號）與變數 level 加 1 為輸入參數（第 24 行）。

- 第 25 到 29 行：否則就是字元節點，印出 hf[id] 的字元 ch（第 26 行），與使用迴圈印出該字元經由 dfs 所產生的編碼陣列 code 的每個元素到螢幕（第 27 行），最後輸出換行（第 28 行）。

- 第 31 到 64 行：定義 main 函式。

- 第 32 行：宣告 n、w 與 num 為整數變數。

- 第 33 行：宣告 c 為字元變數。

- 第 34 到 63 行：不斷輸入整數到 n，表示有 n 個字元要輸入，首先清空 tmp（第 35 行），使用迴圈輸入 n 個字元與對應的使用頻率，字元輸入到 c，頻率輸入到 w（第 37 行），hf[i] 的 id 設定為 i，表示字元的編號，hf[i] 的 ch

設定為 c，表示輸入字元，hf[i] 的 w 設定為 w，表示輸入字元的頻率，hf[i] 的 t 設定為 true，表示為字元節點，將 hf[i] 加入到 tmp（第 38 到 42 行）。

- 第 44 行：變數 num 設定為 n。

- 第 45 行：將 tmp 所有元素以字元頻率 w 由小到大進行排序。

- 第 46 到 61 行：當 tmp 元素個數大於 1 時，繼續執行 while 迴圈，表示還有節點要合併。

- 第 47 行：宣告 a、b 與 s 為結構 node 變數。

- 第 48 行：取出 tmp 中頻率最小的元素到 a。

- 第 49 行：刪除 tmp 中頻率最小的元素。

- 第 50 行：取出 tmp 中頻率最小的元素到 b。

- 第 51 行：刪除 tmp 中頻率最小的元素。

- 第 52 到 56 行：設定節點 s 的 id 為 num，表示新產生節點的編號，設定節點 s 的 t 為 false，表示不是字元節點，是由字元節點組合起來，設定節點 s 的 le 為節點 a 的編號（id），設定節點 s 的 ri 為節點 b 的編號（id），設定節點 s 的頻率（w）為節點 a 的頻率（w）加上節點 b 的頻率（w）。

- 第 57 行：將節點 s 儲存到 hf[num]。

- 第 58 行：將節點 s 加到 tmp 的最後。

- 第 59 行：將 tmp 所有元素以字元頻率 w 由小到大進行排序。

- 第 60 行：變數 num 遞增 1。

- 第 62 行：使用 dfs 產生所有字元的霍夫曼編碼。

(c) 預覽結果

按下「執行→編譯並執行」，螢幕顯示結果如下圖。

4-6 ▸▸ 物品可以分割的背包（Fractional Knapsack）問題

【4-6-物品可以分割的背包（Fractional Knapsack）問題.cpp】假設有 n 個物品及一個背包，已知背包的負重能力與每個物品的價值與重量，可以將物品只取部分放入背包，求在背包的負重能力範圍內的放入背包所有物品的最大價值。

- 輸入說明：每次輸入數字 n，n 表示物品個數，輸入 n 小於 100，之後有 n 行分別是每一行兩個整數 w 與 v，w 表示物品的重量，而 v 表示物品的價值。最後輸入一個整數 k，表示背包的負重能力。

- 輸出說明：輸出一個浮點數，表示在背包的負重能力範圍內的放入背包所有物品的最大價值。

- 輸入範例

  5

  3 10

  3 4

  1 5

  2 7

  3 8

  5

- 輸出範例

  18.6667

(a) 解題想法

貪婪準則是先計算所有物品的單位重量的價值，將所有物品以單位重量的價值由大到小進行排序，取最大的單位重量的價值物品開始，若可以放進背包就放入背包，一直到最後放不下為止或所有物品都已經放入，最後取剩餘未放入物品的最高單位重量的價值物品，取其中一部分到背包重量的上限為止，到此求得背包的負重能力範圍內的放入背包所有物品的最大價值。以本節輸入範例為例，進行解說。

輸入後的 ob 陣列

	ob[0]	ob[1]	ob[2]	ob[3]	ob[4]
重量	3	3	1	2	3
價值	10	4	5	7	8
單位價值	3.3333	1.3333	5	3.5	2.6667

Step1　依照單位價值的由大到小進行排序，排序後的 ob 陣列如下。

	ob[0]	ob[1]	ob[2]	ob[3]	ob[4]
重量	1	2	3	3	3
價值	5	7	10	8	4
單位價值	5	3.5	3.3333	2.6667	1.3333

Step2　背包最大負重為 5，取最大的單位價值物品 ob[0]，重量為 1 個單位，目前是空的，可以放入 ob[0]，目前背包負重為 1 且價值為 5。

背包

負重	1	2	3	4	5
物品	ob[0]				

Step3　取目前最大的單位價值物品 ob[1]，重量為 2 個單位，目前背包已經負重 1 個單位，可以放入 ob[1]，目前背包負重為 3 且價值為 12。

背包

負重	1	2	3	4	5
物品	ob[0]	ob[1]			

Step4　取目前最大的單位價值物品 ob[2]，重量為 3 個單位，目前背包已經負重 3 個單位，可以放入（2/3）的 ob[2]，目前背包負重為 5 且價值為 18.6667。

背包

負重	1	2	3	4	5
物品	ob[0]	ob[1]		ob[2]	

Step5 背包最大價值為 18.6667。

(b) 程式碼與解說

```
1    #include<iostream>
2    #include<algorithm>
3    using namespace std;
4    struct obj{
5      int w;
6      int v;
7      double vw;
8    };
9    bool cmp(obj a,obj b){
10     return (a.vw>b.vw);
11   }
12   int main(){
13     int n,k,ktmp;
14     double totalv;
15     obj ob[101];
16     while(cin>>n){
17       for(int i=0;i<n;i++){
18         cin >> ob[i].w >> ob[i].v;
19         ob[i].vw=(double)ob[i].v/ob[i].w;
20       }
21       cin >> k;
22       ktmp=k;
23       sort(ob,ob+n,cmp);
24       for(int i=0;i<n;i++){
25         if (ob[i].w<=ktmp) {
26           totalv+=ob[i].v;
27           ktmp-=ob[i].w;
28         }else{
29           totalv+=(double)ob[i].vw*ktmp;
30           break;
31         }
32       }
33       cout << totalv << endl;
34     }
35   }
```

- 第 4 到 8 行：宣告結構 obj，有三個元素 w、v 與 vw，w 表示物品的重量，v 表示物品的價值，而 vw 表示物品的單位重量的價值。

- 第 9 到 11 行：定義 cmp 函式呼叫 sort 函式時使用，會讓單位重量的價值（vw）較大的物品排在前面。

- 第 12 到 35 行：定義 main 函式。

- 第 13 行：宣告 n、k 與 ktmp 為整數變數。

- 第 14 行：宣告 totalv 為倍精度浮點數變數。

- 第 15 行：宣告陣列 ob 為結構 obj 的陣列，有 101 個元素。

- 第 16 到 34 行：不斷輸入整數到 n，表示有 n 個物品可以加入背包，使用迴圈輸入 n 個物品的重量到 ob[i].w，物品的價值到 ob[i].v（第 18 行），最後計算每個物品的單位重量的價值（第 19 行）。

- 第 21 行：輸入值到變數 k，為背包的負重能力。

- 第 22 行：將變數 k 複製一份給變數 ktmp，為背包的負重能力。

- 第 23 行：使用 cmp 呼叫 sort 函式，將陣列 ob 的單位重量價值（vw）由大到小進行排序

- 第 24 到 32 行：依序取出陣列 ob 內所有物品，若 ob[i] 的重量（w）小於背包的剩餘背負重量（ktmp）（第 25 行），則取整個 ob[i]，背包內物品的總共價值（totalv）增加 ob[i] 的價值（v）（第 26 行），背包的剩餘背負重量（ktmp）減少 ob[i] 的重量（w）（第 27 行），否則只取一部分的 ob[i]，背包內物品的總共價值（totalv）增加物品（ob[i]）單位重量的價值（vw）乘以背包的剩餘背負重量（ktmp）（第 29 行），中斷迴圈（第 30 行）

- 第 33 行：最後輸出背包內物品的總共價值（totalv）就是答案。

(c) 預覽結果

按下「執行→編譯並執行」，螢幕顯示結果如下圖。

4-7 ▸▸ 不適用貪婪演算法的 01 背包問題

假設有 n 個物品及一個背包，已知背包的負重能力與每個物品的價值與重量，每個物品只能取或不取，無法只取一部分放入背包，求在背包的負重能力範圍內放入背包所有物品的最大價值，這樣的問題稱作 01 背包問題。

不是所有問題都可以使用貪婪演算法解題，有很多問題不適合使用貪婪演算法，例如：01 背包問題，物品不能分割，這時使用貪婪演算法並無法保證可以獲得最佳解，需使用第 7 單元動態規劃（dynamic programming）演算法。

假設 4 個物品，物品 A 重量 10 價值 20，物品 B 重量 15 價值 45，物品 C 重量 30 價值 70，物品 D 重量 40 價值 85，背包可以負重 40。

貪婪演算法策略（一）取單位重量的價值最高優先

單位重量的價值最高到最低分別是物品 B、物品 C、物品 D 與物品 A，將物品 B 放背包後，物品 C 與物品 D 無法放入，最後再放入物品 A，總價值 65，非最佳解。

貪婪演算法策略（二）取最大價值優先

價值最高到最低分別是物品 D、物品 C、物品 B 與物品 A，將物品 D 放背包後，其他物品就無法放入，總價值 85，非最佳解。

貪婪演算法策略（三）取最小重量優先

重量最低到最高分別是物品 A、物品 B、物品 C 與物品 D，將物品 A 與物品 B 放背包後，其他物品就無法放入，總價值 65，非最佳解。

背包

最佳解

物品 A 與物品 C 放背包後，總價值 90。

背包

貪婪演算法依照事先定義好的貪婪準則，依照此貪婪準則每次選擇目前小問題的最佳解後，就不能再修正，這一次選取的物品與下一次選取的物品沒有關係，最後這些被選取的物品的集合就是最佳解。有些問題適合使用貪婪演算法，有些問題若無法找到貪婪準則，就不能使用貪婪演算法進行解題。

4-8 ▸▸ APCS 貪婪相關實作題詳解

4-8-1 物品堆疊（10610 第 4 題）【4-8-1-物品堆疊.cpp】

問題描述

　　某個自動化系統中有一個存取物品的子系統,該系統是將 N 個物品堆在一個垂直的貨架上,每個物品各佔一層。系統運作的方式如下：每次只會取用一個物品,取用時必須先將在其上方的物品貨架升高,取用後必須將該物品放回,然後將剛才升起的貨架降回原始位置,之後才會進行下一個物品的取用。

　　每一次升高某些物品所需要消耗的能量是以這些物品的總重來計算,在此我們忽略貨架的重量以及其他可能的消耗。現在有 N 個物品,第 i 個物品的重量是 $w(i)$ 而需要取用的次數為 $f(i)$,我們需要決定如何擺放這些物品的順序來讓消耗的能量越小越好。舉例來說,有兩個物品 $w(1)=1$、$w(2)=2$、$f(1)=3$、$f(2)=4$,也就是說物品 1 的重量是 1 需取用 3 次,物品 2 的重量是 2 需取用 4 次。我們有兩個可能的擺放順序（由上而下）：

- (1,2),也就是物品 1 放在上方,2 在下方。那麼,取用 1 的時候不需要能量,而每次取用 2 的能量消耗是 $w(1)=1$,因為 2 需取用 $f(2)=4$ 次,所以消耗能量數為 $w(1)*f(2)=4$。

- (2,1),也就是物品 2 放在 1 的上方。那麼,取用 2 的時候不需要能量,而每次取用 1 的能量消耗是 $w(2)=2$,因為 1 需取用 $f(1)=3$ 次,所以消耗能量數 $=w(2)*f(1)=6$。

　　在所有可能的兩種擺放順序中,最少的能量是 4,所以答案是 4。

　　再舉一例,若有三物品而 $w(1)=3$、$w(2)=4$、$w(3)=5$、$f(1)=1$、$f(2)=2$、$f(3)=3$。假設由上而下以（3,2,1）的順序,此時能量計算方式如下：取用物品 3 不需要能量,取用物品 2 消耗 $w(3)*f(2)=10$,取用物品 1 消耗$(w(3)+w(2))*f(1)=9$,總計能量為 19。如果以（1,2,3）的順序,則消耗能量為 $3*2+(3+4)*3=27$。事實上,我們一共有 3!=6 種可能的擺放順序,其中順序（3,2,1）可以得到最小消耗能量 19。

輸入格式

　　輸入的第一行是物品件數 N,第二行有 N 個正整數,依序是各物品的重量 $w(1)$、$w(2)$、...、$w(N)$,重量皆不超過 1000 且以一個空白間隔。第三行有 N 個正

整數,依序是各物品的取用次數 f(1)、f(2)、...、f(N),次數皆為 1000 以內的正整數,以一個空白間隔。

輸出格式

輸出最小能量消耗值,以換行結尾。所求答案不會超過 63 個位元所能表示的正整數。

範例一(第 1、3 子題):輸入	範例二(第 2、4 子題):輸入
2	3
20 10	3 4 5
1 1	1 2 3

範例一:正確輸出	範例二:正確輸出
10	19

評分說明

輸入包含若干筆測試資料,每一筆測試資料的執行時間限制(time limit)均為 1 秒,依正確通過測資筆數給分。其中:

第 1 子題組 10 分,N = 2,且取用次數 f(1)=f(2)=1。

第 2 子題組 20 分,N = 3。

第 3 子題組 45 分,N ≤ 1,000,且每一個物品 i 的取用次數 f(i)=1。

第 4 子題組 25 分,N ≤ 100,000。

(a) 解題想法

先找出物品的順序,若物品 p 與 q,先以 p.w*q.f < q.w*p.f 排序,也就是本身重量(p.w)與對方頻率(q.f)相乘的值越小的物品優先放在上層,有了順序就可以計算最小消耗能量。

(b) 程式碼與解說

```
1    #include <iostream>
2    #include <algorithm>
3    using namespace std;
4    typedef struct _box{
5      int w;
6      int f;
```

```
7      } Box;
8      bool cmp(Box p,Box q){//p.w*q.f 小的放在上層
9        return p.w*q.f < q.w*p.f;
10     }
11     Box b[100001];
12     int main(){
13       int n;
14       long long int result,sum;
15       while (cin >> n){
16         result = 0;
17         sum = 0;
18         for(int i=0;i<n;i++){
19           cin >> b[i].w;
20         }
21         for(int i=0;i<n;i++){
22           cin >> b[i].f;
23         }
24         sort(b,b+n,cmp);
25         for(int i=0;i<n-1;i++){//最小消耗能量
26           sum = sum + b[i].w;
27           result = result + sum*b[i+1].f;
28         }
29         cout << result << endl;
30       }
31     }
```

- 第 4 到 7 行：結構 _box 包含兩個變數 w 與 f，轉換成自訂型別 Box。

- 第 8 到 10 行：自行定義函式 cmp，將本身重量（p.w）與對方頻率（q.f）相乘的值越小的物品排在前面。

- 第 11 行：宣告陣列 b 有 100001 個元素，每個元素的資料型別都是 Box。

- 第 12 到 31 行：定義函式 main。

- 第 13 行：宣告 n 為整數變數。

- 第 14 行：宣告變數 result 與 sum 的資料型別為 long long int。

- 第 15 到 30 行：使用迴圈不斷輸入 n，表示物品個數，初始化變數 result 與 sum 為 0（第 16 到 17 行）。

- 第 18 到 20 行：使用迴圈輸入每個物品的重量到 b[i].w。

- 第 21 到 23 行：使用迴圈輸入每個物品的頻率到 b[i].f。

- 第 24 行：使用函式 sort 以函式 cmp 進行排序，讓物品本身重量（p.w）與對方頻率（q.f）相乘的值越小的物品排在前面。

- 第 25 到 28 行：使用迴圈計算最小消耗能量，不斷累加重量到 sum（第 26 行），將累加重量乘以下一層的頻率到變數 result（第 27 行），最後輸出變數 result，就是最小消耗能量（第 29 行）。

(c) 預覽結果

按下「執行→編譯並執行」，分別輸入題目所規定的兩組測資後，螢幕顯示結果如下圖。

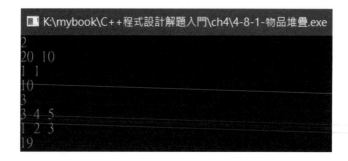

(d) 演算法效率分析

本程式第 25 行最耗時的程式區塊，排序演算法效率為 $O(N*\log(N))$，N 為物品個數。

UVa Online Judge 網路解題資源

模擬	
分類	UVa 題目
基礎題	UVa 11269 Setting Problems
基礎題	UVa 10954 Add All
進階題	UVa 1605 Building for UN
進階題	UVa 668 Parliament
進階題	UVa 311 Packets

註：使用題目編號與名稱為關鍵字進行搜尋，可以在網路上找到許多相關的線上解題資源。

暴力 ⑤

　　暴力（Brute Force）就是在解題過程中列舉所有可能性，是一種很直觀的解題方法，通常程式效率不會太好，若題目輸入資料不大，有可能在題目所規定的時間內，執行完畢獲得答案，解題後可以再想想如何讓程式執行效率更好，有沒有其他解法。

5-1 ▸▸ 統計字母數量

　　【5-1 統計字母數量.cpp】給定一行英文句子，忽略標點符號與特殊符號，只考慮英文字母並將大寫英文字母一律轉成小寫字母，照英文字母順序輸出英文字母與個數。

- 輸入說明：第一行輸入數字 n，表示後面的輸入有幾行，每次輸入一行英文句子，中間可能有空白鍵，一行結束後進行換行，以換行進行區分多個輸入，可能有多行輸入。

- 輸出說明：針對每一行輸入，依照英文字母順序輸出英文字母與個數。

- 輸入範例

  1

  An apple a day keeps the doctor away.

- 輸出範例

  a 6

  c 1

  d 2

  e 4

  h 1

  k 1

  l 1

n 1
o 2
p 3
r 1
s 1
t 2
w 1
y 2

(a) 解題想法

本範例就是使用暴力，取出每一個字母判斷是否是英文字母，並一律轉成小寫字母，計算每個英文字母出現的個數，最後依照英文字母順序輸出英文字母與個數。

(b) 程式碼與解說

```
1      #include <iostream>
2      #include <string>
3      #include <cctype>
4      #include <cstring>
5      using namespace std;
6      int main() {
7        int n;
8        int ch[26];
9        string s;
10       cin >> n;
11       cin.ignore();
12       for(int j=0;j<n;j++){
13         getline(cin,s);
14         memset(ch,0,sizeof(ch));
15         for(int i=0;i<s.length();i++){
16           if (isalpha(s[i])) ch[tolower(s[i])-'a']++;
17         }
18         for(int i=0;i<26;i++){
19           if (ch[i]>0) cout << (char)('a'+i) << " " << ch[i] << endl;
20         }
21       }
22     }
```

- 第 6 到 22 行：定義 main 函式。
- 第 7 行：宣告 n 為整數變數。

- 第 8 行：宣告整數陣列 ch，有 26 個元素，用於儲存每個字母出現次數。

- 第 9 行：宣告 s 為字串物件。

- 第 10 行：輸入整數到變數 n。

- 第 11 行：忽略一個 Enter 鍵，因為之後的輸入在第 13 行使用 getline 函式，若不加上 cin.ignore 函式，getline 函式會讀到 Enter 鍵，不會輸入任何字串。

- 第 12 到 21 行：使用迴圈執行 n 次，每次輸入一個字串到 s（第 13 行），初始化 ch 陣列的每個元素為 0（第 14 行）。

- 第 15 到 17 行：讀取字串 s 的每個字元，若 s[i] 是英文字母，則轉成小寫英文字母，減去字元 a（會將字元 a 到字元 z 轉換成 0 到 25），將對應的陣列 ch 的元素數值遞增 1（第 16 行），如此可以計算出所有英文字母的個數。

- 第 18 到 20 行：使用迴圈利用「(char)('a'+i)」顯示英文字母，利用「ch[i]」讀取出陣列 ch 第 i 個元素的數值（第 19 行）。

(c) 演算法效率分析

執行第 15 到 17 行程式碼，是程式執行效率的關鍵，與字串的長度有關，此程式分析一行英文句子的效率為 $O(n)$，n 為該行英文句子的長度。

(d) 預覽結果

按下「執行→編譯並執行」，螢幕顯示結果如下圖。

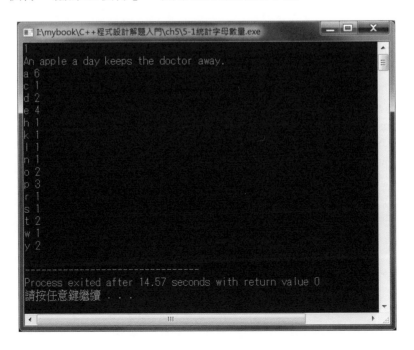

5-2 ▸▸ 最大子陣列（Maximum Subarray）

給定一個陣列有 10 個元素，請找出最大的連續子陣列和，所有子陣列加總結果會在-100000000 到 100000000 之間，陣列的 10 個元素不會都是小於 0 的數字。

- 輸入說明：輸入 10 個數字，數字須符合所有子陣列加總結果會在 -100000000 到 100000000 之間。

- 輸出說明：子陣列的最大值。

- 輸入範例

  1 2 3 4 5 -10 20 30 -40 10

- 輸出範例

  55

5-2-1 最大子陣列暴力解法(一)【5-2-1 最大子陣列暴力解法(一).cpp】

(a) 解題想法

本範例就是使用暴力，列舉所有自陣列的開始位置與結束位置，累加子陣列的開始位置到結束位置的總和，紀錄所有總和的最大值就是答案。

(b) 程式碼與解說

```
1     #include <iostream>
2     using namespace std;
3     int main() {
4       int a[10],max,sum;
5       for(int i=0;i<10;i++){
6         cin >> a[i];
7       }
8       max=-200000000;
9       for(int i=0;i<10;i++){
10        for(int j=i;j<10;j++){
11          sum=0;
12          for(int k=i;k<=j;k++){
13            sum=sum+a[k];
14          }
15          if (sum>max) max=sum;
16        }
17      }
```

```
18      cout << max << endl;
19    }
```

- 第 3 到 19 行：定義 main 函式。
- 第 4 行：宣告整數陣列 a，有 10 個元素，用於儲存輸入的數字，宣告 max 與 sum 為整數變數。
- 第 5 到 7 行：輸入 10 個數字到陣列 a。
- 第 8 行：初始化 max 為-200000000。
- 第 9 到 17 行：使用迴圈變數 i 控制子陣列的開始位置（第 9 行）由 0 到 9，每次遞增 1，迴圈變數 j 控制子陣列的結束位置（第 10 行），迴圈變數 j 由 i 到 9，每次遞增 1，初始化變數 sum 為 0（第 11 行），內層迴圈變數 k 由 i 到 j，每次遞增 1（第 12 行），內層迴圈每次累加 a[k] 到 sum（第 13 行），累加後，若變數 sum 大於變數 max，表示有更大的子陣列的和，則將變數 sum 的值儲存到變數 max（第 15 行）。
- 第 18 行：輸出 max 就是最大子陣列的加總結果。

(c) 演算法效率分析

執行第 9 到 17 行程式碼，是程式執行效率的關鍵，此程式使用三層迴圈，第 13 行執行最多次，演算法效率大約為 $O(n^3)$，n 為輸入的數字個數。

(d) 預覽結果

按下「執行→編譯並執行」，螢幕顯示結果如下圖。

5-2-2　最大子陣列暴力解法(二)【5-2-2 最大子陣列暴力解法(二).cpp】

(a) 解題想法

本範例就是使用暴力，累加 a[0] 到 a[9] 過程中就能計算出，a[0] 到 a[0] 的加總和、a[0] 到 a[1] 的加總和、a[0] 到 a[2] 的加總和、...、a[0] 到 a[9] 的加總和，繼續累加 a[1] 到 a[9] 過程中其實就計算出，a[1] 到 a[1] 的加總和、a[1] 到 a[2] 的加總和、a[1] 到 a[3] 的加總和、...、a[1] 到 a[9] 的加總和。繼續累加 a[2] 到 a[9]，

累加 a[3] 到 a[9]，累加 a[4] 到 a[9]，...，累加 a[9] 到 a[9]，就可以獲得所有子陣列的和。

(b) 程式碼與解說

```
1    #include <iostream>
2    using namespace std;
3    int main() {
4      int a[10],max,sum;
5      for(int i=0;i<10;i++){
6        cin >> a[i];
7      }
8      max=-200000000;
9      for(int i=0;i<10;i++){
10       sum=0;
11       for(int j=i;j<10;j++){
12         sum=sum+a[j];
13         if (sum>max) max=sum;
14       }
15     }
16     cout << max << endl;
17   }
```

- 第 3 到 17 行：定義 main 函式。
- 第 4 行：宣告整數陣列 a，有 10 個元素，用於儲存輸入的數字，宣告 max 與 sum 為整數變數。
- 第 5 到 7 行：輸入 10 個數字到陣列 a。
- 第 8 行：初始化 max 為-200000000。
- 第 9 到 15 行：使用迴圈變數 i 控制子陣列的累加開始位置（第 9 行）由 0 到 9，每次遞增 1，初始化變數 sum 為 0（第 10 行），內層迴圈變數 j 控制子陣列的累加結束位置（第 11 行），迴圈變數 j 由 i 到 9，每次遞增 1，內層迴圈每次累加 a[j] 到 sum（第 12 行），累加後，若變數 sum 大於變數 max，表示有更大的子陣列的和，則將變數 sum 的值儲存到變數 max（第 13 行）。
- 第 16 行：輸出 max 就是最大子陣列的加總結果。

(c) 演算法效率分析

執行第 9 到 15 行程式碼，是程式執行效率的關鍵，此程式使用兩層迴圈，第 12 到 13 行執行最多次，演算法效率大約為 $O(n^2)$，n 為輸入的數字個數，「5-2-2 最大子陣列暴力解法(二)」比「5-2-1 最大子陣列暴力解法(一)」效率要好。若使用

Divide and Conquer 演算法解題，演算法效率大約為 O(n*log(n))，將於下一單元介紹；若使用 Dynamic Programming 演算法解題，演算法效率大約為 O(n)，將於之後單元介紹，效率會比暴力演算法與 Divide and Conquer 演算法要好。

(d) 預覽結果

按下「執行→編譯並執行」，螢幕顯示結果如下圖。

```
 I:\mybook\C++程式設計解題入門\ch5\5-2-1最大子陣列暴力解法(二).exe
1 2 3 4 5 -10 20 30 -40 10
55
```

5-3 ▸▸ 找出直角三角形

【5-3 找出直角三角形.cpp】請求出三角形邊長相加大於等於整數 L 與小於等於整數 R 的所有直角三角形，三角形的邊長都是整數，請以邊長遞增方式輸出，邊長越小越優先輸出。

- 輸入說明：輸入整數 L 與 R，表示三邊長和的上限與下限，保證輸入範圍內一定有直角三角形，允許輸入多組測資。

- 輸出說明：輸出所有符合的直角三角形邊長。

- 輸入範例

  30 60

- 輸出範例

  5 12 13

  7 24 25

  8 15 17

  9 12 15

  10 24 26

  12 16 20

  15 20 25

(a) 解題想法

列舉三角形三邊長的各種可能性，判斷邊長和是否大於等於整數 L 與小於等於整數 R，且可以組成直角三角形就顯示出來。

(b) 程式碼與解說

```
1    #include <iostream>
2    using namespace std;
3    int main() {
4      int L,R;
5      while(cin >> L >> R){
6        for(int a=1;a<R/2;a++){
7          for(int b=a+1;b<R/2;b++){
8            for(int c=b+1;c<R/2;c++){
9                if (((a+b+c)>=L)&&((a+b+c)<=R)){
10                 if (c*c==a*a+b*b) cout <<a<<" "<<b<<" "<<c<<endl;
11               }
12             }
13           }
14        }
15      }
16    }
```

- 第 3 到 16 行：定義 main 函式。
- 第 4 行：宣告 L 與 R 為整數變數。
- 第 5 到 14 行：不斷輸入 L 與 R，外層迴圈變數 a 控制三角形其中一個邊長 a（第 6 行）由 1 到小於（R/2），每次遞增 1；第二層迴圈變數 b 控制三角形其中一個邊長 b（第 7 行）由（a+1）到小於（R/2），每次遞增 1；最內層迴圈變數 c 控制三角形其中一個邊長 c（第 8 行）由（b+1）到小於（R/2），每次遞增 1。最後判斷 a+b+c 的範圍是否介於 L 到 R 之間（第 9 行），若符合「c*c==a*a+b*b」表示邊長 a、b 與 c 可以組成直角三角形（第 10 行）。

(c) 演算法效率分析

執行第 9 到 11 行程式碼，是影響程式執行效率的關鍵因素，本範例使用三層迴圈最內層的第 9 到 11 行程式碼執行最多次，演算法效率大約為 $O(n^3)$，n 為輸入的數字 R。

(d) 預覽結果

按下「執行→編譯並執行」，螢幕顯示結果如下圖。

5-4 ▸▸ 求質數

5-4-1 求 1 到 10000 的所有質數

【5-4 求 1 到 10000 的質數.cpp】請求出 1 到 10000 的所有質數，若某數的因數，只有 1 與自己，沒有其他因數，稱為質數。

- 輸入說明：本範例不需要輸入任何資料。
- 輸出說明：輸出 1 到 10000 的所有質數。
- 輸入範例

  無

- 輸出範例：(輸出最後 10 個質數)

  9887

  9901

  9907

  9923

  9929

  9931

  9941

  9949

  9967

  9973

(a) 解題想法

使用迴圈列舉數字 1 到 10000，針對每個數字判斷是否是質數，若是質數就輸出該數字。

(b) 程式碼與解說

```
1    #include <iostream>
2    #include <cmath>
3    using namespace std;
4    bool isPrime(int);
5    int main(){
6      for(int i=2;i<=10000;i=i+1){
7        if (isPrime(i)){
8          cout << i << endl;
9        }
10     }
11   }
12   bool isPrime(int x){
13     int j=2;
14     bool flag=true;
15     while (j<=sqrt(x)){
16       if ((x%j) == 0){
17         flag=false;
18         break;
19       }
20       j=j+1;
21     }
22     return flag;
23   }
```

- 第 4 行：宣告自訂函式 isPrime，輸入整數變數，輸出布林變數，對輸入的整數判斷是否為質數，若是質數，則回傳 true，否則回傳 false。
- 第 5 到 11 行：定義 main 函式。
- 第 6 到 10 行：迴圈變數 i 由 2 到 10000，每次遞增 1，用於列舉數字 2 到 10000，針對每個數字使用 isPrime 函式判斷是否為質數，若是質數則顯示該數字（第 7 到 9 行）。
- 第 12 到 23 行：自訂 isPrime 函式，以整數變數 x 為輸入，若 x 為質數，回傳 true，若 x 不為質數，回傳 false。
- 第 13 行：宣告 j 為整數變數，並初始化為 2。

- 第 14 行：宣告 flag 為布林變數，並初始化為 true，若 flag 為 true 表示為質數，若 flag 為 false 表示不是質數，預設為 true，表示為質數。
- 第 15 到 21 行：j 為整數變數，用於 while 迴圈，變數 j 依序指向所有小於等於開根號輸入值 x（第 15 行），接著測試變數 j 是否可以整除輸入值 x（第 16 行），若是，則變數 j 為輸入值 x 的因數，設定 flag 為 false，輸入值 x 為非質數（第 17 行），使用 break 跳出 while 迴圈（第 18 行），變數 j 值遞增 1（第 20 行），重複 while 迴圈回到第 15 行。
- 第 22 行：回傳變數 flag。

(c) 演算法效率分析

執行第 6 到 10 行程式碼，是影響程式執行效率的關鍵因素，迴圈執行效率為 O(n)，迴圈內每次呼叫函式 isPrime，該函式效率大約為 $O(n^{\frac{1}{2}})$，所以演算法效率大約為 $O(n^{\frac{3}{2}})$，n 為輸入的資料量。

(d) 預覽結果

按下「執行→編譯並執行」，螢幕顯示結果如下圖。

5-4-2 篩選法求 1 到 10000 的質數【5-4-2 篩選法求 1 到 10000 的質數.cpp】

(a) 解題想法

使用篩選法（Sieve of Eratosthenes）求質數，需要一個布林陣列 mark 有 10001 個元素，陣列大小至少需與數值範圍的最大數值相同（本範例為 10000），mark[1] 紀錄數字 1 是否為質數、mark[2] 紀錄數字 2 是否為質數、mark[3] 紀錄數字 3 是否

為質數，依此類推，利用陣列 mark 紀錄數字是否已經被刪除。求取數字 1 到 10000 的所有質數，相當於依序將 2 的倍數數字刪除，接著將 3 的倍數數字刪除，將 5 的倍數數字刪除，將 7 的倍數數字刪除，...，最後陣列 mark 還剩下的數字就都是質數。

(b) 程式碼與解說

```cpp
1    #include <iostream>
2    #include <cmath>
3    using namespace std;
4    bool mark[10001];
5    void erase(int x){
6      int sq = (int)sqrt(x);
7      mark[1] = true;
8      for (int i=2; i<=sq; i++){
9        if (!mark[i]){
10         for (int j=i*i;j<=x;j+=i){
11           mark[j] = true;
12         }
13       }
14     }
15   }
16   int main(){
17     erase(10000);
18     for(int n=2;n<=10000;n++){
19       if (!mark[n]){
20         cout << n <<endl;
21       }
22     }
23   }
```

- 第 4 行：宣告布林陣列 mark 有 10001 個元素，若陣列元素值為 true，表示非質數；否則陣列元素值為 false，表示質數。

- 第 5 到 15 行：宣告與定義自訂函式 erase，輸入變數 x，設定整數變數 sq 為開根號 x 的值取整數（第 6 行），設定 mark[1] 為 true，表示 1 不是質數（第 7 行）。使用迴圈變數 i 由 2 到 sq，每次遞增 1，若 mark[i] 為 false，表示 i 是質數，所用迴圈變數 j 由 i 的平方到 x，每次遞增 i，所有 i 的倍數都需要設定為 true，表示都不是質數（第 10 到 12 行）。

- 第 16 到 23 行：定義 main 函式。

- 第 17 行：呼叫 erase 函式，輸入數字 10000。

- 第 18 到 22 行：迴圈變數 n 由 2 到 10000，每次遞增 1，使用 mark[n] 判斷是否為質數，若 mark[n] 為 false，表示是質數，則顯示該數字。

(c) 演算法效率分析

執行第 8 到 14 行程式碼，是影響程式執行效率的關鍵因素，當 i 等於 2 時，執行次數約(n/2)次，當 i 等於 3 時，執行次數約(n/3)次，當 i 等於 5 時，執行次數約(n/5) 次 ， … ， 當 i 等 於 $\sqrt{n}$ 時 ， 執 行 次 數 約 ($n/\sqrt{n}$) 次 。 因 為 「 $1+1/2+1/3+1/5+1/7+…+1/\sqrt{n} =O(\log(\log(\sqrt{n})))=O(\log(\log(n)))$」，所以迴圈執行效率為 $O(n*\log(\log(n)))$，n 為輸入的資料量，「5-4-2 篩選法求 1 到 10000 的質數」比「5-4-1 求 1 到 10000 的所有質數」執行速度較快。

(d) 預覽結果

按下「執行→編譯並執行」，螢幕顯示結果如下圖。

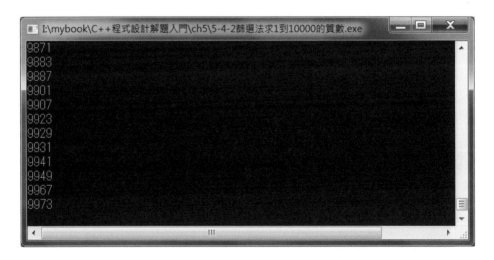

5-5 ▸ 樂透包牌

【5-5 樂透包牌.cpp】給定 n 個數字，n 個數字都不相同，從 n 個數字中取出 m 個數字的所有可能性，輸出的 m 個數字請按照由小到大輸出，不要重複輸出，保證 m 小於等於 n。

- 輸入說明：輸入整數 n，之後接著輸入 n 個數字，接著輸入整數 m，表示要從 n 個數字中選取 m 個。

- 輸出說明：從 n 個數字中取出 m 個數字的所有可能性，輸出的 m 個數字請按照由小到大輸出，不要重複輸出。。
- 輸入範例

  6 23 41 34 5 17 22 5
- 輸出範例

  5 17 22 23 34

  5 17 22 23 41

  5 17 22 34 41

  5 17 23 34 41

  5 22 23 34 41

  17 22 23 34 41

(a) 解題想法

使用遞迴方式暴力找出所有可能性，需要陣列 num 儲存輸入的 n 個數字，陣列 step 儲存包牌的在陣列 num 的索引值。遞迴需要兩個參數，一個控制目前選取幾個（currStep），一個控制目前的起始元素讓選取的元素不重複。

(b) 程式碼與解說

```
1    #include <iostream>
2    #include <algorithm>
3    using namespace std;
4    void find(int,int);
5    int step[100],num[100];
6    int n,m;
7    int main(){
8      while (cin>>n){
9        for(int i=0;i<n;i++){
10         cin >> num[i];
11       }
12       cin >> m;
13       sort(num,num+n);
14       find(0,0);
15     }
16   }
17   void find(int curStep,int start){
18     int j;
19     if (curStep == m){
20       for(int i=0;i<m;i++){
```

```
21          cout << num[step[i]] << " ";
22        }
23        cout << endl;
24      }else{
25        for(j=start;j<n;j++){
26          step[curStep]=j;
27          find(curStep+1,j+1);
28        }
29      }
30    }
```

- 第 4 行：宣告函式 find，可以輸入兩個整數，不回傳值。

- 第 5 行：宣告陣列 num 與 step 有 100 個元素，陣列 num 儲存輸入的 n 個數字，陣列 step 儲存包牌的每個數字在陣列 num 的索引值。

- 第 6 行：宣告變數 n 與 m 為整數變數。

- 第 7 到 16 行：定義 main 函式。

- 第 8 到 15 行：輸入整數 n，表示後面有 n 個數字，使用迴圈將 n 個數字輸入到陣列 num（第 9 到 11 行），接著輸入整數 m（第 12 行），表示要由 n 個數字取 m 個數字出來。

- 第 13 行：使用 sort 由小到大排序陣列 num。

- 第 14 行：呼叫 find 函式，傳入兩個輸入參數為 0 與 0。

- 第 17 到 30 行：定義 find 函式，以 curStep 與 start 為參數，curStep 表示目前取到第幾個，start 表示起始的位置。

- 第 19 到 24 行：若 curStep 等於 m，表示已經取到 m 個數字，則使用迴圈輸出被選的 m 個數字，被選取的數字被記錄在陣列 step 中，陣列 step 紀錄被選取數字在陣列 num 的索引值，所以利用 num[step[i]] 可以取出真正被選取的數字（第 20 到 22 行），輸出換行（第 23 行）。

- 第 24 到 29 行：否則，還沒選到 m 個數字，使用迴圈變數 j 由 start 到(n-1)，每次遞增 1，step[curStep] 設定為 j，表示 num[j] 被選取（第 26 行），遞迴呼叫自己 find 函式，以 curStep+1 與 j+1 為輸入參數，curStep+1 表示再選下一個數字，j+1 表示被選取的數字不能重複，遞迴下一層的 find 函式以數字 num[j+1] 為開始。

以輸入「6 23 41 34 5 17 22 5」為範例，6 個數字分別是 23、41、34、5、17 與 22，取 5 個數字。

已排序的 num 陣列

5	17	22	23	34	41

程式執行流程

Step1   find(0,0) 將陣列 step 第 1 個元素設定為 0，遞迴呼叫 find(1,1) 將陣列 step 第 2 個元素設定為 1，遞迴呼叫 find(2,2) 將陣列 step 第 3 個元素設定為 2，遞迴呼叫 find(3,3) 將陣列 step 第 4 個元素設定為 3，遞迴呼叫 find(4,4) 將陣列 step 第 5 個元素設定為 4，遞迴呼叫 find(5,5)，此時 curStep 等於 5 不用在遞迴呼叫，依序輸出 num[step[i]]，結果為「5 17 22 23 34」，結束 find(5,5)，程式返回到 find(4,4)。

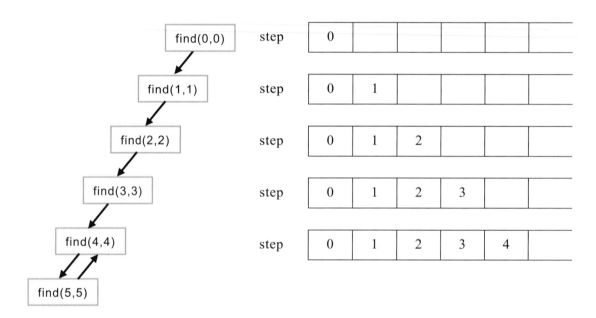

Step2   find(4,4)還有一個數字可以使用，將陣列 step 第 5 個元素設定為 5，遞迴呼叫 find(5,5)，此時 curStep 等 5 不用在遞迴呼叫，依序輸出 num[step[i]]，結果為「5 17 22 23 41」，結束 find(5,5)，程式返回到 find(4,4)，返回到 find(4,4) 後發現已無數字可用，程式返回到 find(3,3)。

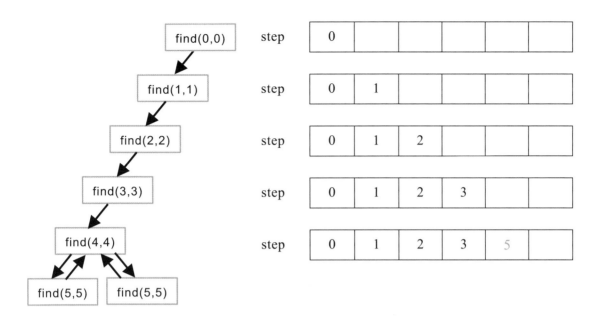

Step3 find(3,3)還有數字可以使用，將陣列 step 第 4 個元素設定為 4，遞迴呼叫 find(4,4) ，將陣列 step 第 5 個元素設定為 5，遞迴呼叫 find(5,5)，此時 curStep 為 5 不用在遞迴呼叫，依序輸出 num[step[i]]，結果為「5 17 22 34 41」，不斷執行下去就會找出 n 個數字取 m 個的所有組合。

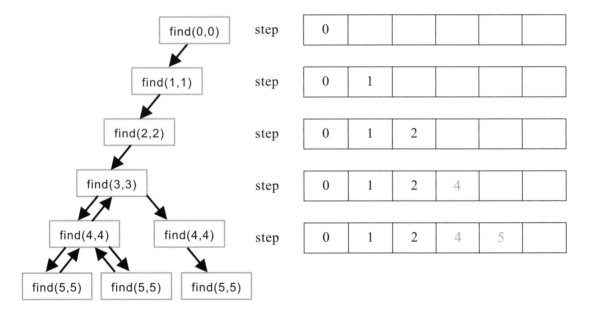

(c) 演算法效率分析

　　執行第 25 到 28 行程式碼是影響程式執行效率的關鍵因素，第一層需要執行 n 次，遞迴呼叫下一層需要執行 n-1 次，再遞迴呼叫下一層需要執行 n-2 次，…，直到遞迴呼叫到最後一層，需要執行 n-m+1 次，演算法效率為 $O(\frac{n!}{m!})$，n 為輸入的數字個數，m 為取出的數字個數。

(d) 預覽結果

　　按下「執行→編譯並執行」，螢幕顯示結果如下圖。

5-6 ▸▸ 排列

　　給定 n 個相異的數字，請列出此 n 個數字的所有排列可能性。

- 輸入說明：輸入整數 n，之後接著輸入 n 個數字。
- 輸出說明：列出 n 個數字的所有排列可能性。
- 輸入範例

  3 5 4 6

- 輸出範例

  4 5 6

  4 6 5

  5 4 6

  5 6 4

  6 4 5

  6 5 4

5-6-1 排列【5-6-1 排列.cpp】

(a) 解題想法

使用遞迴方式暴力找出所有排列的可能性，需要陣列 num 儲存輸入的 n 個數字，陣列 step 的元素儲存數字對應的陣列 num 索引值。遞迴需要一個參數，控制目前排列到第幾個（currStep）。

(b) 程式碼與解說

```
1     #include<iostream>
2     #include<algorithm>
3     using namespace std;
4     int n,num[100],step[100];
5     void perm(int);
6     int main(){
7       while(cin>>n){
8         for(int i=0;i<n;i++){
9           cin>>num[i];
10        }
11        sort(num,num+n);
12        perm(0);
13      }
14    }
15    void perm(int curStep){
16      if (curStep==n){
17        for(int i=0;i<n;i++){
18          cout <<num[step[i]]<<" ";
19        }
20        cout << endl;
21      }
22      for(int i=0;i<n;i++){
23        bool success=true;
24        for(int j=0;j<curStep;j++){
25          if (step[j]==i){
26            success=false;
27            break;
28          }
29        }
30        if (success) {
31          step[curStep]=i;
32          perm(curStep+1);
33        }
```

```
34            }
35        }
```

- 第 4 行：宣告 n 為整數變數，宣告陣列 num 與 step 為整數陣列，有 100 個元素，陣列 num 儲存輸入的 n 個數字，陣列 step 儲存某個排列的陣列 num 索引值。

- 第 5 行：宣告函式 perm，可以輸入一個整數，不回傳值。

- 第 6 到 14 行：定義 main 函式。

- 第 7 到 13 行：輸入整數 n，表示後面有 n 個數字，使用迴圈將 n 個數字輸入到陣列 num（第 8 到 10 行）。

- 第 11 行：使用 sort 由小到大排序陣列 num。

- 第 12 行：呼叫 perm 函式，傳入參數為 0。

- 第 15 到 35 行：定義 perm 函式，以 curStep 為參數，curStep 表示目前排列到第幾個。

- 第 16 到 21 行：若 curStep 等於 n，表示已經排列到 n 個數字，則使用迴圈輸出排列結果的 n 個數字，數字被記錄在陣列 step 中，陣列 step 的元素儲存數字對應的陣列 num 索引值，所以利用 num[step[i]] 可以取出真正被選取的數字（第 17 到 19 行），輸出換行（第 20 行）。

- 第 22 到 34 行：還沒排列到 n 個數字，宣告布林變數 success 為 true（第 23 行）

- 第 24 到 29 行：找出之前已經排列的數字，檢查是否出現重複，使用迴圈變數 j 由 0 到 (curStep-1)，每次遞增 1，若 step[j] 等於 i 表示該索引值已經出現過，數字出現重複，則設定變數 success 為 false（第 26 行），中斷迴圈（第 27 行）。

- 第 30 到 33 行：若 success 為 true，表示索引值 i 的數字沒有使用過，step[curStep] 設定為 i（第 31 行），表示 num[i] 加入排列的數字中。遞迴呼叫自己 perm 函式，以 curStep+1 為輸入參數，curStep+1 表示再選下一個數字。

(c) 演算法效率分析

執行第 22 到 34 行程式碼是影響程式執行效率的關鍵因素，第一層需要執行 n 次，遞迴呼叫下一層需要執行 n 次，再遞迴呼叫下一層需要執行 n 次，...，直到遞迴呼叫到最後一層，需要執行 n 次，演算法效率為 $O(n^n)$，n 為輸入的數字個數。

(d) 預覽結果

按下「執行→編譯並執行」，螢幕顯示結果如下圖。

5-6-2　排列【5-6-2 排列-使用 STL.cpp】

(a) 解題想法

使用 STL 中的 next_permutation 進行排列。

(b) 程式碼與解說

```cpp
1    #include <iostream>
2    #include <algorithm>
3    using namespace std;
4    int main () {
5      int n,num[100];
6      while(cin >> n){
7        for(int i=0;i<n;i++){
8          cin>>num[i];
9        }
10       sort(num,num+n);
11       do {
12         for(int i=0;i<n;i++) {
13           cout << num[i] <<" ";
14         }
15         cout << endl;
16       }while(next_permutation(num,num+n));
17     }
18   }
```

- 第 4 到 18 行：定義 main 函式。

- 第 5 行：宣告 n 為整數變數，宣告陣列 num 為整數陣列，有 100 個元素，
  陣列 num 儲存輸入的 n 個數字。

- 第 6 到 17 行：輸入整數 n，表示後面有 n 個數字，使用迴圈將 n 個數字輸入
  到陣列 num（第 7 到 9 行）。

- 第 10 行：使用 sort 由小到大排序陣列 num。

- 第 11 到 16 行：使用 do-while 迴圈進行排列，do-while 迴圈內，先使用迴圈
  輸出陣列 num 的值就是排列的結果（第 12 到 14 行），輸出換行（第 15 行），
  在 while 中執行函式 next_permutation，輸入的陣列 num 須事先由小到大排
  序，函式 next_permutation 當沒有辦法再產生新的排列就會回傳 false，結
  束 do-while 迴圈。

(c) 演算法效率分析

　　執行第 11 到 16 行程式碼是影響程式執行效率的關鍵因素，執行一次
next_permutation 接近 O(1)，但完成所有排列 do-while 迴圈需要執行 n!次，所以演
算法效率為 O(n!)，n 為輸入的數字個數。

(d) 預覽結果

　　按下「執行→編譯並執行」，螢幕顯示結果如下圖。

5-7 ▸▸ 8-queen 問題

【5-7 8queen 問題.cpp】將西洋棋的 8 個 queen 放在 8x8 的棋盤上,如何擺放讓 8 個 queen 彼此不衝突,請找出在 8x8 棋盤上放上 8 個 queen,而彼此不衝突的所有解。西洋棋的 queen 對於同一列、同一行與兩個對角線可以吃掉對方,如下圖,Q 表示放置 queen 在第 3 列第 4 行,X 表示這些位置不能放其他的 queen,放了即會發生衝突。

	1	2	3	4	5	6	7	8
1		X		X		X		
2			X	X	X			
3	X	X	X	Q	X	X	X	X
4			X	X	X			
5		X		X		X		
6	X			X			X	
7				X				X
8				X				

- 輸入說明:本題不需要輸入。

- 輸出說明:輸出所有可能的解,先輸出目前是第幾個解,接著輸出 8 個 queen 在 8x8 的棋盤上所在位置,每一行一定會有一個 queen,請由第 1 行到第 8 行順序,依序輸出 8 個 queen 所在列的編號,舉例如下,下表中 8 個 queen 彼此互相不衝突,以「1 5 8 6 3 7 2 4」表示此 8 個 queen 在棋盤由左到右所在的列編號。

	1	2	3	4	5	6	7	8
1	Q							
2							Q	
3					Q			
4								Q
5		Q						
6				Q				
7						Q		
8			Q					

- 輸入範例：無須輸入。

- 輸出範例：全部共有 92 個解，輸出後面 12 個。

```
81   7 1 3 8 6 4 2 5
82   7 2 4 1 8 5 3 6
83   7 2 6 3 1 4 8 5
84   7 3 1 6 8 5 2 4
85   7 3 8 2 5 1 6 4
86   7 4 2 5 8 1 3 6
87   7 4 2 8 6 1 3 5
88   7 5 3 1 6 8 2 4
89   8 2 4 1 7 5 3 6
90   8 2 5 3 1 7 4 6
91   8 3 1 6 2 5 7 4
92   8 4 1 3 6 2 7 5
```

(a) 解題想法

使用遞迴方式暴力找出所有可能性，需要陣列 s 儲存 8 個 queen 所在的列編號。遞迴需要一個參數，控制目前到第幾個 queen(currStep)。

(b) 程式碼與解說

```cpp
1     #include <iostream>
2     using namespace std;
3     int s[8],num;
4     void qn(int);
5     int main(void){
6       num=1;
7       for(int i=0;i<8;i++){
8         s[0]=i;
9         qn(1);
10      }
11      cout <<endl;
12    }
13    void qn(int curStep){
14      if (curStep<8){
15        for(int i=0;i<8;i++){   //(s[j],j) (i,curStep)
16          for(int j=0;j<curStep;j++){
17            if (s[j]==i) break;
18            if (((s[j]-i)==(j-curStep))||((s[j]-i)==(curStep-j))) break;
```

```
19              if (j==(curStep-1)) {
20                s[curStep]=i;
21                qn(curStep+1);
22              }
23            }
24          }
25        }else {
26          cout<<num++<<"    ";
27          for(int i=0;i<8;i++){
28            cout << s[i]+1 <<" ";
29          }
30          cout << endl;
31        }
32      }
```

- 第3行：宣告陣列 s 為整數陣列，有 8 個元素，紀錄 8 個 queen 所在列編號，num 儲存目前是第幾個解。

- 第4行：宣告函式 qn，可以輸入一個整數，不回傳值。

- 第5到12行：定義 main 函式。

- 第6行：宣告變數 num，初始化為 1。

- 第7到10行：使用迴圈第一行有八個列可以擺放，初始化 s[0] 等於 i，表示第 1 個 queen 放在第一行的第 i 列，i 從 0 開始（第 8 行）。呼叫 qn 函式，傳入參數 1，表示要找第 2 個 queen 放置的位置（第 9 行）。

- 第11行：輸入換行。

- 第 13 到 32 行：定義 qn 函式，以 curStep 為參數，curStep 表示目前 queen 取到第幾個。

- 第14到25行：若 curStep 小於 8，還沒選到 8 個 queen，需繼續找出下一個 queen 所在列編號，外層迴圈變數 i 由 0 到 7，每次遞增 1，表示第 curStep 行可以選的 8 個列，新加入了座標為(i,curStep)，表示第 i 列第 curStep 行，內層迴圈變數 j 由 0 到 curStep-1，每次遞增 1，表示依序取出之前已加入 queen 的座標，儲存在陣列 s 中，已加入的 queen 座標為(s[j],j)，表示第 s[j] 列第 j 行。

- 第17行：若 s[j] 等於 i，表示新加入 queen 與之前第 j 個 queen 放在同一列，中斷迴圈，考慮將新的 queen 放在下一列。

- 第 18 行：若(s[j]-i)等於(j-curStep)或(s[j]-i)等於(curStep-j)，表示新加入 queen 與之前第 j 個 queen 放在同一個對角線上，中斷迴圈，考慮將新的 queen 放在下一列。

- 第 19 到 22 行：若 j 等於(curStep-1)表示檢查完所有之前加入的 queen，都沒有發生衝突，將第 curStep 個 queen 放置在第 i 列，記錄到陣列 s（第 20 行），繼續遞迴呼叫自己 qn 函式，以 curStep+1 為輸入參數，curStep+1 表示目前要放置第 curStep+1 個 queen。

- 第 25 到 32 行：已經取到 8 個 queen，輸出解答編號 num，並遞增 1（第 26 行），使用迴圈輸出 8 個 queen 所在的列編號，列編號被記錄在陣列 s 中，列編號從 0 開始，輸出時須加 1（第 27 到 29 行）。最後輸出換行（第 30 行）。

(c) 演算法效率分析

執行 15 到 24 行程式碼是影響程式執行效率的關鍵因素，第一層需要執行 8 次，遞迴呼叫下一層需要執行 8 次，再遞迴呼叫下一層需要執行 8 次，...，直到遞迴呼叫到最後一層，需要執行 8 次，演算法效率為 $O(n^n)$，n 為 queen 的個數。

(d) 預覽結果

按下「執行→編譯並執行」，螢幕顯示結果如下圖。

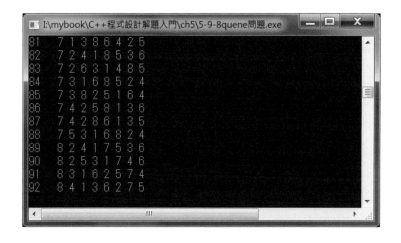

5-8 ▸▸ 演算法的複雜度與對應的資料量

一秒時間內可以執行的資料量，假設演算法效率為 O(n)的程式，假設一秒鐘大約可以完成 100000000 個資料的運算，這個資料量的大小與電腦的中央處理器運算速度有關，隨著電腦每秒可以運算的指令數的增加，這個值會不斷成長。

演算法複雜度	n 的最大上限，這是個大概數值，會隨著電腦運算能力的進步而增加
n	100000000
$n * \log_2(n)$	4500000
n^2	10000
n^3	464
n^4	100
2^n	26
$n!$	11

由上表可知，若已知演算法複雜度為 O(n!)，若題目規定計算時間只有 3 秒鐘，則輸入的資料量 n 就不能超過 33，n 超過 33 就有可能逾時，就需要想效率更好的演算法才行。

UVa Online Judge 網路解題資源

暴力		
分類	UVa 題目	分類
基礎題	UVa 494 Kindergarten Counting Game	字串分析
基礎題	UVa 10252 Common Permutation	字串分析
基礎題	UVa 11577 Letter Frequency	字串分析
基礎題	UVa 441 Lotto	組合
基礎題	UVa 10098 Generating Fast	排列
基礎題	UVa 750 8 Queens Chess Problem	8Queen
基礎題	UVa 167 The Sultan's Successors	8Queen
基礎題	UVa 516 Prime Land	質數
基礎題	UVa 10791 Minimum Sum LCM	質數

註：使用題目編號與名稱為關鍵字進行搜尋，可以在網路上找到許多相關的線上解題資源。

分而治之與二元搜尋

　　分而治之（Divide and Conquer）是將大問題不斷切割成兩個或多個小問題，這樣的過程稱作「Divide」，當切割到最後的小問題，若簡單到可以直接解決，就直接使用程式解決，根據問題的需求，決定是否要將小問題的解組合成大問題的解，這樣的過程稱作「Conquer」，這是一種演算法解題策略，屬於由上而下（top-down）的解題策略，有時可以獲得較高效率的演算法，但不是所有題目都適合分而治之（Divide and Conquer），有時反而造成更糟的結果。

　　二元搜尋（Binary Search）跟分而治之（Divide and Conquer）是有點相似的解題策略，不斷將問題的搜尋範圍進行縮小，每次縮小一半，可獲得較高的效率，但搜尋前需要將資料進行排序才能使用二元搜尋。二元搜尋除了用於搜尋資料外，有時候也可以用於找出最佳解，例如：分配物品的最佳解，將 n 個大小不同的長方形蛋糕，分給 m 個人，不能將不同蛋糕的剩餘部分組合起來分給其他人，蛋糕若太小可以不分配，每個人都要獲得相同大小的蛋糕，每個人獲得的蛋糕大小可以是浮點數，此時需要使用二元搜尋加快逼近要分配的大小。二元搜尋（Binary Search）屬於刪減與搜尋（Prune and Search）演算法，過程中把確定不是答案的部分刪除，只搜尋可能是解答的部分。

6-1 ▸▸ 分而治之（Divide and Conquer）

　　分而治之將大問題不斷切割成兩個或多個小問題，當最後的小問題簡單到可以直接解決，就直接使用程式解決，視問題的需求決定是否要將小問題的解組合成大問題的解。以下使用範例來介紹分而治之演算法。

6-1-1 求 n 階乘【6-1-1 求 n 階乘.cpp】

給定一個正整數 n，輸出該正整數 n 的階乘。

- 輸入說明：輸入一個正整數，正整數字介於在 1 到 20 之間。

- 輸出說明：輸出該正整數的階乘值。

- 輸入範例

  10

- 輸出範例

  3628800

(a) 解題想法

本範例可以使用迴圈，也可以使用分而治之（Divide and Conquer）解題策略。

Step1 **Divide**

自訂函式 f(n) 用於計算 n 階乘，f(n) 與 f(n-1) 的關係為「f(n)=n*f(n-1)」，大問題 f(n) 可以切割成小問題 f(n-1)，一直切割到 f(1) 為止，f(1) 答案就是 1。

Step2 **Conquer**

利用「f(n)=n*f(n-1)」，將 f(n-1) 的結果乘以 n 就可以獲得 f(n) 的結果。

(b) 程式碼與解說

```cpp
1    #include <iostream>
2    using namespace std;
3    long long int f(int);
4    int main(){
5      int n;
6      long long int ans;
7      while(cin >> n){
8        ans=f(n);
9        cout << ans << endl;
10     }
11   }
12   long long int f(int n){
13     if (n==1){
14       return 1;
15     } else{
16       return n*f(n-1);
```

```
17        }
18     }
```

- 第 3 行：宣告函式 f，遞迴計算階乘。
- 第 4 到 11 行：定義 main 函式。
- 第 5 行：宣告 n 為整數變數。
- 第 6 行：宣告 ans 為 long long 整數變數。
- 第 7 到 10 行：不斷輸入 n 值，呼叫函式 f 以 n 為輸入參數，求取 n 階乘，將結果儲存在變數 ans（第 8 行），顯示變數 ans 到螢幕並顯示換行（第 9 行）。
- 第 12 到 18 行：遞迴函式 f 計算 n 階乘，變數 n 為函式 f 的輸入值，判斷 n 值是否符合遞迴終止條件，若 n 等於 1，則終止遞迴，回傳 1（第 13 到 15 行），否則遞迴呼叫下去，回傳 n 值乘以（n-1）的階乘，求（n-1）的階乘相當於遞迴呼叫函式 f，輸入參數為 n-1（第 15 到 17 行）。

(c) 演算法效率分析

執行第 16 行程式碼，是程式執行效率的關鍵，此程式會不斷的遞迴呼叫下去，直到 f(1)為止，總共 n 層，演算法效率大約為 O(n)，n 為輸入的正整數。

(d) 預覽結果分而治之與二元搜尋

按下「執行→編譯並執行」，螢幕顯示結果如下圖。

6-1-2　a 的 b 次方【6-1-2 求 a 的 b 次方.cpp】

給定一個整數 a 與 b，輸出 a 的 b 次方除以 1234 的餘數。

- 輸入說明：輸入兩個正整數 a 與 b，a 會介於在 1 到 100000 之間，b 會介於在 0 到 100000 之間。
- 輸出說明：輸出 a 的 b 次方除以 1234 的餘數。。
- 輸入範例

  12321 9999

- 輸出範例

  853

(a) 解題想法

本範例使用分而治之（Divide and Conquer）解題策略，有不錯的程式執行效率。分而治之（Divide and Conquer）演算法的解題步驟如下。

Step1　**Divide**

自訂函式 f(a,b)用於計算 a 的 b 次方，f(a,b)有以下關係，

$$\begin{cases} \text{若 b 為奇數，f(a,b) = a * f(a,b-1)。} \\ \text{若 b 為偶數，tmp = f(a, } \dfrac{b}{2} \text{)，f(a,b) = tmp * tmp。} \end{cases}$$

大問題 f(a,b)可以切割成小問題 f(a,b-1)或 f(a, $\dfrac{b}{2}$)，一直切割到 f(a,0)回傳 1，或 f(a,1)回傳 a，過程中要不斷除以 1234 求餘數。

Step2　**Conquer**

利用「f(a,b) = a * f(a,b-1)」或「tem = f(a, $\dfrac{b}{2}$)，f(a,b) = tmp * tmp」組合出大問題的答案，過程中要不斷除以 1234 求餘數。

(b) 程式碼與解說

```
1    #include <iostream>
2    using namespace std;
3    int f(int,int);
4    int main(){
5      int a,b;
6      int ans;
7      while(cin >> a >> b){
8        a=a%1234;
9        ans=f(a,b)%1234;
10       cout << ans << endl;
11     }
12   }
13   int f(int a,int b){
14     if (b==0){
15       return 1;
16     }else if (b==1){
17       return a%1234;
```

```
18        }else if (b%2==0){
19          int tmp=f(a,b/2)%1234;
20          return (tmp*tmp)%1234;
21        }else {
22          return (a*f(a,b-1))%1234;
23        }
24    }
```

- 第 3 行：使用 f 函式遞迴計算 a 的 b 次方。

- 第 4 到 12 行：定義 main 函式。

- 第 5 行：宣告 a 與 b 為整數變數。

- 第 6 行：宣告 ans 為整數變數。

- 第 7 到 11 行：不斷輸入 a 與 b，先將 a 改成 a 除以 1234 的餘數（第 8 行），呼叫函式 f 以 a 與 b 為輸入參數，求取 a 的 b 次方除以 1234 的餘數，將結果儲存在變數 ans（第 9 行），顯示變數 ans 到螢幕並顯示換行（第 10 行）。

- 第 13 到 24 行：遞迴函式 f 計算 a 的 b 次方，變數 a 與 b 為函式 f 的輸入值，判斷 b 值是否符合遞迴終止條件，若 b 等於 0，則終止遞迴，回傳 1（第 14 到 16 行），判斷 b 值是否符合遞迴終止條件，若 b 等於 1，則終止遞迴，回傳 a 除以 1234 的餘數（第 16 到 18 行），否則遞迴呼叫下去，若 b 為偶數，則設定 tmp 為 f(a,b/2)除以 1234 的餘數（第 19 行），回傳 tmp 乘以 tmp 除以 1234 的餘數（第 20 行）；若 b 為奇數，回傳 a 乘以 f(a,b-1) 除以 1234 的餘數（第 21 到 23 行）。

(c) 演算法效率分析

執行第 18 到 23 行程式碼，是程式執行效率的關鍵，此程式會不斷的遞迴呼叫下去，一直到 f(a,1) 或 f(a,0) 為止，總共 2*log(b) 層，演算法效率大約為 O(log(b))，b 為輸入的次方。

(d) 預覽結果

按下「執行→編譯並執行」，螢幕顯示結果如下圖。

6-1-3　合併排序（MergeSort）

已經在第 2 章說明合併排序演算法，合併排序演算法使用分而治之（Divide and Conquer）為解題策略，舉例如下，使用合併排序演算法將這八個元素由小到大排序，過程中標記 Divide 與 Conquer。

合併排序演算法舉例說明

假設隨機產生八個數字放置於陣列中，如下圖。

| 60 | 50 | 44 | 82 | 55 | 24 | 99 | 33 |

Divide：8 個元素分成左右兩邊各 4 個元素。

| 60 | 50 | 44 | 82 | 55 | 24 | 99 | 33 |

Divide：4 個元素分成左右兩邊各 2 個元素。

| 60 | 50 | 44 | 82 | 55 | 24 | 99 | 33 |

Divide：2 個元素分成左右兩邊各 1 個元素，剩下一個已經排序。

| 60 | 50 | 44 | 82 | 55 | 24 | 99 | 33 |

Conquer：將兩個已排序 1 個元素陣列，合併成一個已排序的 2 個陣列。

| 50 | 60 | 44 | 82 | 55 | 24 | 99 | 33 |

Divide：2 個元素分成左右兩邊各 1 個元素，剩下一個已經排序。

| 50 | 60 | 44 | 82 | 55 | 24 | 99 | 33 |

Conquer：將兩個已排序 1 個元素陣列，合併成一個已排序的 2 個陣列。

| 50 | 60 | 44 | 82 | 55 | 24 | 99 | 33 |

Conquer：將兩個已排序 2 個元素陣列，合併成一個已排序的 4 個陣列。

50	60	44	82	55	24	99	33

44	50	60	82	55	24	99	33

Divide：8 個元素分成左右兩邊各 4 個元素，目前排序右邊 4 個元素。

44	50	60	82	55	24	99	33

Divide：4 個元素分成左右兩邊各 2 個元素。

44	50	60	82	55	24	99	33

Divide：2 個元素分成左右兩邊各 1 個元素，剩下一個已經排序。

44	50	60	82	55	24	99	33

Conquer：將兩個已排序 1 個元素陣列，合併成一個已排序的 2 個陣列。

44	50	60	82	24	55	99	33

Divide：2 個元素分成左右兩邊各 1 個元素，剩下一個已經排序。

44	50	60	82	24	55	99	33

Conquer：將兩個已排序 1 個元素陣列，合併成一個已排序的 2 個陣列。

44	50	60	82	24	55	33	99

Conquer：將兩個已排序 2 個元素陣列，合併成一個已排序的 4 個陣列。

44	50	60	82	24	55	33	99

44	50	60	82	24	33	55	99

Conquer：將兩個已排序 4 個元素陣列，合併成一個已排序的 8 個陣列，到此完成合併排序。

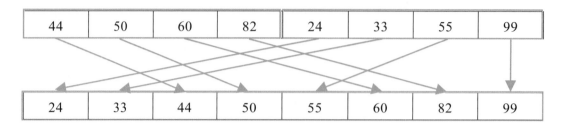

本範例程式碼與執行結果請參考第 2 章合併排序。

6-1-4　最大子陣列（Maximum Subarray）【6-1-4 最大子陣列.cpp】

給定一個陣列有 10 個元素，請找出最大的連續子陣列和，所有子陣列加總結果會在-100000000 到 100000000 之間，陣列的 10 個元素不會都是小於 0 的數字。

- 輸入說明：輸入 10 個數字，數字須符合所有子陣列加總結果於-100000000 到 100000000 之間。
- 輸出說明：子陣列加總的最大值。
- 輸入範例

  1 2 3 4 5 -10 20 30 -40 10
- 輸出範例

  55

(a) 解題想法

本範例使用分而治之（Divide and Conquer）演算法比暴力演算法效率要好，使用動態規劃演算法又比分而治之（Divide and Conquer）演算法效率要好，將於下一章動態規劃時介紹。

分而治之（Divide and Conquer）演算法的解題步驟，如下。

Step1　**Divide**

自訂函式 gMax(L,R) 用於將陣列 a 進行切割成索引值從 L 到 R。M 取 (L+R)/2，可以將大問題利用 gMax(L,R) 呼叫 gMax(L,M) 與 gMax(M+1,R) 不斷將陣列 a 分割成兩半，形成兩個小問題，直到 gMax(L,R)，從 L 到 R 只剩一個元素為止，一個元素表示自己就是最大值，回傳自己。

Step2   Conquer

自訂 gCMax(L,M,R) 處理橫跨兩個半部的最大子陣列，左半部由 a[M] 累加到 a[L]，紀錄累加的最大值到 maxL，右半部由 a[M+1] 累加到 a[R]，紀錄累加的最大值到 maxR，最後回傳 maxL、maxR 與 (maxL+maxR) 的最大值。自訂函式 gMax(L,R)，將左半部 gMax(L,M) 的最大子陣列數值儲存到 maxL，右半部 gMax(M+1,R) 的最大子陣列數值儲存到 maxR，橫跨兩半部的 gCMax(L,M,R) 的最大子陣列數值儲存到 maxC，最後回傳 maxL、maxR 與 maxC 的最大值。

(b) 程式碼與解說

```
1     #include <iostream>
2     #include <algorithm>
3     using namespace std;
4     int a[10];
5     int gMax(int,int);
6     int gCMax(int,int,int);
7     int main() {
8       int ans;
9       for(int i=0;i<10;i++){
10        cin >> a[i];
11      }
12      ans=gMax(0,9);
13      cout << ans << endl;
14    }
15    int gMax(int L,int R){
16      int M,maxL,maxR,maxC;
17      if (L==R) return a[L];
18      M=(L+R)/2;
19      maxL=gMax(L,M);
20      maxR=gMax(M+1,R);
21      maxC=gCMax(L,M,R);
22      return max(maxL,max(maxR,maxC));
23    }
24    int gCMax(int L,int M,int R){
25      int sumL,sumR,maxL,maxR;
26      sumL=0;
27      maxL=a[M];
28      for(int i=M;i>=L;i--){
29        sumL+=a[i];
30        if (maxL<sumL) maxL=sumL;
31      }
```

```
32        sumR=0;
33        maxR=a[M+1];
34        for(int i=M+1;i<=R;i++){
35          sumR+=a[i];
36          if (maxR<sumR) maxR=sumR;
37        }
38        return max(maxL,max(maxR,maxL+maxR));
39      }
```

- 第 4 行：整數陣列 a 有 10 個元素。
- 第 5 行：宣告 gMax 函式，用於將陣列切割成左右兩邊分別求最大子陣列。
- 第 6 行：宣告 gCMax 函式，用於處理橫跨兩個半部的最大子陣列。
- 第 7 行到第 14 行：定義 main 函式。
- 第 8 行：宣告 ans 為整數變數。
- 第 9 行到第 11 行：使用迴圈輸入 10 個整數到陣列 a。
- 第 12 行：呼叫 gMax(0,9)，求陣列 a[0] 到 a[9] 的最大子陣列，將結果儲存到變數 ans。
- 第 13 行：輸出變數 ans 就是解答。
- 第 15 行到第 23 行：定義 gMax，輸入參數有左半部索引值 L 與右半部索引值 R。
- 第 16 行：宣告整數變數 M、maxL、maxR 與 maxC。
- 第 17 行：若變數 L 等於變數 R，代表只剩下一個元素，直接回傳 a[L]，就是陣列的最大子陣列。
- 第 18 行：令索引值 M 為 L 與 R 除以 2。
- 第 19 行：呼叫函式 gMax(L,M) 切割成左半部。
- 第 20 行：呼叫函式 gMax(M+1,R) 切割成右半部。
- 第 21 行：最後經由呼叫 gCMax(L,M,R) 處理橫跨兩個半部的最大子陣列。
- 第 22 行：回傳 maxL、maxR 與 maxC 的最大值。
- 第 24 行到第 39 行：定義 gCMax 函式，輸入的參數有左邊界索引值 L、中間索引值 M 與右邊界索引值 R。
- 第 25 行：宣告整數變數 sumL、maxL、sumR 與 maxR。
- 第 26 行：初始化 sumL 為 0。
- 第 27 行：初始化 maxL 為 a[M]。

- 第 28 到 31 行：使用迴圈變數 i，由 M 到 L，每次遞減 1，累加 a[i] 到 sumL（第 29 行），若 maxL 小於 sumL，更新 maxL 為 sumL。

- 第 32 行：初始化 sumR 為 0。

- 第 33 行：初始化 maxR 為 a[M+1]。

- 第 34 到 37 行：使用迴圈變數 i，由 M+1 到 R，每次遞增 1，累加 a[i] 到 sumR（第 35 行），若 maxR 小於 sumR，更新 maxR 為 sumR。

- 第 38 行：最後回傳 maxL、maxR 與 (maxL+maxR) 的最大值。

(c) 演算法效率分析

假設要求 n 個元素的最大子陣列，第 19 行到第 20 行的 gMax 函式每次將資料拆成一半，所以 gMax 函式的遞迴深度為 O(log(n))，第 21 行的 gCMax 動作每一層都需要 O(n)，所以程式效率為 O(n log(n))。

(d) 預覽結果

按下「執行→編譯並執行」，螢幕顯示結果如下圖。

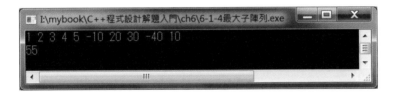

6-2 ▸▸ 不適合使用 Divide and Conquer 的問題─費氏數列

【6-2 費氏數列.cpp】不是所有問題都適合使用 Divide and Conquer 演算法，以下舉例費氏數列。

費氏數列是將第 1 項與第 2 項相加等於第 3 項，第 2 項與第 3 項相加等於第 4 項，依此類推。

$$\begin{cases} f(1) = 1 \text{，} f(2) = 1 \\ f(n) = f(n\text{-}1) + f(n\text{-}2) \text{，當 } n \geq 3 \end{cases}$$

- 輸入說明：允許不斷輸入 n，表示求第 n 項的費氏數列，n 從 1 開始，表示費氏數列第 1 項，且輸入 n 值須小於 90 以避免超出 long long int 的範圍，可以測試不同的 n 值，程式執行所需時間。
- 輸出說明：輸出費氏數列第 n 項的值。
- 輸入範例

  45
- 輸出範例

  1134903170

(a) 解題想法

使用 Divide and Conquer 演算法進行解題。

Step1 **Divide**

自訂函式 f(n) 用於求費氏數列的第 n 項，將大問題利用 f(n) 呼叫 f(n-1) 與 f(n-2)，形成兩個小一點的問題，直到 f(2) 與 f(1) 回傳 1。

Step2 **Conquer**

只需要將 f(n-1) 加上 f(n-2) 就可以獲得 f(n) 的解。

(b) 程式碼與解說

```
1    #include <iostream>
2    using namespace std;
3    long long int f(int);
4    int main(){
5      int n;
6      long long int ans;
7      while(cin >> n){
8        ans=f(n);
9        cout << ans << endl;
10     }
11   }
12   long long int f(int n){
13     if (n==1||n==2){
14       return 1;
15     } else{
16       return f(n-1)+f(n-2);
17     }
18   }
```

- 第 3 行：宣告函式 f，用於求取費氏數列。

- 第 4 到 11 行：定義 main 函式。

- 第 5 行：宣告 n 為整數變數。

- 第 6 行：宣告 ans 為 long long 整數變數。

- 第 7 到 10 行：當不斷輸入數值到 n，呼叫函式 f，將 n 傳入函式 f，回傳結果到變數 ans（第 8 行），輸出變數 ans 就是費氏數列第 n 項（第 9 行）。

- 第 12 到 18 行：定義函式 f，輸入參數 n，若 n 等於 1 或 2，則回傳 1（第 13 到 15 行）；否則回傳函式 f(n-1) 與函式 f(n-2) 相加的結果（第 15 到 17 行）。

(c) 演算法效率分析

執行第 16 行程式碼，是程式執行效率的關鍵，每次遞迴呼叫 f(n-1)與 f(n-2)，(n-1)與(n-2)只比 n 少一點，當 n 值夠大時，相當於一分為二，程式效率為 $O(2^n)$，n 為所求費氏數列的個數。

(d) 預覽結果

按下「執行→編譯並執行」，螢幕顯示結果如下圖。

6-3 ▸▸ 二元搜尋法（Binary Search）

二元搜尋（Binary Search）跟分而治之（Divide and Conquer）是有點相似的解題策略，不斷將問題的搜尋範圍進行縮小，每次縮小一半，因而獲得較高的效率，但搜尋前需要將資料進行排序才能使用二元搜尋。二元搜尋除了用於搜尋資料外，有時候也可以用於找出最佳解，此時可以使用二元搜尋加快逼近答案。

6-3-1 使用二元搜尋搜尋資料【6-3-1 二元搜尋.cpp】

二元搜尋是對已排序資料進行尋找某筆資料是否存在，平均而言，二元搜尋比循序搜尋找到該資料的執行時間要短，也就是有較好的執行效率。使用「已排序成績陣列中是否包含成績為 59 分的學生」為例，進行二元搜尋概念的說明。

從頭到尾依序找尋稱作「循序搜尋」，但對已經由小到大排序好的資料可以使用「二分搜尋」方式加快找尋速度，因為已經排序可以從中間開始找，若要找的元素比中間元素值大，則往右邊找，若要找的元素比中間元素值小，則往左邊找，依此類推直到找到為止。

假設已排序的十個學生的成績陣列，如下圖，以二分搜尋方式找尋成績為 59 分的學生。

45	59	62	67	70	78	83	85	88	92

(1) 取第一個到第十個學生成績中間的那位學生，第六個學生的成績 (78) 是否為 59 分，若是則輸出「找到 59 分的學生」程式結束。

45	59	62	67	70	78	83	85	88	92

(2) 因為 59 分小於 78 分，往左邊由第一到第五個學生成績中間的那位學生，第三個學生的成績 (62) 是否為 59 分，若是則輸出「找到 59 分的學生」程式結束。

45	59	62	67	70	78	83	85	88	92

(3) 因為 59 分小於 62 分，往左邊由第一到第二個學生成績中間的那位學生，第一個學生的成績 (45) 是否為 59 分，若是則輸出「找到 59 分的學生」程式結束。

45	59	62	67	70	78	83	85	88	92

(4) 因為 59 分大於 45 分，往右邊判斷第二個學生的成績 (59) 是否為 59 分，找到 59 分的學生，輸出「找到 59 分的學生」程式結束。

45	59	62	67	70	78	83	85	88	92

- 輸入說明：本題不需要輸入。
- 輸出說明：輸出是否找到成績為 59 分。
- 輸入範例

  無
- 輸出範例

  檢查 score[5]=78 是否等於 59

  right 更新為 4

  left 更新為 0

  mid 更新為 2

  檢查 score[2]=62 是否等於 59

  right 更新為 1

  left 更新為 0

  mid 更新為 0

  檢查 score[0]=45 是否等於 59

  right 更新為 1

  left 更新為 1

  mid 更新為 1

  找到 59 分

(a) 解題想法

　　這樣的演算法需要一個成績陣列，事先將成績陣列由小到大排序好，一個迴圈（while）用於檢查「目前成績」是否等於 59 分，若找到一個成績等於 59 分，則輸出「找到 59 分的學生」，否則若「目前成績」大於 59 分，59 分可能在「目前成績」為左半部，「目前成績」為左半部陣列元素取位於中間元素的成績，若「目前成績」小於 59 分，59 分可能在「目前成績」為右半部，「目前成績」為右半部成績陣列取位於中間元素的成績。若找不到可以比較的「目前成績」，則輸出「找不到 59 分的學生」。

(b) 程式碼與解說

```
1    #include <iostream>
2    using namespace std;
3    int main(){
4      int score[10]={45, 59, 62, 67, 70, 78, 83, 85, 88, 92};
5      int mid=5,left=0,right=9;
6      while (score[mid] != 59){
```

```
7         cout<<"檢查 score["<<mid<<"]="<<score[mid]<<"是否等於 59"<<endl;
8         if (left >=right){
9           break;
10        }
11        if (score[mid] > 59) {
12          right=mid-1;
13        }else {
14          left=mid+1;
15        }
16        mid=(left+right)/2;
17        cout << "right 更新為" << right << endl;
18        cout << "left 更新為" << left << endl;
19        cout << "mid 更新為" << mid << endl;
20      }
21      if (score[mid] == 59){
22        cout << "找到 59 分" << endl;
23      } else {
24        cout << "找不到 59 分" << endl;
25      }
26    }
```

- 第 4 行：宣告整數陣列 score，初始化為 10 個元素的陣列，從第 1 個到第 10 個元素分別是「45, 59, 62, 67, 70, 78, 83, 85, 88, 92」。

- 第 5 行：宣告 mid 為整數變數且初始化為 5，score[mid] 指向「目前成績」。宣告 left 為整數變數且初始化為 0，決定搜尋範圍的左邊界。宣告 right 為整數變數且初始化為 9，決定搜尋範圍的右邊界。

- 第 6 到 20 行：while 迴圈中 mid 為「目前成績」的陣列索引，判斷 score[mid] 是否為 59，若不是則繼續迴圈；若是則跳出迴圈。

- 第 7 行：顯示目前成績 score[mid] 於螢幕。

- 第 8 到 10 行：若 left 大於等於 right 表示搜尋範圍已經沒有元素了。

- 第 11 到 15 行：若「目前成績（score[mid]）」大於 59 表示搜尋左半部，將 right 改成 mid-1（第 12 行），否則表示搜尋右半部，將 left 改成 mid+1（第 14 行），讓陣列索引變數 left 與 right 指向新的搜尋範圍。

- 第 16 行：mid 改成取變數 left 與 right 指向新的搜尋範圍的中間，也就是 left 與 right 相加除以 2 取整數。

- 第 17 到 19 行：顯示 right、left 與 mid 於螢幕。

- 第 21 到 25 行：若 score[mid] 等於 59，顯示「找到 59 分」，否則顯示「找不到 59 分」。

(c) 演算法效率分析

執行第 11 到 16 行程式碼，是程式執行效率的關鍵，不斷縮小搜尋範圍為原來的一半，只需要約 log(n)次的縮小範圍就能確定是否能找到，程式效率為 O(log(n))，n 為被搜尋的資料數量。

(d) 預覽結果

按下「執行→編譯並執行」，螢幕顯示結果如右圖。

6-3-2　整數平均分配【6-3-2 整數平均分配.cpp】

有 n 包不同口味的糖果要分給 m 個小朋友，每包糖果的數量不同，每個小朋友只接受同一口味的糖果，小朋友只在乎數量是否一樣，可以任意給同一口味的糖果，若某包糖果數量較多，就可以分給多個小朋友，多出的可以不分配，若某包糖果數量太少導致不能分配出去，可要求每個小朋友最多可以拿幾顆糖果。

- 輸入說明：輸入 n 表示會輸入 n 包不同口味的糖果，接著輸入 n 行，每一行一個數字，表示該包糖果的數量，接著輸入 m，表示有幾個小朋友，且 n≤1000。

- 輸出說明：每個小朋友最多可以拿幾顆糖果。

- 輸入範例

  10

  10

  21

  16

  40

  55

　45

　35

　54

　33

　46

　10

- 輸出範例

　23

(a) 解題想法

　　本範例使用二分搜尋，不斷測試各種糖果顆數的分配是否足夠分給 m 個小朋友，使用二分搜尋不斷逼近解答，比循序搜尋逼近解答快。只需要撰寫一個函式，即可以不斷輸入糖果顆數，檢查是否可以分給 m 個小朋友，如果可以回傳 true，否則回傳 false，二分搜尋不斷依據此函式所回傳的結果，修正糖果顆數左邊界與右邊界逼近正確答案。

(b) 程式碼與解說

```
1    #include <iostream>
2    #include <algorithm>
3    using namespace std;
4    int candy[1010];
5    int n,m;
6    bool bs(int x){
7      int cnt=0;
8      for(int i=0;i<n;i++){
9        cnt+=(int)(candy[i]/x);
10     }
11     return (cnt >= m);
12   }
13   int main(){
14     int mc,L,R,M;
15     while(cin >> n){
16       mc=0;
17       for(int i=0;i<n;i++) {
18         cin >> candy[i];
19         mc=max(mc,candy[i]);
20       }
21       cin >> m;
22       L=0;
23       R=mc;
```

```
24          while(L<R){
25            M=(L+R)/2;
26            if(bs(M)) {
27              if (bs(M+1)) L=M+1;
28              else {
29                L=M;   //M就是解答
30                break;
31              }
32            }else R=M-1;
33          }
34          cout << L <<endl;
35      }
36    }
```

- 第 4 行：宣告 candy 為整數陣列，有 1010 個元素。

- 第 5 行：宣告 n 與 m 為整數變數。

- 第 6 到 12 行：定義 bs 函式，輸入參數 x，x 為糖果顆數，檢查是否可以分給 m 個小朋友，如果可以回傳 true，否則回傳 false。宣告 cnt 為整數變數並初始化為 0（第 7 行），使用迴圈，設定迴圈變數 i 由 0 到（n-1），每次遞增 1，迴圈內使用變數 cnt 累加 candy[i] 除以 x 的商，迴圈結束後，變數 cnt 就是可以分配的小朋友個數（第 8 到 10 行），若 cnt 大於等於 m，則回傳 true，否則回傳 false。

- 第 13 行到第 36 行：定義 main 函式。

- 第 14 行：宣告 mc、L、R 與 M 為整數變數。

- 第 15 行到第 35 行：使用迴圈不斷輸入 n 值，初始化 mc 為 0，接著使用迴圈，迴圈變數 i 由 0 到（n-1），輸入 n 包糖果的顆數到 candy[i]，將輸入的糖果顆數最大值儲存到 mc（第 17 行到第 20 行）。

- 第 21 行：輸入小朋友人數到變數 m。

- 第 22 行：初始化 L 為 0。

- 第 23 行：初始化 R 為 mc。

- 第 24 到 33 行：當變數 L 小於變數 R 時，代表還需要測試糖果顆數 M 是否可以分給 m 個小朋友。

- 第 25 行：令變數 M 為 L 先加上 R，再除以 2，取整數。

- 第 26 到 32 行：若 bs(M) 為 true，表示每個小朋友獲得 M 個糖果是可以達成的，接著檢驗 M+1 個糖果是否可以達成，若可以達成，則設定 L 為 M+1，否則設定 L 為 M，使用 break 中斷迴圈（第 27 到 31 行）。否則（表示每個小朋友獲得 M 個糖果是無法達成的）設定 R 為 M-1（第 32 行）。

- 第 34 行：輸出 L 就是小朋友最多可以獲得的糖果顆數。

(c) 演算法效率分析

第 24 到 33 行的二分搜尋會執行大約 log(S)次，S 為最大包糖果的糖果顆數，每次執行 bs 函式 2 次，bs 函式中第 8 到 10 行需執行 n 次，所以程式效率為 O(n log(S))，n 為糖果包數，S 為最大包糖果的糖果顆數。

(d) 預覽結果

按下「執行→編譯並執行」，螢幕顯示結果如右圖。

6-4 ▸▸ APCS 二元搜尋相關實作題詳解

6-4-1 基地台（10603 第 4 題）【6-4-1 基地台.cpp】

問題描述

為因應資訊化與數位化的發展趨勢，某市長想要在城市的一些服務點上提供無線網路服務，因此他委託電信公司架設無線基地台。某電信公司負責其中 N 個服務點，這 N 個服務點位在一條筆直的大道上，它們的位置（座標）係以與該大道一端的距離 P[i] 來表示，其中 i=0~N-1。由於設備訂製與維護的因素，每個基地台的服務範圍必須都一樣，當基地台架設後，與此基地台距離不超過 R（稱為基地台的半徑）的服務點都可以使用無線網路服務，也就是說每一個基地台可以服務的範圍是 D=2R（稱為基地台的直徑）。現在電信公司想要計算，如果要架設 K 個基地台，基地台的最小直徑需為多少才能使每個服務點都可以得到服務。

基地台架設的地點不一定要在服務點上，最佳的架設地點也不是唯一，但本題只需要求最小直徑即可。以下是一個 N=5 的例子，五個服務點的座標分別是 1、2、5、7、8。

假設 K=1，最小的直徑是 7，基地台架設在座標 4.5 的位置，所有點與基地台的距離都在半徑 3.5 以內。假設 K=2，最小的直徑是 3，一個基地台服務座標 1 與 2 的點，另一個基地台服務另外三點。在 K=3 時，直徑只要 1 就足夠了。

輸入格式

輸入有兩行。第一行是兩個正整數 N 與 K，以一個空白間格。第二行 N 個非負整數 P[0],P[1],....,P[N-1] 表示 N 個服務點的位置，這些位置彼此之間以一個空白間格。請注意，這 N 個位置並不保證相異也未經過排序。本題中，K<N 且所有座標是整數。

因此，所求最小直徑必然是不小於 1 的整數。

輸出格式

輸出最小直徑，不要有任何多餘的字或空白並以換行結尾。

範例一：輸入	**範例二：輸入**
5 2	5 1
5 1 2 8 7	7 5 1 2 8
範例一：正確輸出	**範例二：正確輸出**
3	7
（說明）如題目中之說明。	（說明）如題目中之說明。

評分說明

輸入包含若干筆測試資料，每一筆測試資料的執行時間限制（time limit）均為 2 秒，依正確通過測資筆數給分。其中：

第 1 子題組 10 分，座標範圍不超過 100，$1 \leq K \leq 2, K < N \leq 10$。

第 2 子題組 20 分，座標範圍不超過 1,000，$1 \leq K < N \leq 100$。

第 3 子題組 20 分，座標範圍不超過 1,000,000,000，$1 \leq K < N \leq 500$。

第 4 子題組 50 分，座標範圍不超過 1,000,000,000，$1 \leq K < N \leq 50,000$。

(a) 解題想法

最小直徑為 1，最大直徑為 (服務站最大座標-服務站最小座標)/基地台個數+1，答案介於這兩數之間，使用二元搜尋找出答案。自訂 test 函式，測試 k 個基地台直徑為 x，可否覆蓋所有據點，若可以覆蓋，回傳 true；若不可以覆蓋，回傳 false。

(b) 程式碼與解說

```
1    #include<iostream>
2    #include<algorithm>
3    using namespace std;
4    int n,k;
5    int v[50001];
6    bool test(int x){//判斷直徑為 x 可否涵蓋所有據點
7      int next,count=0;
8      for(int i=0;i<n;){
9        next=v[i]+x;
10       count++;
11       if (count > k) {
12         return false;
13       }
14       if ((v[n-1]<=next)&&(count<=k)) return true;
15       do{
16         i++;
17       }while (v[i] <= next);
18     }
19     return false;
20   }
21   int main(){
22     int L,R,M,sta;
23     while (cin>>n){
24       cin >> k;
25       for(int i=0;i<n;i++){
26         cin >> v[i];
27       }
28       sort(v, v+n);
29       if (k==1){
30         cout<< v[n-1]-v[0]<<endl;
31       }else{
32         L=1;//最小直徑為 1
33         R=((v[n-1]-v[0])/k)+1;
34         while(L<=R){//使用二元搜尋
35           M=(L+R)/2;
36           if (test(M)) R=M;
37           else L=M+1;
38           if (L==R) break;
39         }
40         cout << R <<endl;
41       }
42     }
43   }
```

- 第 4 行：宣告 n 與 k 為整數。

- 第 5 行：宣告 v 為整數陣列，有 50001 個元素。

- 第 6 到 20 行：定義函式 test，輸入整數 x，宣告 next 為整數，宣告 count 為整數並初始化為 0。

- 第 8 到 18 行：使用迴圈找尋是否可以覆蓋，迴圈變數 i 初始化為 0，變數 i 小於變數 n 繼續執行迴圈，設定 next 為 v[i] 加上 x，表示新的基地台的涵蓋範圍（第 9 行），變數 count 遞增 1，表示基地台個數增加 1（第 10 行）。

- 第 11 到 13 行：若變數 count（基地台個數）大於 k，則回傳 false，表示 k 個基地台無法覆蓋所有服務站。

- 第 14 行：若 v[n-1] 小於等於 next，表示基地台覆蓋所有服務站，且變數 count（基地台個數）小於等於 k，則回傳 true，表示基地台覆蓋所有服務站。

- 第 15 到 17 行：迴圈變數 i 遞增 1，表示測試下一個服務站，當 v[i] 小於等於 next 繼續執行，表示忽略已經覆蓋的服務站。

- 第 21 到 43 行：定義函式 main，宣告變數 L、R、M 與 sta 為整數（第 22 行）。

- 第 23 到 42 行：迴圈不斷輸入數值到變數 n，表示有 n 個服務站，輸入下一個數值到變數 k，表示有 k 個基地台（第 24 行）。

- 第 25 到 27 行：輸入 n 個數字到陣列 v，表示 n 個服務站的位置。

- 第 28 行：排序陣列 v。

- 第 29 到 41 行：若 k 等於 1，表示只有一個基地台，直接最後一個服務站位置減去第一個服務站位置（第 29 到 30 行），否則設定變數 L（最小直徑）為 1，設定二元搜尋的左邊界（第 32 行），設定變數 R（最大直徑）為最後一個服務站位置減去第一個服務站位置除以 k，再加上 1，設定二元搜尋的右邊界（第 33 行）。

- 第 34 到 39 行：當變數 L 小於等於 R 繼續執行迴圈，設定變數 M 為 (L+R)/2，相當於取變數 L 與變數 R 之間的中間位置（第 35 行）。使用函式 test，以變數 M 為輸入，若函式 test 回傳 true，則可以覆蓋所有服務站，設定變數 R 為變數 M（第 36 行），縮小搜尋範圍；否則設定變數 L 為變數 M 加 1（第 37 行），縮小搜尋範圍。若變數 L 等於變數 R，就中斷迴圈。

- 第 40 行：輸出變數 R 就是最小直徑。

(c) 預覽結果

按下「執行→編譯並執行」，輸入題目所規定的兩組測資後，螢幕顯示結果如下圖。

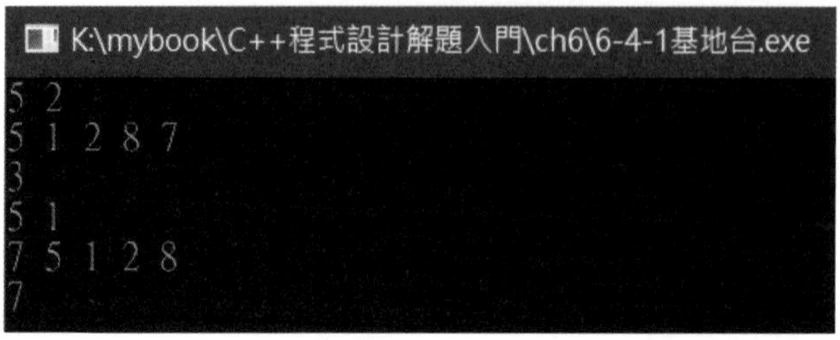

(d) 演算法效率分析

本程式耗時的程式區塊在第 28 行排序需要 O(N*log(N))，N 表示服務點的個數，第 32 到 40 行的二元搜尋需要 O(log(X/K))，X 表示座標的範圍，K 表示基地台的個數，本程式演算法效率為 O(N*log(N)+ log(X/K))。

UVa Online Judge 網路解題資源

分而治之(Divide and Conquer)	
分類	UVa 題目
基礎題	UVa 374 Big Mod
基礎題	UVa 10245 The Closest Pair Problem
進階題	UVa 12627 Erratic Expansion
進階題	UVa 11495 Bubbles and Buckets
二元搜尋(Binary Search)	
分類	UVa 題目
基礎題	UVa 12097 Pie
基礎題	UVa1644 Prime Gap
進階題	UVa 1152 4 Values whose Sum is 0
進階題	UVa 714 Copying Books
進階題	UVa 10539 Almost Prime Numbers

註：使用題目編號與名稱為關鍵字進行搜尋，可以在網路上找到許多相關的線上解題資源。

動態規劃 ⑦

動態規劃（Dynamic Programming）通常用於最佳化問題，若問題可以被切割成許多小問題，經由小問題被解決後，可以組合起來成為大問題的解，而這些小問題不斷的重複，浪費許多時間在計算重複的問題，這時就可以使用陣列儲存小問題的解，相同的小問題只需計算一次，可以快速從陣列中找尋小問題的解，避免重複計算，讓程式計算速度更快。

動態規劃演算法與貪婪演算法都是用於求取最佳解，而動態規劃演算法使用 bottom-up 設計演算法，動態規劃演算法由子問題的解組合成大問題的解。而貪婪演算法與動態規劃演算法有很大的差異，貪婪演算法使用 top-down 設計演算法，每次貪婪準則所選取的子問題最佳解都是局部的最佳解，選了就不能再修改，之後的子問題最佳解無法影響之前子問題最佳解的決定。

動態規劃的解題步驟

Step1　定義大問題與小問題的關係

大問題是由小問題所組合起來，而這些小問題不斷的重複，浪費許多時間在重複計算小問題的解，這時就可以使用陣列儲存小問題的解，大問題與小問題的關係，可以使用遞迴關係來表示。

Step2　使用陣列儲存小問題的解

須明確定義陣列的大小與維度，與每個維度所要擺放的資料，定義陣列的初始值，才可以使用 Step1 所定義的遞迴關係求出大問題的解。

Step3　是否需要找出最佳解路徑

若需要最佳解的路徑，使用陣列紀錄求解過程，再印出最佳解路徑。

7-1 ▸▸ 費氏數列

【7-1 費氏數列.cpp】費氏數列是將第 1 項與第 2 項相加等於第 3 項，第 2 項與第 3 項相加等於第 4 項，依此類推，陣列可以儲存資料與使用索引值存取的特性，非常適合計算費氏數列，初始化費氏數列的第 1 項為 1 且第 2 項為 1，請計算費氏數列前 50 項。

- 輸入說明：允許不斷輸入 n，表示求第 n 項的費氏數列，n 從 1 開始，表示費氏數列第 1 項。
- 輸出說明：輸出費氏數列第 n 項的值。
- 輸入範例

  10
- 輸出範例

  55

(a) 解題想法

使用陣列 F 計算費氏數列，且初始化 F[0]=1，F[1]=1，當 n 大於等於 2 時，使用以下公式 F[n]=F[n-1]+F[n-2]，也就是將陣列 F 的第 n-1 項加陣列 F 的第 n-2 項存入陣列 F 的第 n 項。

動態規劃的解題步驟

Step1　定義大問題與小問題的關係

費氏數列遞迴關係式為 F[n]=F[n-1]+F[n-2]。

Step2　使用陣列儲存小問題的解

陣列 F 計算費氏數列，且初始化 F[0]=1，F[1]=1，當 n 大於等於 2 時，使用以下公式 F[n]=F[n-1]+F[n-2]

Step3　本問題不需要找出最佳解路徑。

(b) 程式碼與解說

```
1    #include <iostream>
2    using namespace std;
3    int main(){
4      long long int F[50];
```

```
5       int n;
6       F[0]=1;
7       F[1]=1;
8       for(int i=2;i<50;i++){
9         F[i]=F[i-1]+F[i-2];
10      }
11      while(cin>>n){
12        cout<<F[n-1]<<endl;
13      }
14    }
```

- 第4行：宣告陣列 F 有 50 個 long long 整數元素，陣列索引值可以由 0 變化到 49。

- 第5行：宣告 n 為整數變數。

- 第6到7行：設定陣列 F 第一個元素與陣列 F 第二個元素為 1。

- 第8到10行：變數 i 為迴圈變數變化由 2 到 49，每個元素由前兩個元素相加獲得，例如 F[2]=F[1]+F[0]。

- 第11到13行：由迴圈輸入整數 n，利用 F[n-1] 顯示費氏數列第 n 位數字，因為陣列 F 索引值從 0 開始，n 卻是從 1 開始，所以 F[n-1] 表示費氏數列第 n 個數字。

(c) 演算法效率分析

執行第 8 到 10 行程式碼，是程式執行效率的關鍵，與所求費氏數列的個數有關，此程式效率為 O(n)，n 為所求費氏數列的個數。

(d) 預覽結果

按下「執行→編譯並執行」，螢幕顯示結果如下圖。

迴圈中 i 值變化與 F[i] 值的對應，如下表。

i 值	F[i] 值
i=2	F[2]=F[1]+F[0]=1+1=2
i=3	F[3]=F[2]+F[1]=2+1=3
i=4	F[4]=F[3]+F[2]=3+2=5
i=5	F[5]=F[4]+F[3]=5+3=8
i=6	F[6]=F[5]+F[4]=8+5=13
i=7	F[7]=F[6]+F[5]=13+8=21

7-2 ▸▸ 最大子陣列（Maximum Subarray）

【7-2 最大子陣列.cpp】給定一個陣列有 10 個元素，請找出最大的連續子陣列和，所有子陣列加總結果會在-100000000 到 100000000 之間，陣列的元素不會都是小於 0 的數字。

- 輸入說明：輸入 10 個數字，數字須符合所有子陣列加總結果會在 -100000000 到 100000000 之間。
- 輸出說明：子陣列的最大值。
- 輸入範例

  1 2 3 4 5 -10 20 30 -40 10
- 輸出範例

  55

(a) 解題想法

本範例使用動態規劃演算法比暴力演算法效率要好，若子陣列相加後小於 0，對於求最大子陣列沒有幫助，把子陣列加總和歸 0，繼續加總陣列的下一個元素。

動態規劃的解題步驟

Step1　定義大問題與小問題的關係

　　　　利用 sum 加總 a[0]、a[1]、a[2]、... 與 a[n] 過程中，若 sum 小於 0，對於求最大子陣列沒有幫助，設定 sum 為 0，繼續加總陣列的下一個元素。

Step2 使用陣列儲存小問題的解

本題不需要使用陣列儲存小問題的解,利用變數 sum 儲存小問題的解。

Step3 本問題不需要找出最佳解路徑。

(b) 程式碼與解說

```
1    #include <iostream>
2    using namespace std;
3    int main() {
4      int a[10],max,sum;
5      for(int i=0;i<10;i++){
6        cin >> a[i];
7      }
8      max=-200000000;
9      sum=0;
10     for(int i=0;i<10;i++){
11       sum=sum+a[i];
12       if (sum<0) sum=0;
13       if (sum>max) max=sum;
14     }
15     cout << max << endl;
16   }
```

- 第 3 到 16 行:定義 main 函式。
- 第 4 行:宣告整數陣列 a,有 10 個元素,用於儲存輸入的數字,宣告 max 與 sum 為整數變數。
- 第 5 到 7 行:輸入 10 個數字到陣列 a。
- 第 8 行:初始化 max 為-200000000。
- 第 9 行:初始化 sum 為 0。
- 第 10 到 14 行:使用迴圈變數 i 控制子陣列的開始位置(第 10 行)由 0 到 9,每次遞增 1,迴圈每次累加 a[i] 到 sum(第 11 行),累加後,若變數 sum 小於 0,則變數 sum 令為 0(第 12 行),若變數 sum 大於變數 max,表示有更大的子陣列的和,則將變數 sum 的值儲存到變數 max(第 13 行)。
- 第 15 行:輸出 max 就是最大子陣列的加總結果。

(c) 演算法效率分析

執行第 10 到 14 行程式碼,是程式執行效率的關鍵,此程式使用一層迴圈,演算法效率大約為 O(n),n 為陣列的元素個數。

(d) 預覽結果

按下「執行→編譯並執行」，螢幕顯示結果如下圖。

7-3 ▸ 01 背包

假設有 n 個物品及一個背包，已知背包的負重能力與每個物品的價值與重量，物品只能取或不取，不能只取物品的一部分，且每樣物品只有一個，求在背包的負重能力範圍內放入背包所有物品的最大價值。

7-3-1 01 背包—不考慮最佳解路徑【7-3-1-01 背包.cpp】

- 輸入說明：每次輸入數字 n，n 表示物品個數，n 小於 100，之後有 n 行每一行分別有兩個整數 w 與 v，w 表示物品的重量，而 v 表示物品的價值。最後輸入一個整數 ks，表示背包的負重能力，且 ks 小於 1000。
- 輸出說明：輸出一個整數，表示在背包的負重能力範圍內的放入背包所有物品的最大價值。
- 輸入範例

  4

  3 20

  4 45

  9 70

  12 85

  12
- 輸出範例

  背包最大的價值為 90

(a) 解題想法

依序考慮每個物品放或不放到背包，若放到背包後，形成更大的價值就放入背包中。

Step1 定義大問題與小問題的關係

依序考慮每個物品，目前考慮第 i 個物品是否要加入背包，假設有各種負重能力的背包，若負重小的背包加上第 i 個物品的價值大於負重大（負重小的背包負重重量加上第 i 個物品的重量）的背包但不放入第 i 個物品的價值，則將第 i 個物品加入背包更新負重大的背包價值，獲得負重大的背包問題的解。

Step2 使用陣列儲存小問題的解

使用陣列 k 儲存各種背包負重重量的最大價值。

Step3 目前暫時不求最佳解路徑。

以本題輸入範例為例，進行解說。

Step1 陣列 k 初始化每個元素為 0，表示負重能力 0 到 12 的背包，初始化最大價值為 0，如下表。

k[0]	k[1]	k[2]	k[3]	k[4]	k[5]	k[6]	k[7]	k[8]	k[9]	k[10]	k[11]	k[12]
0	0	0	0	0	0	0	0	0	0	0	0	0

Step2 考慮第 1 個物品重量 3，價值 20，從背包負重能力大到小，依序放入背包負重能力 12 到 3 的背包，若價值較高就更新陣列 k，執行後陣列 k 如下表。

k[0]	k[1]	k[2]	k[3]	k[4]	k[5]	k[6]	k[7]	k[8]	k[9]	k[10]	k[11]	k[12]
0	0	0	20	20	20	20	20	20	20	20	20	20

Step3 考慮第 2 個物品重量 4，價值 45，從背包負重能力大到小，依序放入背包負重能力 12 到 4 的背包，若價值較高就更新陣列 k，執行後陣列 k 如下表。

k[0]	k[1]	k[2]	k[3]	k[4]	k[5]	k[6]	k[7]	k[8]	k[9]	k[10]	k[11]	k[12]
0	0	0	20	45	45	45	65	65	65	65	65	65

Step4　考慮第 3 個物品重量 9，價值 70，從背包負重能力大到小，依序放入背包負重能力 12 到 9 的背包，若價值較高就更新陣列 k，執行後陣列 k 如下表。

k[0]	k[1]	k[2]	k[3]	k[4]	k[5]	k[6]	k[7]	k[8]	k[9]	k[10]	k[11]	k[12]
0	0	0	20	45	45	45	65	65	70	70	70	90

Step5　考慮第 4 個物品重量 12，價值 85，從背包負重能力大到小，依序放入背包負重能力 12 的背包，若價值較高就更新陣列 k，執行後陣列 k 如下表。

k[0]	k[1]	k[2]	k[3]	k[4]	k[5]	k[6]	k[7]	k[8]	k[9]	k[10]	k[11]	k[12]
0	0	0	20	45	45	65	65	65	70	70	70	90

Step6　背包負重為 12 單位，最大背包價值為 k[12]，結果為 90。

(b) 程式碼與解說

```
1    #include <iostream>
2    #include <cstring>
3    using namespace std;
4    int v[101],w[101],k[1001];
5    int ks,n;
6    int main(){
7      while(cin>>n){
8        for(int i=0;i<n;i++){
9          cin>>w[i]>>v[i];
10       }
11       cin>>ks;
12       memset(k,0, sizeof(k));
13       for(int i=0;i<n;i++){
14         for(int j=ks;j>=w[i];j--){
15           if (k[j-w[i]]+v[i]>k[j]){
16             k[j] = k[j-w[i]]+v[i];
17           }
18         }
19       }
20       cout << "背包最大的價值為" << k[ks] << endl;
21     }
22   }
```

- 第 4 行：宣告 v 與 w 為整數陣列，都有 101 個元素，同時宣告 k 為整數陣列，有 1001 個元素。
- 第 5 行：ks 與 n 為整數變數。
- 第 6 到 22 行：定義 main 函式。
- 第 7 到 21 行：不斷輸入整數到 n，表示有 n 個物品可以加入背包，使用迴圈輸入 n 個物品的重量到 w[i]，物品的價值到 v[i]（第 8 到 10 行）。
- 第 11 行：輸入值到 ks，為背包的負重能力。
- 第 12 行：將陣列 k 每個元素都設定為 0。
- 第 13 到 19 行：使用迴圈變數 i，由 0 變化到（n-1）每次遞增 1，表示依序取物品，考慮放入或不放入背包，內層迴圈變數 j，由 ks 變化到 w[i]，每次遞減 1，若 k[j-w[i]]（負重只有 j-w[i] 的小背包）加上 v[i]（將第 i 個物品放入背包）大於 k[j]（負重能力 j 的背包，不放第 i 個物品到背包），則將將第 i 個物品放入背包，更新 k[j] 為 k[j-w[i]] 加上 v[i]。
- 第 20 行：最後輸出能夠負重 ks 背包的最高價值（k[ks]）。

想一想

為何第 14 行迴圈變數 j 由 ks 開始，每次遞減 1 到 w[i] 為止？可不可以寫成迴圈變數 j 由 w[i] 開始，每次遞增 1 到 ks 為止。

(c) 演算法效率分析

執行第 13 到 19 行程式碼，是程式執行效率的關鍵，此程式使用兩層迴圈，演算法效率大約為 O(n*ks)，n 為物品個數，ks 為背包的最大負重。

(d) 預覽結果

按下「執行→編譯並執行」，螢幕顯示結果如下圖。

7-3-2 01 背包—考慮最佳解路徑【7-3-2-01 背包.cpp】

- 輸入說明：每次輸入數字 n，n 表示物品個數，n 小於 100，之後有 n 行分別是每一行兩個整數 w 與 v，w 表示物品的重量，而 v 表示物品的價值。最後輸入一個整數 ks，表示背包的負重能力，且 ks 小於 1000。

- 輸出說明：輸出一個整數，表示在背包的負重能力範圍內放入背包所有物品的最大價值，並輸出將那些物品放入背包獲得最大價值。

- 輸入範例

  4

  3 20

  4 45

  9 70

  12 85

  12

- 輸出範例

  背包最大的價值為 90

  將第 3 個物品放入背包

  將第 1 個物品放入背包

(a) 解題想法

依序考慮每個物品放或不放到背包，若放到背包中有更大的價值就放入背包中。

Step1　定義大問題與小問題的關係

依序考慮每個物品，目前考慮第 i 個物品是否要加入背包，假設有各種負重能力的背包，若負重小的背包加上第 i 個物品的價值大於負重大（負重小的背包負重重量加上第 i 個物品的重量）的背包但不放入第 i 個物品的價值，則將第 i 個物品加入背包更新負重大的背包價值，獲得負重大的背包問題的解。

Step2　使用陣列儲存小問題的解

使用陣列 k 儲存各種背包負重重量的最大價值。

Step3　需使用另一個陣列 p[i][j]，紀錄第 i 個物品，背包重量為 j，是否選了第 i 個物品加入背包。

以本題輸入範例為例,進行解說。

Step1　陣列 k 初始化每個元素為 0,表示負重能力 0 到 12 的背包,初始化最大價值為 0,如下表。

k[0]	k[1]	k[2]	k[3]	k[4]	k[5]	k[6]	k[7]	k[8]	k[9]	k[10]	k[11]	k[12]
0	0	0	0	0	0	0	0	0	0	0	0	0

二維陣列 p 初始化每個元素為-1,如下表。

-1	-1	-1	-1	-1	-1	-1	-1	-1	-1	-1	-1	-1
-1	-1	-1	-1	-1	-1	-1	-1	-1	-1	-1	-1	-1
-1	-1	-1	-1	-1	-1	-1	-1	-1	-1	-1	-1	-1
-1	-1	-1	-1	-1	-1	-1	-1	-1	-1	-1	-1	-1

Step2　考慮第 1 個物品重量 3,價值 20,從背包負重能力大到小,依序放入背包負重能力 12 到 3 的背包,若價值較高就更新陣列 k,執行後陣列 k 如下表。

k[0]	k[1]	k[2]	k[3]	k[4]	k[5]	k[6]	k[7]	k[8]	k[9]	k[10]	k[11]	k[12]
0	0	0	20	20	20	20	20	20	20	20	20	20

考慮第 1 個物品重量 3,價值 20,陣列 p 執行後,如下表。

-1	-1	-1	0	0	0	0	0	0	0	0	0	0
-1	-1	-1	-1	-1	-1	-1	-1	-1	-1	-1	-1	-1
-1	-1	-1	-1	-1	-1	-1	-1	-1	-1	-1	-1	-1
-1	-1	-1	-1	-1	-1	-1	-1	-1	-1	-1	-1	-1

Step3　考慮第 2 個物品重量 4,價值 45,從背包負重能力大到小,依序放入背包負重能力 12 到 4 的背包,若價值較高就更新陣列 k,執行後陣列 k 如下表。

k[0]	k[1]	k[2]	k[3]	k[4]	k[5]	k[6]	k[7]	k[8]	k[9]	k[10]	k[11]	k[12]
0	0	0	20	45	45	45	65	65	65	65	65	65

考慮第 2 個物品重量 4，價值 45，陣列 p 執行後，如下表。

-1	-1	-1	0	0	0	0	0	0	0	0	0	0
-1	-1	-1	-1	1	1	1	1	1	1	1	1	1
-1	-1	-1	-1	-1	-1	-1	-1	-1	-1	-1	-1	-1
-1	-1	-1	-1	-1	-1	-1	-1	-1	-1	-1	-1	-1

Step4 考慮第 3 個物品重量 9，價值 70，從背包負重能力大到小，依序放入背包負重能力 12 到 9 的背包，若價值較高就更新陣列 k，執行後陣列 k 如下表。

k[0]	k[1]	k[2]	k[3]	k[4]	k[5]	k[6]	k[7]	k[8]	k[9]	k[10]	k[11]	k[12]
0	0	0	20	45	45	45	65	65	70	70	70	90

考慮第 3 個物品重量 9，價值 70，陣列 p 執行後，如下表。

-1	-1	-1	0	0	0	0	0	0	0	0	0	0
-1	-1	-1	-1	1	1	1	1	1	1	1	1	1
-1	-1	-1	-1	-1	-1	-1	-1	-1	2	2	2	2
-1	-1	-1	-1	-1	-1	-1	-1	-1	-1	-1	-1	-1

Step5 考慮第 4 個物品重量 12，價值 85，從背包負重能力大到小，依序放入背包負重能力 12 的背包，若價值較高就更新陣列 k，執行後陣列 k 如下表。

k[0]	k[1]	k[2]	k[3]	k[4]	k[5]	k[6]	k[7]	k[8]	k[9]	k[10]	k[11]	k[12]
0	0	0	20	45	45	65	65	65	70	70	70	90

考慮第 4 個物品重量 12，價值 85，陣列 p 執行後，如下表。

-1	-1	-1	0	0	0	0	0	0	0	0	0	0
-1	-1	-1	-1	1	1	1	1	1	1	1	1	1
-1	-1	-1	-1	-1	-1	-1	-1	-1	2	2	2	2
-1	-1	-1	-1	-1	-1	-1	-1	-1	-1	-1	-1	-1

Step6 背包負重為 12，最大背包價值為 k[12]，結果為 90。

Step7 負重為 12 的背包，檢查第 4 個物品是否有放入，因為 p[3][12] 為-1，表示負重為 12 的背包，沒有放入第 4 個物品。接著檢查第 3 個物品是否有放入，因為 p[3][12] 為 2，表示有放入第 3 個物品，輸出放入第 3 個物品到背包。負重為 12 的背包，減去第 3 個物品的重量 9，獲得 3，接著考慮負重為 3 的背包。

陣列 p

-1	-1	-1	0	0	0	0	0	0	0	0	0	0
-1	-1	-1	-1	1	1	1	1	1	1	1	1	1
-1	-1	-1	-1	-1	-1	-1	-1	-1	2	2	2	2
-1	-1	-1	-1	-1	-1	-1	-1	-1	-1	-1	-1	-1

Step8 負重為 3 的背包，檢查第 2 個物品是否有放入，因為 p[1][3] 為-1，表示負重為 3 的背包，沒有放入第 2 個物品。接著檢查第 1 個物品是否有放入，因為 p[0][3] 為 0，表示有放入第 1 個物品，輸出放入第 1 個物品到背包。

陣列 p

-1	-1	-1	0	0	0	0	0	0	0	0	0	0
-1	-1	-1	-1	1	1	1	1	1	1	1	1	1
-1	-1	-1	-1	-1	-1	-1	-1	-1	2	2	2	2
-1	-1	-1	-1	-1	-1	-1	-1	-1	-1	-1	-1	-1

(b) 程式碼與解說

```
1     #include <iostream>
2     #include <cstring>
3     using namespace std;
4     int v[101],w[101],k[1001],p[101][1001];
5     int ks,n;
6     int main(){
7       while(cin>>n){
8         for(int i=0;i<n;i++){
9           cin>>w[i]>>v[i];
10        }
11        cin>>ks;
```

```
12        memset(k,0, sizeof(k));
13        memset(p,-1, sizeof(p));
14        for(int i=0;i<n;i++){
15          for(int j=ks;j>=w[i];j--){
16            if (k[j-w[i]]+v[i]>k[j]){
17              k[j]=k[j-w[i]]+v[i];
18              p[i][j]=i;
19            }
20          }
21        }
22        cout << "背包最大的價值為" << k[ks] << endl;
23        int j=ks;
24        for (int i=n-1;i>=0;i--){
25          if(p[i][j]>=0){
26            cout << "將第"<<i+1<<"個物品放入背包"<<endl;
27            j=j-w[i];
28          }
29        }
30      }
31    }
```

- 第 4 行：宣告 v 與 w 為整數陣列，都有 101 個元素，宣告 k 為整數陣列，有 1001 個元素，宣告 p 為整數二維陣列，有 101 列 1001 行。。

- 第 5 行：ks 與 n 為整數變數。

- 第 6 到 31 行：定義 main 函式。

- 第 7 到 30 行：不斷輸入整數到 n，表示有 n 個物品可以加入背包，使用迴圈輸入 n 個物品的重量到 w[i]，物品的價值到 v[i]（第 8 到 10 行）。

- 第 11 行：輸入值到 ks，為背包的負重能力。

- 第 12 行：將陣列 k 每個元素都設定為 0。

- 第 13 行：將二維陣列 p 每個元素都設定為-1。

- 第 14 到 21 行：使用迴圈變數 i，由 0 變化到（n-1）每次遞增 1，表示依序取物品，考慮放入或不放入背包，內層迴圈變數 j，由 ks 變化到 w[i]，每次遞減 1，若 k[j-w[i]]（負重只有 j-w[i] 的小背包）加上 v[i]（將第 i 個物品放入背包）大於 k[j]（負重能力 j 的背包，不放第 i 個物品到背包），則將第 i 個物品放入背包，更新 k[j] 為 k[j-w[i]] 加上 v[i]（第 17 行），更新 p[i][j] 為 i，考慮第 i 個物品時，負重為 j 的背包有放第 i 個物品（第 18 行）。

- 第 22 行：輸出能夠負重 ks 背包的最高價值（k[ks]）。

- 第 23 行：宣告整數變數 j，初始化為 ks。

- 第 24 到 29 行：使用迴圈變數 i，由 n-1 到 0，每次遞減 1，表示依序考慮第 n-1 個物品到第 0 個物品，若 p[i][j] 大於 0，表示負重為 j 的背包，最後放入第 i 個物品，輸出將第幾個物品放入背包（第 26 行），變數 j 減去 w[i]（第 27 行），跳到第 24 行繼續執行迴圈。

(c) 演算法效率分析

執行第 14 到 21 行程式碼，是程式執行效率的關鍵，此程式使用兩層迴圈，演算法效率大約為 O(n*ks)，n 為物品個數，ks 為背包的最大負重。

(d) 預覽結果

按下「執行→編譯並執行」，螢幕顯示結果如下圖。

7-4 ▸▸ 換零錢

某個國家有 n 種硬幣面額，請你計算出達成目標金額 x 的最少硬幣個數，所輸入的 n 種硬幣面額一定可以達成目標金額 x。

7-4-1　換零錢—不考慮最佳解路徑【7-4-1-換零錢.cpp】

- 輸入說明：每次輸入數字 n，n 表示硬幣面額個數，n 小於 10，之後有 n 行每一行分別有一個整數 v，表示硬幣的面額。最後輸入一個整數 x，表示目標金額，且 x 小於 50000。
- 輸出說明：輸出一個整數，表示達成目標金額 x 的最少硬幣個數。

- 輸入範例

    4

    4

    1

    9

    13

    20

- 輸出範例

    4

(a) 解題想法

依序考慮每個面額的硬幣，利用「較小目標金額的硬幣個數」加 1（使用正在考慮的硬幣一個），與「較大目標金額（較小目標金額加上考慮中的硬幣面額）的硬幣個數」（表示不使用正在考慮的硬幣），兩者之中較小的硬幣個數會被保留下來。

Step1 定義大問題與小問題的關係

依序取出每個硬幣面額，假設目前考慮第 i 個硬幣，硬幣面額為 v[i]，若「達成目標金額 j，不使用第 i 個硬幣所需硬幣個數」大於「達成目標金額 j-v[i] 所需硬幣個數加 1（使用 v[i] 硬幣一個）」，則使用第 i 個硬幣達成目標金額 j，更新目標金額的硬幣個數為「目標金額 j-v[i] 所需硬幣個數加 1」。

Step2 使用陣列儲存小問題的解

使用陣列 m 儲存目標金額的最小硬幣數，初始化陣列 m 每個元素為很大的數，初始化陣列 m 第一個元素為 0，表示目標金額 0，需要 0 個硬幣。

Step3 目前暫時不求最佳解的路徑。

以本題輸入範例為例,進行解說。

Step1　陣列 m 初始化每個元素為 1869573999,表示很大的數,m[0] 初始化為 0,如下表。

陣列 m

0	1869573999	1869573999	1869573999	1869573999
1869573999	1869573999	1869573999	1869573999	1869573999
1869573999	1869573999	1869573999	1869573999	1869573999
1869573999	1869573999	1869573999	1869573999	1869573999
1869573999				

（m[0]到m[4]、m[5]到m[9]、m[10]到m[14]、m[15]到m[19]、m[20]到m[24]）

Step2　考慮第 1 個硬幣面額為 4,若達成目標金額硬幣個數較少就更新陣列 m,執行後陣列 m 如下表。

陣列 m

0	1869573999	1869573999	1869573999	**1**
1869573999	1869573999	1869573999	**2**	1869573999
1869573999	1869573999	**3**	1869573999	1869573999
1869573999	**4**	1869573999	1869573999	1869573999
5				

（m[0]到m[4]、m[5]到m[9]、m[10]到m[14]、m[15]到m[19]、m[20]到m[24]）

Step3　考慮第 2 個硬幣面額為 1,若達成目標金額硬幣個數較少就更新陣列 m,執行後陣列 m 如下表。

陣列 m

0	1	2	3	1
2	3	4	2	3
4	5	3	4	5
6	4	5	6	7
5				

（m[0]到m[4]、m[5]到m[9]、m[10]到m[14]、m[15]到m[19]、m[20]到m[24]）

Step4　考慮第 3 個硬幣面額為 9，若達成目標金額硬幣個數較少就更新陣列 m，執行後陣列 m 如下表。

陣列 m

m[0]到m[4]	0	1	2	3	1
m[5]到m[9]	2	3	4	2	1
m[10]到m[14]	2	3	3	2	3
m[15]到m[19]	4	4	3	2	3
m[20]到m[24]	4				

Step5　考慮第 4 個硬幣面額為 13，若達成目標金額硬幣個數較少就更新陣列 m，執行後陣列 m 如下表。

陣列 m

m[0]到m[4]	0	1	2	3	1
m[5]到m[9]	2	3	4	2	1
m[10]到m[14]	2	3	3	1	2
m[15]到m[19]	3	4	2	2	3
m[20]到m[24]	4				

Step6　目標金額為 20，最少硬幣數為 m[20]，結果為 4。

(b) 程式碼與解說

```
1    #include <iostream>
2    #include <cstring>
3    using namespace std;
4    int main(){
5      int x,n,v[10],m[50001];
6      while(cin >> n){
7        for(int i=0;i<n;i++) cin >> v[i];
8        cin >> x;
9        memset(m,0x6f,sizeof(m));
10       m[0]=0;
11       for(int i=0;i<n;i++){
12         for(int j=v[i];j<=x;j++){
13           if (m[j] > m[j-v[i]]+1) m[j]=m[j-v[i]]+1;
14         }
15       }
```

```
16        cout << m[x] << endl;
17    }
18  }
```

- 第 4 到 17 行：定義 main 函式。

- 第 5 行：宣告 x 與 n 為整數變數，v 整數陣列，都有 10 個元素，宣告 m 為整數陣列，有 50001 個元素。

- 第 6 到 17 行：不斷輸入整數到 n，表示有 n 種硬幣，使用迴圈輸入 n 個硬幣的面額到 v[i]（第 7 行）。

- 第 8 行：輸入值到 x，表示目標金額。

- 第 9 行：將陣列 m 每個元素都設定為 0x6f6f6f6f（十六進位的整數），轉成十進位為 1869573999，表示很大的數字。

- 第 10 行：m[0] 設定為 0，表示目標金額 0，需要 0 個硬幣。

- 第 11 到 15 行：使用迴圈變數 i，由 0 變化到（n-1）每次遞增 1，表示依序取每種硬幣，內層迴圈變數 j，由 v[i] 變化到 x，每次遞增 1，若 m[j]（達成目標金額 j，不使用 v[i] 硬幣所需硬幣個數）大於 m[j-v[i]]（達成目標金額 j-v[i]）加 1（使用 v[i] 硬幣一個），則使用第 i 種硬幣達成目標金額 j，更新 m[j] 為 m[j-v[i]] 加 1。

- 第 16 行：最後輸出目標金額 x 的最少硬幣數（m[x]）。

(c) 演算法效率分析

執行第 11 到 15 行程式碼，是程式執行效率的關鍵，此程式使用兩層迴圈，演算法效率大約為 O(n*x)，n 為硬幣個數，x 為目標金額。

(d) 預覽結果

按下「執行→編譯並執行」，螢幕顯示結果如下圖。

7-4-2 換零錢—考慮最佳解路徑【7-4-2-換零錢.cpp】

- 輸入說明:每次輸入數字 n,n 表示硬幣面額個數,n 小於 10,之後有 n 行每一行分別有一個整數 v,表示硬幣的面額。最後輸入一個整數 x,表示目標金額,且 x 小於 50000。

- 輸出說明:輸出一個整數,表示達成目標金額 x 的最少硬幣個數,接著一個個輸出組成目標金額 x 的硬幣面額。

- 輸入範例

  4

  4

  1

  9

  13

  20

- 輸出範例

  4

  9 9 1 1

(a) 解題想法

依序考慮每個面額的硬幣,利用「較小目標金額的硬幣個數」加 1(使用正在考慮的硬幣一個),與「較大目標金額(較小目標金額加上考慮中的硬幣面額)的硬幣個數」(表示不使用正在考慮的硬幣),兩者之中較小的硬幣個數將被保留下來。

Step1 定義大問題與小問題的關係

依序取出每個硬幣面額,假設目前考慮第 i 個硬幣,硬幣面額為 v[i],若「達成目標金額 j,不使用第 i 個硬幣所需硬幣個數」大於「達成目標金額 j-v[i] 所需硬幣個數加 1(使用 v[i] 硬幣一個)」,則使用第 i 個硬幣達成目標金額 j,更新目標金額的硬幣個數為「目標金額 j-v[i] 所需硬幣個數加 1」。

Step2 使用陣列儲存小問題的解

使用陣列 m 儲存目標金額的最小硬幣數,初始化陣列 m 每個元素為很大的數,初始化陣列 m 第一個元素為 0,表示目標金額 0,需要 0 個硬幣。

Step3 使用陣列 p 儲存達成目標金額的最後加入的硬幣面額,因而獲得較小的硬幣個數。

以本題輸入範例為例,進行解說。

Step1 陣列 m 初始化每個元素為 1869573999,表示很大的數,m[0] 初始化為 0,如下表。

陣列 m

m[0]到m[4] → 0	1869573999	1869573999	1869573999	1869573999
m[5]到m[9] → 1869573999	1869573999	1869573999	1869573999	1869573999
m[10]到m[14] → 1869573999	1869573999	1869573999	1869573999	1869573999
m[15]到m[19] → 1869573999	1869573999	1869573999	1869573999	1869573999
m[20]到m[24] → 1869573999				

初始化陣列 p 為 0。

陣列 p

p[0]到p[4] → 0	0	0	0	0
p[5]到p[9] → 0	0	0	0	0
p[10]到p[14] → 0	0	0	0	0
p[15]到p[19] → 0	0	0	0	0
p[20]到p[24] → 0				

Step2 考慮第 1 個硬幣面額為 4,若達成目標金額硬幣個數較少就更新陣列 m,執行後陣列 m 如下表。

陣列 m

m[0]到m[4] → 0	1869573999	1869573999	1869573999	1
m[5]到m[9] → 1869573999	1869573999	1869573999	2	1869573999
m[10]到m[14] → 1869573999	1869573999	3	1869573999	1869573999
m[15]到m[19] → 1869573999	4	1869573999	1869573999	1869573999
m[20]到m[24] → 5				

若有更小的硬幣數就更新陣列 p 為新加入的硬幣面額。

陣列 p

p[0]到 p[4] →	0	0	0	0	4
p[5]到 p[9] →	0	0	0	4	0
p[10]到 p[14] →	0	0	4	0	0
p[15]到 p[19] →	0	4	0	0	0
p[20]到 p[24] →	4				

Step3 考慮第 2 個硬幣面額為 1，若達成目標金額硬幣個數較少就更新陣列 m，執行後陣列 m 如下表。

陣列 m

m[0]到 m[4] →	0	1	2	3	1
m[5]到 m[9] →	2	3	4	2	3
m[10]到 m[14] →	4	5	3	4	5
m[15]到 m[19] →	6	4	5	6	7
m[20]到 m[24] →	5				

若有更小的硬幣數就更新陣列 p 為新加入的硬幣面額。

陣列 p

p[0]到 p[4] →	0	1	1	1	4
p[5]到 p[9] →	1	1	1	4	1
p[10]到 p[14] →	1	1	4	1	1
p[15]到 p[19] →	1	4	1	1	1
p[20]到 p[24] →	4				

Step4 考慮第 3 個硬幣面額為 9，若達成目標金額硬幣個數較少就更新陣列 m，執行後陣列 m 如下表。

陣列 m

0	1	2	3	1
2	3	4	2	1
2	3	3	2	3
4	4	3	2	3
4				

- m[0]到m[4]
- m[5]到m[9]
- m[10]到m[14]
- m[15]到m[19]
- m[20]到m[24]

若有更小的硬幣數就更新陣列 p 為新加入的硬幣面額。

陣列 p

0	1	1	1	4
1	1	1	4	9
9	9	4	9	9
9	4	9	9	9
9				

- p[0]到p[4]
- p[5]到p[9]
- p[10]到p[14]
- p[15]到p[19]
- p[20]到p[24]

Step5 考慮第 4 個硬幣面額為 13，若達成目標金額硬幣個數較少就更新陣列 m，執行後陣列 m 如下表。

陣列 m

0	1	2	3	1
2	3	4	2	1
2	3	3	1	2
3	4	2	2	3
4				

- m[0]到m[4]
- m[5]到m[9]
- m[10]到m[14]
- m[15]到m[19]
- m[20]到m[24]

若有更小的硬幣數就更新陣列 p 為新加入的硬幣面額。

陣列 p

0	1	1	1	4
1	1	1	4	9
9	9	4	13	13
13	4	13	9	9
9				

- p[0]到p[4]
- p[5]到p[9]
- p[10]到p[14]
- p[15]到p[19]
- p[20]到p[24]

Step6 目標金額為 20，最少硬幣數為 m[20]，結果為 4。

Step7 目標金額為 20，讀取 p[20] 為 9，最後使用一個幣值為 9 的硬幣，組成
目標金額 20 有最少的硬幣個數，目標金額改成 11，因為 20 減 9 等於
11。

陣列 p

p[0]到 p[4]	0	1	1	1	4
p[5]到 p[9]	1	1	1	4	9
p[10]到 p[14]	9	9	4	13	13
p[15]到 p[19]	9	4	13	9	9
p[20]到 p[24]	9				

Step8 目標金額為 11，讀取 p[11] 為 9，最後使用一個幣值為 9 的硬幣，組成
目標金額 11 有最少的硬幣個數，目標金額改成 2，因為 11 減 9 等於 2。

陣列 p

p[0]到 p[4]	0	1	1	1	4
p[5]到 p[9]	1	1	1	4	9
p[10]到 p[14]	9	9	4	13	13
p[15]到 p[19]	9	4	13	9	9
p[20]到 p[24]	9				

Step9 目標金額為 2，讀取 p[2] 為 1，最後使用一個幣值為 1 的硬幣，組成目
標金額 2 有最少的硬幣個數，目標金額改成 1，因為 2 減 1 等於 1。

陣列 p

p[0]到 p[4]	0	1	1	1	4
p[5]到 p[9]	1	1	1	4	9
p[10]到 p[14]	9	9	4	13	13
p[15]到 p[19]	9	4	13	9	9
p[20]到 p[24]	9				

Step10 目標金額為 1，讀取 p[1] 為 1，最後使用一個幣值為 1 的硬幣，組成目標金額 1 有最少的硬幣個數，目標金額改成 0，因為 1 減 1 等於 0，程式結束。

陣列 p

p[0]到 p[4] →	0	1	1	1	4
p[5]到 p[9] →	1	1	1	4	9
p[10]到 p[14] →	9	9	4	13	13
p[15]到 p[19] →	9	4	13	9	9
p[20]到 p[24] →	9				

(b) 程式碼與解說

```
1       #include <iostream>
2       #include <cstring>
3       using namespace std;
4       int main(){
5         int x,n,v[10],m[50001],p[50001];
6         while(cin >> n){
7           for(int i=0;i<n;i++) cin >> v[i];
8           cin >> x;
9           memset(m,0x6f,sizeof(m));
10          m[0]=0;
11          memset(p,0,sizeof(p));
12          for(int i=0;i<n;i++){
13            for(int j=v[i];j<=x;j++){
14              if (m[j] > m[j-v[i]]+1){
15                m[j]=m[j-v[i]]+1;
16                p[j]=v[i];
17              }
18            }
19          }
20          cout<<m[x]<<endl;
21          int k=x;
22          while(k>0){
23            cout << p[k] << " ";
24            k=k-p[k];
25          }
26          cout << endl;
27        }
28      }
```

- 第 4 到 28 行：定義 main 函式。
- 第 5 行：宣告 x 與 n 為整數變數，v 整數陣列，都有 10 個元素，宣告 m 與 p 為整數陣列，都有 50001 個元素。
- 第 6 到 27 行：不斷輸入整數到 n，表示有 n 種硬幣，使用迴圈輸入 n 個硬幣的面額到 v[i]（第 7 行）。
- 第 8 行：輸入值到 x，表示目標金額。
- 第 9 行：將陣列 m 每個元素都設定為 0x6f6f6f6f（十六進位的整數），轉成十進位為 1869573999，表示很大的數字。
- 第 10 行：m[0] 設定為 0，表示目標金額 0，需要 0 個硬幣。
- 第 11 行：將陣列 p 每個元素都設定為 0。
- 第 12 到 19 行：使用迴圈變數 i，由 0 變化到（n-1）每次遞增 1，表示依序取每種硬幣，內層迴圈變數 j，由 v[i] 變化到 x，每次遞增 1，若 m[j]（達成目標金額 j，不使用 v[i] 硬幣所需硬幣個數）大於 m[j-v[i]]（達成目標金額 j-v[i]）加 1（使用 v[i] 硬幣一個），則使用第 i 種硬幣達成目標金額 j，更新 m[j] 為 m[j-v[i]] 加 1（第 15 行），更新 p[j] 為 v[i]，表示達成目標金額 j 的硬幣個數最少時，最後加入的硬幣面額為 v[i]（第 16 行）。
- 第 20 行：最後輸出目標金額 x 的最少硬幣數（m[x]）。
- 第 21 行：宣告整數變數 k，初始化為目標金額 x。
- 第 22 到 25 行：使用 while 迴圈，當 k 大於 0 時，輸出 p[k]，表示最後使用硬幣面額 p[k] 達成目標金額 k（第 23 行），變數 k 設定為變數 k 減去 p[k]（第 24 行），回到第 22 行繼續 while 迴圈。
- 第 26 行：輸出換行。

(c) 演算法效率分析

執行第 12 到 19 行程式碼，是程式執行效率的關鍵，此程式使用兩層迴圈，演算法效率大約為 O(n*x)，n 為硬幣個數，x 為目標金額。

(d) 預覽結果

按下「執行→編譯並執行」，螢幕顯示結果如下圖。

7-5 ▸▸ 最長共同子序列 （Longest Common Subsequence）

給定兩個英文字母的字串，請找這兩個英文字串的最長共同子序列（Longest Common Subsequence），縮寫為 LCS，兩個英文字串可以不取其中某些字元，但字母順序不能更換，大小寫英文字母視為不同字母。

7-5-1　最長共同子序列—不考慮最佳解路徑【7-5-1-最長共同子序列.cpp】

- 輸入說明：每次輸入兩個英文字串，求這兩個英文字串的最長共同子序列，兩字串長度都不會超過 100 個字元。
- 輸出說明：輸出一個整數，表示這兩個英文字串的最長共同子序列長度。
- 輸入範例

  comp

  zope
- 輸出範例

  2

(a) 解題想法

依序考慮兩個字串的所有字母，找出最長共同子序列的長度。

Step1　定義大問題與小問題的關係

依序取出兩個字串的每個字元，假設目前取出字串 s1 第 i 個字元，取出字串 s2 第 j 個字元，若字串 s1 第 i 個字元等於字串 s2 第 j 個字元，

則目前最長共同子序列的長度增加 1，否則目前最長共同子序列的長度為「字串 s1 從第 0 個字元取到第 i-1 個字元與字串 s2 從第 0 個字元取到第 j 個字元的最長共同子序列長度」與「字串 s1 從第 0 個字元取到第 i 個字元與字串 s2 從第 0 個字元取到第 j-1 個字元的最長共同子序列的長度」較大的長度，其中 i 為字串 s1 的索引值，從 0 開始到 s1 字串長度減 1，j 為字串 s2 的索引值，從 0 開始到 s2 字串長度減 1。

Step2 使用陣列儲存最長共同子序列的長度。

使用陣列 lcs 儲存最長共同子序列的長度，lcs[i+1][j+1] 用於儲存字串 s1 取第 0 到 i 個字元，字串 s2 取第 0 到 j 個字元的最長共同子序列的長度，其中 i 為字串 s1 的索引值，從 0 開始到 s1 字串的長度減 1，j 為字串 s2 的索引值，從 0 開始到 s2 字串的長度減 1。初始化 lcs[0][0] 為 0，表示兩空字串的最長共同子序列長度為 0。

根據 Step1、Step2 與陣列 lcs[i][j] 的定義可以寫出以下程式。

```
if (s1[i]==s2[j]) {
  lcs[i+1][j+1]=lcs[i][j]+1;
}else {
  if(lcs[i][j+1]>lcs[i+1][j]) {
    lcs[i+1][j+1]=lcs[i][j+1];
  }else{
    lcs[i+1][j+1]=lcs[i+1][j];
  }
}
```

Step3 目前暫時不求最佳解的路徑。

以輸入範例為例，輸入兩個字串，字串 s1 為「comp」，字串 s2 為「zope」。

Step1 陣列 lcs 初始化每個元素為 0，如下表。

二維陣列 lcs

	z	o	p	e
	0	0	0	0	0
c	0	0	0	0	0
o	0	0	0	0	0
m	0	0	0	0	0
p	0	0	0	0	0

Step2　考慮 s1 第 1 個字元「c」與 s2 所有字元進行比較，因為字串 s2 沒有字元「c」，所以陣列 lcs 未更改。

二維陣列 lcs

	z	o	p	e
	0	0	0	0	0
c	0	0	0	0	0
o	0	0	0	0	0
m	0	0	0	0	0
p	0	0	0	0	0

Step3　考慮 s1 第 2 個字元「o」與 s2 所有字元進行比較，因為字串 s2 有字元「o」，所以執行完後陣列 lcs 如下表。

二維陣列 lcs

	z	o	p	e
	0	0	0	0	0
c	0	0	0	0	0
o	0	0	1	1	1
m	0	0	0	0	0
p	0	0	0	0	0

Step4　考慮 s1 第 3 個字元「m」與 s2 所有字元進行比較，因為字串 s2 沒有字元「m」，所以執行完後陣列 lcs 如下表。

二維陣列 lcs

	z	o	p	e
	0	0	0	0	0
c	0	0	0	0	0
o	0	0	1	1	1
m	0	0	1	1	1
p	0	0	0	0	0

Step5 考慮 s1 第 4 個字元「p」與 s2 所有字元進行比較，因為字串 s2 有字元「p」，所以執行完後陣列 lcs 如下表。

二維陣列 lcs

	z	o	p	e
	0	0	0	0	0
c	0	0	0	0	0
o	0	0	1	1	1
m	0	0	1	1	1
p	0	0	1	2	2

Step6 lcs[4][4] 的值就是最長共同子序列的長度。

(b) 程式碼與解說

```cpp
1    #include <iostream>
2    #include<cstring>
3    using namespace std;
4    string s1,s2;
5    int lcs[101][101];
6    int main() {
7      int s1n,s2n;
8      while(getline(cin,s1)){
9        getline(cin,s2);
10       s1n=s1.length();
11       s2n=s2.length();
12       memset(lcs,0,sizeof(lcs));
13       for(int i=0;i<s1n;i++){
14         for(int j=0;j<s2n;j++){
15           if (s1[i]==s2[j]) {
16             lcs[i+1][j+1]=lcs[i][j]+1;
17           }else {
18             if(lcs[i][j+1]>lcs[i+1][j]) {
19               lcs[i+1][j+1]=lcs[i][j+1];
20             }else{
21               lcs[i+1][j+1]=lcs[i+1][j];
22             }
23           }
24         }
25       }
26       cout << lcs[s1n][s2n] << endl;
```

```
27        }
28    }
```

- 第 4 行：宣告 s1 與 s2 為字串變數。
- 第 5 行：宣告 lcs 為整數陣列，有 101 列 101 行，lcs[i][j] 用於儲存 s1 取第 1 到第 i 個字元，s2 取第 1 到第 j 個字元的最長共同子序列的長度。
- 第 6 到 28 行：定義 main 函式。
- 第 7 行：宣告 s1n 與 s2n 為整數變數。
- 第 8 到 27 行：不斷輸入字串到 s1，接著輸入另一字串到 s2（第 9 行）。
- 第 10 行：設定 s1 的字串長度到變數 s1n。
- 第 11 行：設定 s2 的字串長度到變數 s2n。
- 第 12 行：設定陣列 lcs 每個元素為 0。
- 第 13 到 25 行：使用迴圈變數 i，由 0 變化到（s1n-1），每次遞增 1，表示依序取字串 s1 的每個字元，內層迴圈變數 j，由 0 變化到（s2n-1），每次遞增 1，表示依序取字串 s2 的每個字元，若 s1[i] 等於 s2[j]，表示兩字串的字母相同，則長度增加 1，lcs[i+1][j+1] 等於 lcs[i][j] 加 1（第 15 到 17 行），若 s1[i] 不等於 s2[j]，則 lcs[i+1][j+1] 設定為 lcs[i][j+1] 與 lcs[i+1][j] 中較大的長度（第 18 到 22 行）。
- 第 26 行：最後輸出 lcs[s1n][s2n] 就是最長共同子序列的長度。

(c) 演算法效率分析

執行第 13 到 25 行程式碼，是程式執行效率的關鍵，此程式使用兩層迴圈，演算法效率大約為 O(a*b)，a 為字串 s1 的長度，b 為字串 s2 的長度。

(d) 預覽結果

按下「執行→編譯並執行」，螢幕顯示結果如下圖。

7-5-2 最長共同子序列—考慮最佳解路徑【7-5-2-最長共同子序列.cpp】

- 輸入說明:每次輸入兩英文字串,求這兩個英文字串的最長共同子序列,兩字串長度都不會超過 100 個字元。

- 輸出說明:輸出一個整數,表示這兩個英文字串的最長共同子序列長度,接著輸出一個最長共同子序列的字串。

- 輸入範例

  comp

  zope

- 輸出範例

  2

  op

(a) 解題想法

依序考慮兩字串的所有字母,找出最長共同子序列的長度。

Step1 定義大問題與小問題的關係

依序取出兩字串的每個字元,假設目前取出字串 s1 第 i 個字元,取出字串 s2 第 j 個字元,若字串 s1 第 i 個字元等於字串 s2 第 j 個字元,則目前最長共同子序列的長度增加 1,否則目前最長共同子序列的長度為「字串 s1 從第 0 個字元取到第 i-1 個字元與字串 s2 從第 0 個字元取到第 j 個字元的最長共同子序列長度」與「字串 s1 從第 0 個字元取到第 i 個字元與字串 s2 從第 0 個字元取到第 j-1 個字元的最長共同子序列長度」較大的長度,其中 i 為字串 s1 的索引值,從 0 開始到 s1 字串長度減 1,j 為字串 s2 的索引值,從 0 開始到 s2 字串長度減 1。

Step2 使用陣列儲存最長共同子序列的長度。

使用陣列 lcs 儲存最長共同子序列的長度,lcs[i+1][j+1] 用於儲存 s1 取第 0 到第 i 個字元,s2 取第 0 到第 j 個字元的最長共同子序列的長度,其中 i 為字串 s1 的索引值,從 0 開始到 s1 字串長度減 1,j 為字串 s2 的索引值,從 0 開始到 s2 字串長度減 1。初始化 lcs[0][0] 為 0,表示兩空字串的最長共同子序列長度為 0。

Step3 求最佳解的路徑。

使用陣列 map[i][j] 紀錄求最長共同子序列過程，若字串 s1 第 i 個字元
等於字串 s2 第 j 個字元，則設定 map[i+1][j+1] 為 3，否則若「字串 s1
從第 0 個字元取到第 i-1 個字元與字串 s2 從第 0 個字元取到第 j 個字元
的最長共同子序列長度」大於「字串 s1 從第 0 個字元取到第 i 個字元
與字串 s2 從第 0 個字元取到第 j-1 個字元的最長共同子序列長度」，則
設定 map[i+1][j+1] 為 1，否則設定 map[i+1][j+1] 為 2，其中 i 為字串
s1 的索引值，從 0 開始，j 為字串 s2 的索引值，從 0 開始，利用陣列
map 可以找出最長共同子序列。

根據 Step1、Step2、Step3 與陣列 map[i][j] 可以寫出以下程式。

```
for(int i=0;i<s1n;i++){
  for(int j=0;j<s2n;j++){
    if (s1[i]==s2[j]) {
      lcs[i+1][j+1]=lcs[i][j]+1;
      map[i+1][j+1]=3;
    }else {
      if(lcs[i][j+1]>lcs[i+1][j]) {
        lcs[i+1][j+1]=lcs[i][j+1];
        map[i+1][j+1]=1;
      }else{
        lcs[i+1][j+1]=lcs[i+1][j];
        map[i+1][j+1]=2;
      }
    }
  }
}
```

以本題輸入範例為例，輸入兩個字串，字串 s1 為「comp」，字串 s2 為「zope」。

Step1 陣列 lcs 初始化每個元素為 0，如下表。

二維陣列 lcs

	z	o	p	e	
	0	0	0	0	0
c	0	0	0	0	0
o	0	0	0	0	0
m	0	0	0	0	0
p	0	0	0	0	0

陣列 map 初始化每個元素為 0，如下表。

二維陣列 map

	z	o	p	e
	0	0	0	0	0
c	0	0	0	0	0
o	0	0	0	0	0
m	0	0	0	0	0
p	0	0	0	0	0

Step2 考慮 s1 第 1 個字元「c」與 s2 所有字元進行比較，因為字串 s2 沒有字元「c」，所以陣列 lcs 未更改。

二維陣列 lcs

	z	o	p	e
	0	0	0	0	0
c	0	0	0	0	0
o	0	0	0	0	0
m	0	0	0	0	0
p	0	0	0	0	0

執行後陣列 map，如下表。

二維陣列 map

	z	o	p	e
	0	0	0	0	0
c	0	2	2	2	2
o	0	0	0	0	0
m	0	0	0	0	0
p	0	0	0	0	0

Step3 考慮 s1 第 2 個字元「o」與 s2 所有字元進行比較，因為字串 s2 有字元「o」，所以執行完後陣列 lcs 如下表。

二維陣列 lcs

	z	o	p	e
	0	0	0	0	0
c	0	0	0	0	0
o	0	0	1	1	1
m	0	0	0	0	0
p	0	0	0	0	0

執行後陣列 map，如下表。

二維陣列 map

	z	o	p	e
	0	0	0	0	0
c	0	2	2	2	2
o	0	2	3	2	2
m	0	0	0	0	0
p	0	0	0	0	0

Step4 考慮 s1 第 3 個字元「m」與 s2 所有字元進行比較，因為字串 s2 沒有字元「m」，所以執行完後陣列 lcs 如下表。

二維陣列 lcs

	z	o	p	e
	0	0	0	0	0
c	0	0	0	0	0
o	0	0	1	1	1
m	0	0	1	1	1
p	0	0	0	0	0

行後陣列 map 如下表。

二維陣列 map

	z	o	p	e
	0	0	0	0	0
c	0	2	2	2	2
o	0	2	3	2	2
m	0	2	1	2	2
p	0	0	0	0	0

Step5 考慮 s1 第 4 個字元「p」與 s2 所有字元進行比較，因為字串 s2 有字元「p」，所以執行完後陣列 lcs 如下表。

二維陣列 lcs

	z	o	p	e
	0	0	0	0	0
c	0	0	0	0	0
o	0	0	1	1	1
m	0	0	1	1	1
p	0	0	1	2	2

行後陣列 map 如下表。

二維陣列 map

	z	o	p	e
	0	0	0	0	0
c	0	2	2	2	2
o	0	2	3	2	2
m	0	2	1	2	2
p	0	2	1	3	2

Step6 lcs[4][4] 的值就是最長共同子序列的長度。

Step7 利用陣列 map 找出最長共同子序列，若陣列 map 的元素值為 1，表示往上找；若陣列 map 的元素值為 2，表示往左找；若陣列 map 的元素值為 3，表示往左上找且該字元是屬於最長共同子序列，就可以找出最長共同子序列「op」。

二維陣列 map

	z	o	p	e
	0	0	0	0	0
c	0	2	2	2	2
o	0	2	3	2	2
m	0	2	1	2	2
p	0	2	1	3	2

(b) 程式碼與解說

```
1    #include <iostream>
2    #include<cstring>
3    using namespace std;
4    string s1,s2,s3;
5    int lcs[101][101],map[101][101];
6    void pr(int,int);
7    int main() {
8      int s1n,s2n;
9      while(getline(cin,s1)){
10       getline(cin,s2);
11       s1n=s1.length();
12       s2n=s2.length();
13       memset(lcs,0,sizeof(lcs));
14       memset(map,0,sizeof(map));
15       for(int i=0;i<s1n;i++){
16         for(int j=0;j<s2n;j++){
17           if (s1[i]==s2[j]) {
18             lcs[i+1][j+1]=lcs[i][j]+1;
19             map[i+1][j+1]=3;
20           }else {
21             if(lcs[i][j+1]>lcs[i+1][j]) {
22               lcs[i+1][j+1]=lcs[i][j+1];
23               map[i+1][j+1]=1;
24             }else{
25               lcs[i+1][j+1]=lcs[i+1][j];
26               map[i+1][j+1]=2;
```

```
27              }
28            }
29          }
30        }
31        cout << lcs[s1n][s2n] << endl;
32        pr(s1n,s2n);
33        for(int i=s3.length()-1;i>=0;i--) cout << s3[i];
34        cout <<endl;
35      }
36  }
37  void pr(int x,int y){
38    if (x==0 || y==0) return;
39    if (map[x][y]==3){
40      s3=s3+s1[x-1];
41      pr(x-1,y-1);
42    }else if (map[x][y]==1){
43      pr(x-1,y);
44    }else if (map[x][y]==2){
45      pr(x,y-1);
46    }
47  }
```

- 第 4 行：宣告 s1、s2 與 s3 為字串變數。

- 第 5 行：宣告 lcs 與 map 為整數陣列，都有 101 列 101 行，lcs[i][j] 用於儲存 s1 取第 1 到第 i 個字元，s2 取第 1 到第 j 個字元的最長共同子序列的長度，map[i][j] 用於產生最長共同子序列。

- 第 6 行：宣告函式 pr，可以輸入兩個整數，不須回傳值。

- 第 7 到 36 行：定義 main 函式。

- 第 8 行：宣告 s1n 與 s2n 為整數變數。

- 第 9 到 35 行：不斷輸入字串到 s1，接著輸入另一字串到 s2（第 10 行）。

- 第 11 行：設定 s1 的字串長度到變數 s1n。

- 第 12 行：設定 s2 的字串長度到變數 s2n。

- 第 13 行：設定陣列 lcs 每個元素為 0。

- 第 14 行：設定陣列 map 每個元素為 0。

- 第 15 到 30 行：使用迴圈變數 i，由 0 變化到（s1n-1），每次遞增 1，表示依序取字串 s1 的每個字元，內層迴圈變數 j，由 0 變化到（s2n-1），每次遞增 1，表示依序取字串 s2 的每個字元，若 s1[i] 等於 s2[j]，表示兩字串的字母相同，則長度增加 1，lcs[i+1][j+1] 等於 lcs[i][j] 加 1，設定

map[i+1][j+1] 為 3（第 17 到 20 行），否則若 lcs[i][j+1] 大於 lcs[i+1][j]，則設定 lcs[i+1][j+1] 為 lcs[i][j+1]，設定 map[i+1][j+1] 為 1（第 21 到 24 行），否則 lcs[i+1][j+1] 小於等於 lcs[i+1][j]，則設定 lcs[i+1][j+1] 為 lcs[i+1][j]，設定 map[i+1][j+1] 為 2（第 24 到 27 行）。

- 第 31 行：最後輸出 lcs[s1n][s2n] 就是最長共同子序列的長度。

- 第 32 行：呼叫 pr 函式，使用 s1n 與 s2n 為輸入，找出最長共同子序列儲存到字串變數 s3。

- 第 33 行：使用迴圈反向輸出字串 s3。

- 第 34 行：輸出換行。

- 第 37 到 47 行：定義函式 pr，輸入兩個整數 x 與 y，若 x 等於 0 或 y 等於 0，則使用 return 返回呼叫程式，終止遞迴呼叫（第 38 行）。若 map[x][y] 等於 3，則將 s1[x-1] 加到字串 s3，遞迴呼叫函式 pr，以 x-1 與 y-1 為輸入（第 39 到 42 行）；否則若 map[x][y] 等於 1，則遞迴呼叫函式 pr，以 x-1 與 y 為輸入（第 42 到 44 行）；否則若 map[x][y] 等於 2，則遞迴呼叫函式 pr，以 x 與 y-1 為輸入（第 44 到 46 行）。

(c) 演算法效率分析

執行第 15 到 30 行程式碼，是程式執行效率的關鍵，此程式使用兩層迴圈，演算法效率大約為 O(a*b)，a 為字串 s1 的長度，b 為字串 s2 的長度。

(d) 預覽結果

按下「執行→編譯並執行」，螢幕顯示結果如下圖。

UVa Online Judge 網路解題資源

動態規劃(Dynamic Programming)		
分類	UVa 題目	分類
基礎題	UVa 900 Brick Wall Patterns	費氏數列
基礎題	UVa 12149 Feynman	數列
基礎題	UVa 562 Dividing coins	01 背包
基礎題	UVa 12563 Jin Ge Jin Qu hao	01 背包
基礎題	UVa 357 Let Me Count The Ways	換零錢
基礎題	UVa 10066 The Twin Towers	最長共同子序列
基礎題	UVa 10192 Vacation	最長共同子序列

註：使用題目編號與名稱為關鍵字進行搜尋，可以在網路上找到許多相關的線上解題
資源。

線性資料結構

資料結構會影響到程式的執行效率，解題過程中須想清楚，需要使用哪一種資料結構，為何使用此資料結構，以下介紹線性資料結構（Queue、Stack、Linked List）。

8-1 ▸▸ Queue（佇列）

Queue（佇列）是先進來的元素先出去（First In First Out，縮寫為 FIFO）的資料結構，通常用於讓程式具有排隊功能，依序執行工作，例如：印表機同時間有多個檔案等待列印，在印表機內會有一個 Queue（佇列）的功能，將準備列印的檔案暫存在 Queue 等待印表機提供列印服務，先送到印表機的檔案先印出來。實作 Queue 的部分，可以自行撰寫 Queue 程式，或透過標準樣板函式庫（STL）所提供的 Queue 函式庫，使用 Queue 函式庫實作程式不須知道 Queue 函式庫如何實作，只要知道如何在 Queue 中新增與刪除資料，標準樣板函式庫（STL）的相關解說請參考本書附錄。

8-1-1 Queue 使用 array 實作【8-1-1-Queue 使用 array 實作.cpp】

(a) 範例說明

請實作一個程式將數字 1 到 4 依序加入 Queue，每加入一個數字後，顯示 Queue 目前所有元素值到螢幕。最後刪除最前面的元素，接著在螢幕顯示 Queue 目前所有元素值。

(b) 預期程式執行結果

(c) 程式碼與解說

```
1    #include <iostream>
2    using namespace std;
3    void insertQueue(int);
4    int deleteQueue();
5    void printQueue();
6    struct Queue{
7      int q[100];
8      int back;
9      int front;
10     Queue(){ back=-1,front=-1;}
11   };
12   Queue qu;
13   int main(){
14     for(int i=1;i<5;i++){
15       insertQueue(i);
16       printQueue();
17     }
18     cout<<"從 Queue 取出最前面的元素為"<<deleteQueue()<<endl;
19     printQueue();
20   }
21   void insertQueue(int n){
22     if(qu.back == 99) {
23       cout << "Queue 是滿的" << endl;
24     } else {
25       qu.q[++qu.back]=n;
26     }
27   }
28   int deleteQueue(){
29     if(qu.front == qu.back) {
30       cout << "Queue 是空的" << endl;
31     } else {
32       return qu.q[++qu.front];
```

```
33        }
34      }
35      void printQueue(){
36        cout << "Queue 目前儲存的元素有";
37        for(int i=qu.front+1;i<=qu.back;i++){
38          cout << qu.q[i] <<" ";
39        }
40        cout << endl;
41      }
```

- 第 3 行：宣告 insertQueue 函式。

- 第 4 行：宣告 deleteQueue 函式。

- 第 5 行：宣告 printQueue 函式。

- 第 6 到 11 行：宣告結構 Queue，包含陣列 q，可以儲存 100 個整數元素，整數變數 back 與 front，back 指到 Queue 的最後一個元素，front 指到 Queue 的第一個元素的前面，front 加 1 後才指到 Queue 的第一個元素。使用 Queue 建構子函式進行初始化，設定 back 與 front 為 -1。

- 第 12 行：宣告變數 qu 是結構 Queue 的變數。

- 第 13 行到第 20 行：定義 main 函式。

- 第 14 行到第 17 行：使用迴圈依序插入 1、2、3 與 4 到佇列 qu，每插入一個數字就顯示目前佇列 qu 的狀態。

- 第 18 行：顯示並刪除目前佇列 qu 第一個元素。

- 第 19 行：刪除第一個元素後，顯示目前佇列 qu 的狀態。

- 第 21 行到第 27 行：定義 insertQueue 函式，在佇列 qu 插入元素 n，若 qu.back 等於 99，表示佇列 qu 滿了，不能再插入資料，因為結構 Queue 中所宣告的陣列 q 最多只容許 100 個元素；否則先將 qu.back 遞增 1，再儲存數字 n 到結構 qu 的陣列 q 的 qu.back（++ 寫在前面表示要先執行遞增 1）位置。

- 第 28 行到第 34 行：定義 deleteQueue 函式，在佇列 qu 取出最前面的元素。若佇列 qu 的 front 與佇列 qu 的 back 相同，表示佇列是空的；否則先將 qu.front 遞增 1，再回傳結構 qu 的陣列 q 在 qu.front（++ 寫在前面表示要先執行遞增 1）位置的數值。

- 第 35 到 41 行：定義 printQueue 函式，印出佇列 qu 的所有元素。

- 第 36 行：顯示「Queue 目前儲存的元素有」到螢幕上。

- 第 37 到 39 行：使用迴圈顯示 qu[front+1] 到 qu[back] 的所有元素。

- 第 40 行：顯示換行。

以下顯示上述程式從佇列 qu 中執行新增與刪除元素時，程式中 front 與 back 的變化，可以了解 front 與 back 的用途，front 用於從 Queue 取出元素，back 用於加入元素到 Queue。

Step1 開始佇列 qu 是空的，front 為-1，back 也是-1。

Step2 佇列 qu 插入第一個元素 1，front 為-1，back 改成 0。

Step3 佇列 qu 插入第二個元素 2，front 為-1，back 改成 1。

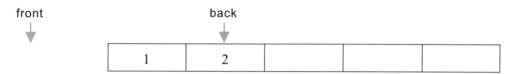

Step4 佇列 qu 插入第三個元素 3，front 為-1，back 改成 2。

Step5 佇列 qu 插入第四個元素 4，front 為-1，back 改成 3。

Step6 從佇列 qu 刪除最前面的元素，front 改為 0，back 還是 3，數值 1 還是存在只是 front 往後移了一格，front 指到的元素表示已經刪除該元素。

8-1-2　Queue 使用 STL 實作【8-1-2-Queue 使用 STL 實作.cpp】

(a) 範例說明

　　請實作一個程式，將數字 1 到 4 依序加入 Queue，最後不斷刪除最前面的元素，直到 Queue 為空，並在螢幕顯示每個被刪除的元素。

(b) 預期程式執行結果

(c) 程式碼與解說

```
1    #include <iostream>
2    #include <queue>
3    using namespace std;
4    int main (){
5      queue<int> mqueue;
6      for(int i=1; i<=4; i++) {
7        mqueue.push(i);
8      }
9      while (!mqueue.empty()){
10       cout  << mqueue.front() <<" ";
11       mqueue.pop();
12     }
13     cout << endl;
14   }
```

- 第 4 到 14 行：定義 main 函式。

- 第 5 行：宣告 mqueue 為儲存整數（int）的 queue。

- 第 6 到 8 行：使用迴圈在 mqueue 中依序插入 1、2、3 與 4。

- 第 9 到 12 行：使用 while 迴圈依序顯示與取出 mqueue 的所有元素到螢幕上，當 mqueue 不是空的，繼續顯示 mqueue 第一個元素到螢幕（第 10 行），刪除第一個元素（第 11 行）。

- 第 13 行：顯示換行。

8-1-3 找出最後一個人【8-1-3-找出最後一個數字.cpp】

給定 n 個數字分別代表 n 個人的編號,請依序將這 n 個人的編號加入排隊隊伍中,若每次請最前面兩個人移動到隊伍最後,淘汰目前第一個人,再取出現在最前面兩個人到隊伍後方,接著淘汰目前第一個人,直到剩下一個人為止,顯示出移動的過程與淘汰的順序,最後顯示剩下一個人的編號,輸入的 n 值小於 1000。

- 輸入說明:輸入一個正整數 n,表示有 n 個編號準備要輸入,接著下一行輸入 n 個數字。

- 輸出說明:數字移動的過程、淘汰的順序與顯示剩下一個人的編號。

- 輸入範例

  5
  1 3 5 4 2

- 輸出範例

  5
  1 3 5 4 2
  將 1 加到最後
  將 3 加到最後
  將 5 刪除
  將 4 加到最後
  將 2 加到最後
  將 1 刪除
  將 3 加到最後
  將 4 加到最後
  將 2 刪除
  將 3 加到最後
  將 4 加到最後
  將 3 刪除
  剩餘最後一個號碼為 4

(a) 解題想法

本題從隊伍前方取出兩個編號,再依序加入到隊伍的最後,不會在隊伍中間進行插入,所以適合使用 Queue 來實作此程式。

(b) 程式碼與解說

```cpp
1    #include <iostream>
2    #include <queue>
3    using namespace std;
4    int main(){
5      int n,v;
6      queue<int> q;
7      while(cin >>n){
8        for(int i=0;i<n;i++){
9          cin >> v;
10         q.push(v);
11       }
12       while(q.size()>1){
13         v=q.front();
14         cout << "將"<<v<<"加到最後" << endl;
15         q.pop();
16         q.push(v);
17         v=q.front();
18         cout << "將"<<v<<"加到最後" << endl;
19         q.pop();
20         q.push(v);
21         v=q.front();
22         cout << "將"<<v<<"刪除" << endl;
23         q.pop();
24       }
25       cout << "剩餘最後一個號碼為"<<q.front()<<endl;
26     }
27   }
```

- 第 4 行到第 27 行：定義 main 函式。

- 第 5 行：宣告 n 與 v 為整數變數。

- 第 6 行：宣告 q 為儲存整數（int）的 queue。

- 第 7 行到第 26 行：使用 while 迴圈，輸入編號的個數到變數 n，使用 for 迴圈，迴圈變數 i 由 0 到（n-1），每次遞增 1，每次輸入一個數值到 v，將 v 將入 q 中（第 8 到 11 行）。

- 第 12 到 24 行：使用 while 迴圈，當 q 的個數大於 1 時，設定 v 為 q 的第一個元素（第 13 行）。顯示「將 v 加到最後」（第 14 行），將 q 的第一個元素刪除（第 15 行），將 v 加入到 q 的最後（第 16 行）。設定 v 為 q 的第一個元素（第 17 行）。顯示「將 v 加到最後」（第 18 行），將 q 的第一個元素刪除（第 19 行），將 v 加入到 q 的最後（第 20 行）。設定 v 為 q 的第一

個元素（第 21 行）。顯示「將 v 刪除」（第 22 行），將 q 的第一個元素刪除（第 23 行）。

- 第 25 行：顯示出最後一個號碼。

(c) 演算法效率分析

執行第 12 到 24 行程式碼，是程式執行效率的關鍵，此程式會不斷的從佇列 q 刪除元素直到剩下一個元素為止，約執行 3n 次後會剩下一個元素，演算法效率大約為 O(n)，n 為輸入的編號個數。

(d) 預覽結果

按下「執行→編譯並執行」，螢幕顯示結果如下圖。

8-2 ▸▸ Stack（堆疊）

Stack（堆疊）是後進來的元素先出去（Last In First Out，縮寫為 LIFO）的資料結構，隱含在函式的遞迴呼叫，因為遞迴的過程中最後呼叫的函式要優先處理，系統會實作堆疊程式自動處理遞迴呼叫，不須自行撰寫堆疊，特定問題可能需要使用 Stack（堆疊）進行解題，例如：程式的括弧配對檢查，右大括號配對最接近未使用的左大括號，將左大括號加進 Stack（堆疊）中，一遇到右大括號就取出配對。實作 Stack 的部分，可以自行撰寫 Stack 程式，或透過標準樣板函式庫（STL）所提供的 Stack 函式庫，使用 Stack 函式庫實作程式不須知道內部程式如何實作，只要

知道如何在 Stack 中新增與刪除資料，標準樣板函式庫（STL）的相關說明請參閱附錄。

8-2-1　Stack 使用 array 實作【8-2-1-Stack 使用 array 實作.cpp】

(a) 範例說明

請實作一個程式，將數字 1 到 4 依序加入 Stack，每加入一個數字後，即在螢幕顯示 Stack 目前所有元素值。最後刪除最上面的元素，接著在螢幕顯示 Stack 目前所有元素值。

(b) 預期程式執行結果

(c) 程式碼與解說

```
1    #include <iostream>
2    using namespace std;
3    void push(int);
4    int pop();
5    void printStack();
6    struct Stack{
7      int s[100];
8      int top;
9      Stack(){top=-1;}
10   };
11   Stack st;
12   int main(){
13     for(int i=1;i<=4;i++){
14       push(i);
15       printStack();
16     }
17     cout << "從 Stack 取出最上面的元素為"<<pop()<<endl;
18     printStack();
19   }
```

```
20    void push(int n){
21      if(st.top == 99) {
22        cout << "Stack是滿的" << endl;
23      } else {
24        st.s[++st.top]=n;
25      }
26    }
27    int pop(){
28      if(st.top == -1) {
29        cout << "Stack是空的" << endl;
30      } else {
31        return st.s[st.top--];
32      }
33    }
34    void printStack(){
35      cout << "Stack目前儲存的元素有";
36      for(int i=0;i<=st.top;i++){
37        cout << st.s[i] <<" ";
38      }
39      cout << endl;
40    }
```

- 第 3 行：宣告 push 函式。

- 第 4 行：宣告 pop 函式。

- 第 5 行：宣告 printStack 函式。

- 第 6 到 10 行：宣告結構 Stack，包含陣列 s，可以儲存 100 個整數元素，整數變數 top，top 指到 Stack 的最上面的元素。使用 Stack 建構子函式進行初始化，設定 top 為-1。

- 第 11 行：宣告變數 st 是結構 Stack 的變數。

- 第 12 行到第 19 行：定義 main 函式。

- 第 13 行到第 16 行：使用迴圈依序插入 1、2、3 與 4 到堆疊 st，每插入一個數字就顯示目前堆疊 st 所儲存的元素。

- 第 17 行：顯示並刪除目前堆疊 st 最上面的元素。

- 第 18 行：刪除第一個元素後，顯示目前堆疊 st 所儲存的元素。

- 第 20 行到第 26 行：定義 push 函式，在堆疊 st 插入元素 n，若 st.top 等於 99，表示堆疊 st 滿了，不能再插入資料，因為結構 Stack 中所宣告的陣列 s 最多只容許 100 個元素；否則先將 st.top 遞增 1，再儲存數字 n 到 st 的陣列 s 的 st.top（++寫在前面表示要先執行遞增 1）位置。

- 第 27 行到第 33 行：定義 pop 函式，在堆疊 st 取出最上面的元素。若堆疊 st 的 top 等於-1，表示佇列是空的；否則先回傳 st 中陣列 s 索引值為 st.top 的數值，再將 st.top 遞減 1。
- 第 34 到 40 行：定義 printStack 函式，印出堆疊 st 的所有元素。
- 第 35 行：顯示「Stack 目前儲存的元素有」到螢幕上。
- 第 36 到 38 行：使用迴圈顯示 st.s[0]到 st.s[st.top]的所有元素。
- 第 39 行：顯示換行。

以下顯示上述程式從堆疊 st 中執行新增與刪除元素時，程式中 top 的變化，可以了解 top 的用途。

Step1　開始堆疊 st 是空的，top 為-1。

Step2　堆疊 st 插入第一個元素 1，top 改成 0。

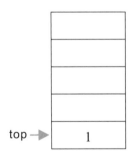

Step3　堆疊 st 插入第二個元素 2，top 改成 1。

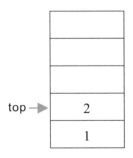

Step4　堆疊 st 插入第三個元素 3，top 改成 2。

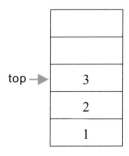

Step5　堆疊 st 插入第四個元素 4，top 改成 3。

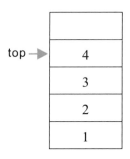

Step6　從堆疊 st 刪除最上面的元素，top 改成 2，數值 4 還是存在，只是 top 往下移了一格。

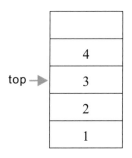

8-2-2　Stack 使用 STL 實作【8-2-2-Stack 使用 STL 實作.cpp】

(a) 範例說明

　　請實作一個程式，將數字 1 到 4 依序加入 Stack，依序取出每一個元素顯示在螢幕上，直到 Stack 為空。

(b) 預期程式執行結果

(c) 程式碼與解說

```
1    #include <iostream>
2    #include <stack>
3    using namespace std;
4    int main (){
5      stack<int> mstack;
6      for (int i=1; i<=4; i++) {
7        mstack.push(i);
8      }
9      while (!mstack.empty()){
10       cout  << mstack.top() <<" ";
11       mstack.pop();
12     }
13     cout << endl;
14   }
```

- 第 4 行到第 14 行：定義 main 函式。
- 第 5 行：宣告 mstack 為儲存整數（int）的 stack。
- 第 6 行到第 8 行：使用迴圈在 mstack 中依序插入 1、2、3 與 4。
- 第 9 行到第 12 行：使用 while 迴圈依序顯示與取出 mstack 的所有元素到螢幕上，當 mstack 不是空的，繼續顯示 mstack 最上面的元素到螢幕（第 10 行），刪除最上面的元素（第 11 行）。
- 第 13 行：顯示換行。

8-2-3　括弧的配對【8-2-3-括弧的配對.cpp】

　　給定由左大括弧（{）或右大括弧（}）所組成的字串，將此字串放在一行內，請判斷所有左大括號或右大括號能否配對成功，左大括號配對最接近的右大括號，左大括號在左，右大括號在右，若能全部配對成功，則顯示配對成功的數量，否則顯示「配對失敗」，字串長度小於 1000 個字元。

- 輸入說明：輸入一行由左大括弧（{）或右大括弧（}）所組成的字串，字串長度小於 1000 個字元。

- 輸出說明：若能全部配對成功，則顯示配對成功的數量，否則顯示「配對失敗」。
- 輸出說明

  {{{}{}}{{}}}
- 輸出範例

  共有 6 對的大括號

(a) 解題想法

　　右大括號須找最接近的左大括號，使用堆疊 Stack 暫存左大括號，遇到右大括號，就取出堆疊內左大括號，遇到最後一個的右大括號，堆疊若剛好只剩一個左大括號，就配對成功，輸出配對的數量，否則輸出「配對失敗」。

(b) 程式碼與解說

```
1    #include <iostream>
2    #include <stack>
3    #include <string>
4    using namespace std;
5    int main(){
6      int pair;
7      string s;
8      stack<char> st;
9      while(getline(cin,s)){
10       pair=0;
11       while(!st.empty()) st.pop();
12       for(int i=0;i<s.length();i++){
13         if(s[i]=='{') {
14           st.push('{');
15         }
16         if(s[i]=='}') {
17           if (st.size()>0){
18             st.pop();
19             pair++;
20           }else{
21             pair=-1;
22             break;
23           }
24         }
25       }
26       if (st.size()==0 && pair>=0){
27         cout<<"共有"<<pair<<"對的大括號"<<endl;
```

```
28          }else{
29            cout<<"配對失敗"<<endl;
30          }
31       }
32    }
```

- 第 5 行到第 32 行：定義 main 函式。

- 第 6 行：宣告 pair 為整數變數。

- 第 7 行：宣告 s 為字串變數。

- 第 8 行：宣告 st 為儲存字元（char）的 stack。

- 第 9 行到第 31 行：使用 while 迴圈與 getline 函式一次輸入一行字串到變數 s。

- 第 10 行：宣告變數 pair 為 0。

- 第 11 行：清空前一次殘留在堆疊 st 的元素，當堆疊 st 不是空的，就讓堆疊 st 取出最上面的一個元素，直到堆疊為空的為止。

- 第 12 到 25 行：使用 for 迴圈，迴圈變數 i 由 0 到（s.length()-1），每次遞增 1，取出字串的每個元素，若 s[i]等於「{」，加入到堆疊 st（第 13 到 15 行）；若 s[i] 等於「}」（第 16 行），接著判斷堆疊 st 的元素個數大於 0，則堆疊 st 取出最上面的元素（一定是最接近的左大括號）與右大括號配對，變數 pair 遞增 1（第 17 到 20 行），否則 pair 設定為-1，表示配對失敗，終止迴圈（第 20 到 23 行）。

- 第 26 到 30 行：若堆疊 st 的元素個數等於 0 且 pair 大於等於 0，則顯示「共有幾對的大括號」；否則顯示「配對失敗」。

(c) 演算法效率分析

執行第 12 到 25 行程式碼，是程式執行效率的關鍵，此程式需掃描所有字元一次，演算法效率大約為 O(n)，n 為輸入的左大括號與右大括號的字元長度。

(d) 預覽結果

按下「執行→編譯並執行」，螢幕顯示結果如下圖。

8-2-4 後序運算【8-2-4-後序運算.cpp】

數學運算式為中序運算式，例如：「3+2*5-9」是中序運算式，因為運算子(+,-,*,/)介於數字的中間，若轉成後序運算式，則因為先乘除後加減，所以後序運算式為「3 2 5 * + 9 -」，運算子移到數字的後面，將中序運算式轉成後序運算式，就可以使用堆疊（Stack）進行運算。

運算原理如下：如果遇到數字就加入堆疊，遇到運算子（+,-,*,/）就從堆疊中取出兩個數字進行運算，結果回存堆疊，運算到後序運算式全部執行完成後，會剩下一個數字在堆疊內就是答案。

以「3 2 5 * + 9 -」為例，進行後序運算式與堆疊的關係。

Step1 依序將數字加入 3、2 與 5 加入堆疊中。

Step2 遇到「*」，將堆疊最上面的兩個元素 5 與 2 取出，2 乘以 5 得到 10 後，將 10 加入堆疊中。

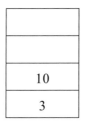

Step3 遇到「+」，將堆疊最上面的兩個元素 10 與 3 取出，3 加上 10 得到 13 後，將 13 加入堆疊中。

Step4 遇到「9」，將 9 加入堆疊中。

Step5 遇到「-」，將堆疊最上面的兩個元素 9 與 13 取出，13 減去 9 得到 4 後，將 4 加入堆疊中。

Step6 到此已經處理完後序運算式「3 2 5 * + 9 -」，堆疊只有一個數字 4，4 就後序運算式「3 2 5 * + 9 -」（轉成中序運算式為「3+2*5-9」）的答案。

- 輸入說明：輸入後序運算式。

- 輸出說明：輸出後續運算的結果。

- 輸入範例

  3 2 5 * + 9 -

- 輸出範例

  4

(a) 解題想法

本題從使用堆疊（Stack）實作程式。

(b) 程式碼與解說

```
1    #include <iostream>
2    #include <stack>
3    #include <sstream>
4    using namespace std;
5    int main(void){
6      string s,c;
```

```
7        int num,a,b;
8        while(getline(cin,s)){
9          stringstream ss;
10         ss<<s;
11         stack<int> st;
12         while (ss>>c){
13           if (c=="+"){
14             a=st.top();
15             st.pop();
16             b=st.top();
17             st.pop();
18             st.push(b+a);
19           }else if (c=="-"){
20             a=st.top();
21             st.pop();
22             b=st.top();
23             st.pop();
24             st.push(b-a);
25           }else if (c=="*"){
26             a=st.top();
27             st.pop();
28             b=st.top();
29             st.pop();
30             st.push(b*a);
31           }else if (c=="/"){
32             a=st.top();
33             st.pop();
34             b=st.top();
35             st.pop();
36             st.push(b/a);
37           }else{
38             num=0;
39             for(int i=0;i<c.length();i++){
40               num=num*10+c[i]-'0';
41             }
42             st.push(num);
43           }
44         }
45         cout << st.top() << endl;
46       }
47     }
```

- 第 5 行到第 47 行：定義 main 函式。

- 第 6 行：宣告 s 與 c 為字串變數。

- 第 7 行：宣告 num、a 與 b 為整數變數。

- 第 8 行到第 46 行：使用 while 迴圈，輸入一行文字到字串變數 s，宣告 ss 為 stringstream 物件（第 9 行），將字串變數 s 導向 stringstream 物件的 ss（第 10 行），宣告 st 為可以儲存整數的 stack 物件（第 11 行）。

- 第 12 到 44 行：將利用 ss 物件與運算子（>>）進行文字的切割，以空白鍵分割字串，分割後的字串輸入到字串變數 c。

- 第 13 到 19 行：若字串 c 等於「+」，從堆疊 st 取出最上面元素到 a（第 14 行），將堆疊 st 最上面元素刪除（第 15 行），從堆疊 st 取出最上面元素到 b（第 16 行），將堆疊 st 最上面元素刪除（第 17 行），連續取出兩個元素後，將 b 加上 a 的結果儲存到堆疊 st 的最上面（第 18 行）。

- 第 19 到 25 行：若字串 c 等於「-」，從堆疊 st 取出最上面元素到 a（第 20 行），將堆疊 st 最上面元素刪除（第 21 行），從堆疊 st 取出最上面元素到 b（第 22 行），將堆疊 st 最上面元素刪除（第 23 行），連續取出兩個元素後，將 b 減 a 的結果儲存到堆疊 st 的最上面（第 24 行）。

- 第 25 到 31 行：若字串 c 等於「*」，從堆疊 st 取出最上面元素到 a（第 26 行），將堆疊 st 最上面元素刪除（第 27 行），從堆疊 st 取出最上面元素到 b（第 28 行），將堆疊 st 最上面元素刪除（第 29 行），連續取出兩個元素後，將 b 乘以 a 的結果儲存到堆疊 st 的最上面（第 30 行）。

- 第 31 到 37 行：若字串 c 等於「/」，從堆疊 st 取出最上面元素到 a（第 32 行），將堆疊 st 最上面元素刪除（第 33 行），從堆疊 st 取出最上面元素到 b（第 34 行），將堆疊 st 最上面元素刪除（第 35 行），連續取出兩個元素後，將 b 除以 a 的結果儲存到堆疊 st 的最上面（第 36 行）。

- 第 37 到 43 行：否則就是數字，數字被當成字串輸入到字串變數 c，需轉換字串變數 c 到原來的數值，初始化變數 num 為 0（第 38 行），使用迴圈讀取字串 c 的每個元素，將 c[i] 減去字元「0」，回到原來的數字，再加上 num 乘以 10，結果儲存回變數 num（第 40 行），最後將變數 num 回存到堆疊 st 的最上面（第 42 行）。

- 第 45 行：顯示堆疊 st 的最上面元素就是答案。

(c) 演算法效率分析

執行第 12 到 44 行程式碼,是程式執行效率的關鍵,此程式會不斷輸入後序運算式到堆疊(Stack)內,直到後序運算是全部都處理過,演算法效率大約為 O(n),n 為後序運算式的數字與運算子個數。

(d) 預覽結果

按下「執行→編譯並執行」,螢幕顯示結果如下圖。

8-3 ▸▸ Linked List(鏈結串列)

Linked List(鏈結串列)是將多筆資料以 Pointer(指標)進行串接,使用 Linked List 的好處是可以在很短時間內在任何位置插入或刪除元素,陣列、佇列與堆疊不適合在中間位置插入或刪除元素,因為需要花較多時間搬移元素,適合在兩端插入或刪除元素。Linked List 不能隨機讀取指定位置的元素,只能從頭往後或從尾往前一個一個走到指定的位置才能讀取,而陣列可以使用索引值(隨機)讀取陣列中指定位置的元素。陣列與 Linked List 都有其優缺點,寫程式時需要善加利用每種資料結構的優點,避開或減少使用其缺點。實作 Linked List 的部分,可以透過標準樣板函式庫(STL)所提供的函式庫 list 功能進行撰寫。

8-3-1 Linked List 使用 STL 實作【8-3-1-Linked Lis 使用 STL 實作.cpp】

(a) 範例說明

請實作一個程式,將數字 1、2 與 4 依序加入 Linked List(鏈結串列),每加入一個數字後,顯示 Linked List 目前所有元素值到螢幕。最後插入數字 3 在數字 2 的後面,接著顯示 Linked List 目前所有元素值到螢幕,再刪除數字 2 的元素,最後顯示 Linked List 目前所有元素值到螢幕。

(b) 預期程式執行結果

(c) 程式碼與解說

```
1     #include <iostream>
2     #include <list>
3     using namespace std;
4     void printList(list<int>);
5     int main(){
6       list<int> mlist;
7       list<int>::iterator it;
8       mlist.push_back(1);
9       printList(mlist);
10      mlist.push_back(2);
11      printList(mlist);
12      mlist.push_back(4);
13      printList(mlist);
14      it = mlist.begin();
15      it++;
16      it++;
17      mlist.insert(it,3);
18      cout << "插入 3 後" << endl;
19      printList(mlist);
20      mlist.remove(2);
21      cout << "取出 2 後" << endl;
22      printList(mlist);
23    }
24    void printList(list<int> a){
25      cout <<"目前 LinkedList 內的資料:";
26      list<int>::iterator it;
27      for (it=a.begin(); it!=a.end();it++){
28        cout << *it << ' ';
29      }
30      cout << endl;
31    }
```

- 第 4 行：宣告 printList 函式，依序顯示 list 內所有節點的數值。

- 第 5 行到第 23 行：定義 main 函式。

- 第 6 行：宣告 mlist 為儲存整數（int）的 list。

- 第 7 行：宣告 it 為儲存整數(int)的 list 的 iterator(迭代器，相當於指標)。

- 第 8 行：插入數字 1 到 mlist 的最後。

- 第 9 行：印出 mlist 中所有節點的數值。

- 第 10 行：插入數字 2 到 mlist 的最後。

- 第 11 行：印出 mlist 中所有節點的數值。

- 第 12 行：插入數字 4 到 mlist 的最後。

- 第 13 行：印出 mlist 中所有節點的數值。

- 第 14 行：取出 mlist 的第一個元素的迭代器，儲存到迭代器 it。

- 第 15 行：迭代器 it 遞增 1，指向 mlist 的第二個元素。

- 第 16 行：迭代器 it 遞增 1，指向 mlist 的第三個元素。

- 第 17 行：使用 insert(it,3)，將數字 3 插入在迭代器 it 的前面。

- 第 18 行：顯示「插入 3 後」。

- 第 19 行：印出 mlist 中所有節點的數值。

- 第 20 行：使用 remove(2)，將所有數字 2 的節點從 mlist 中刪除。

- 第 21 行：顯示「取出 2 後」。

- 第 22 行：印出 mlist 中所有節點的數值。

- 第 24 到 31 行：定義 printList 函式，依序顯示 list 內所有節點的數值。

- 第 25 行：顯示「目前 LinkedList 內的資料：」

- 第 26 行：宣告 it 為儲存整數（int）的 list 的 iterator（迭代器）。

- 第 27 到 29 行：使用迴圈，迴圈變數為迭代器 it，it 由 a.begin() 開始，到 it 不等於 a.end()，每次遞增 1，使用「*it」存取該元素的數值。

- 第 30 行：顯示換行。

8-3-2　可以插隊在任意位置【8-3-2-可以插隊在任意位置.cpp】

給定數字由 1 到 n 分別代表 n 個人的編號，請依照編號由小到大依序將這 n 個人加入排隊隊伍中，接著有 m 個指令，指令「s」服務目前最前面的人，輸出此人的編號，此人被服務完後會排到隊伍的最後，指令「p」表示將指定的人插入到隊伍中指定的位置，例如「p 100 2」，將編號 100 的人插入到隊伍第 2 個位置，輸入的 n 值小於 200 且 m 值小於 100。

- 輸入說明：輸入一個正整數 n 與 m，表示有 n 個人在排隊，有 m 個指令等待輸入，接下來有 m 行，每一行都是指令，若是指令「s」，顯示目前隊伍最前面的人的編號，指令「p d1 d2」後面會接兩個數字，將編號 d1 的人插入到隊伍中 d2 的位置。

- 輸出說明：遇到指令 s 時，輸出隊伍中最前面的人的編號。

- 輸入範例

  100 10
  s
  p 100 2
  s
  s
  p 50 1
  s
  p 75 1
  p 56 1
  s
  s

- 輸出範例

  1
  2
  100
  50
  56
  75

(a) 解題想法

　　本題因為要從隊伍中間取出元素，並將元素插入到隊伍中任何位置，所以不適合使用 Array（陣列）或 Queeu（佇列），最好使用 Linked List（鏈結串列）適合於資料結構中插入元素。

(b) 程式碼與解說

```
1     #include <iostream>
2     #include <list>
3     using namespace std;
4     int main(){
5       int n,m,p,pos;
6       char cmd;
7       list<int> mlist;
8       list<int>::iterator it;
9       while(cin>>n>>m){
10        mlist.clear();
11        for(int i=1;i<=n;i++) mlist.push_back(i);
12        for(int i=1;i<=m;i++){
13          cin >> cmd;
14          if (cmd=='s') {
15            cout << mlist.front() << endl;
16            mlist.push_back(mlist.front());
17            mlist.pop_front();
18          }else{
19            cin >> p >> pos;
20            mlist.remove(p);
21            it = mlist.begin();
22            for(int i=1;i<pos;i++) it++;
23            mlist.insert(it,p);
24          }
25        }
26      }
27    }
```

- 第 4 行到第 27 行：定義 main 函式。
- 第 5 行：宣告 n、m、p 與 pos 為整數變數。
- 第 6 行：宣告 cmd 為字元變數。
- 第 7 行：宣告 mlist 為儲存整數（int）的 list。
- 第 8 行：宣告 it 為儲存整數（int）的 list 的 iterator（迭代器，相當於指標）。

- 第 9 到 26 行：使用 while 迴圈，輸入兩個整數 n 與 m，表示 n 個人在排隊，有 m 個指令要執行。

- 第 10 行：清空 mlist。

- 第 11 行：使用迴圈將數字 1 到數字 n 依序插入到 mlist 的最後。

- 第 12 到 25 行：使用迴圈，迴圈變數 i 由 1 到 m，每次遞增 1，輸入字元到字元變數 cmd，若字元變數 cmd 等於「s」，則輸出 mlist 的第一個元素值到螢幕（第 15 行），將 mlist 第一個元素取出加到 mlist 的最後（第 16 行），刪除 mlist 的第一個元素值（第 17 行）。

- 第 18 到 24 行：否則（字元變數 cmd 不等於「s」），輸入兩個數字 p 與 pos，表示將編號 p 的人移動到隊伍的 pos 位置（第 19 行）。使用 remove 函式，刪除 mlist 中所有數值為 p 的元素（第 20 行）。設定迭代器 it 為 mlist 的第一個元素的 iterator（迭代器）（第 21 行）。使用迴圈移動迭代器 it 移動到 mlist 的第 pos 個元素（第 22 行）。使用 insert 函式，將數值 p 插入 it 所指定位置的前面（第 23 行）。

(c) 演算法效率分析

執行第 12 到 25 行程式碼，是程式執行效率的關鍵，此程式會讀取 m 個指令，每個指令若是「s」只需要 O(1)，若是「p」，第 21 行的迴圈與 mlist.remove(n) 的演算法效率大約為 O(n)，所以整體演算法效率大約為 O(m*n)，m 為輸入的指令個數，n 為排隊的人數。

(d) 預覽結果

按下「執行→編譯並執行」，螢幕顯示結果如下圖。

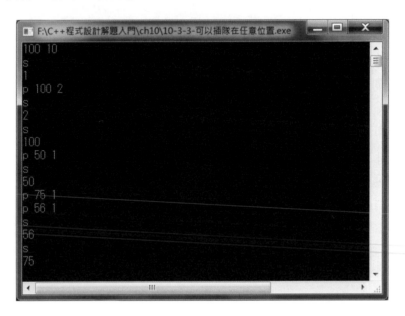

UVa Online Judge 網路解題資源

大數問題		
分類	UVa 題目	分類
基礎題	UVa 12100 Printer Queue	Queue
基礎題	UVa 10935 Throwing cards away I	Queue
基礎題	UVa 514 Rails	Stack
基礎題	UVa 673 Parentheses Balance	Stack
基礎題	UVa 12207 That is Your Queue	Linked List
進階題	UVa 540 Team Queue	Linked List

註：使用題目編號與名稱為關鍵字進行搜尋，可以在網路上找到許多相關的線上解題資源。

樹狀結構 ⑨

　　樹狀結構（Tree）是由點與邊所組成，樹狀結構廣泛應用在檔案系統與資料結構中，檔案系統內的資料夾下可以有檔案與資料夾，從磁碟機開始，可以不斷的展開資料夾，資料夾又有檔案與資料夾，這就是樹狀結構的應用。資料結構的 B tree 是一種樹狀結構，能提供快速新增、刪除與搜尋功能與儲存大量資料，用於實作資料庫系統。以下介紹樹狀結構的定義、程式實作與範例解題。

　　以下就是檔案系統的樹狀結構，「F 磁碟」下有「C++程式設計解題入門」，「C++程式設計解題入門」資料夾下又分成「ch1」、「ch2」、「ch3」、「ch4」、「ch5」…，「ch1」資料夾下又有許多圖檔，這就是一種樹狀結構。

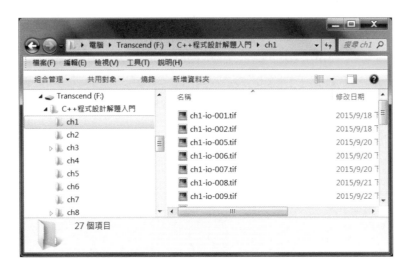

　　可以把這樣的檔案系統表示為以下樹狀結構，由此可知檔案系統其實就是樹狀結構。

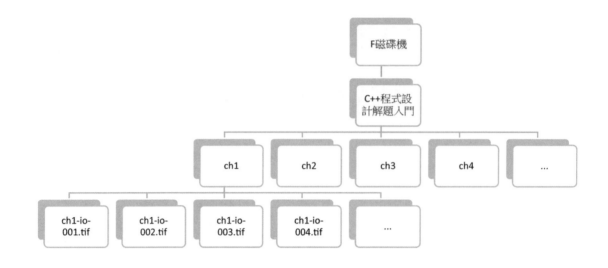

9-1 ▸▸ 簡介樹狀結構

9-1-1　什麼是樹狀結構

樹狀結構的定義為每個點之間都可以找到路徑連通，但不會形成循環（cycle），且設定其中一個點為 root（根節點），與 root（根節點）相連的子樹（子樹 1、子樹 2、…與子樹 n），任兩個子樹之間沒有邊相連，若可以連通就會形成循環（cycle），且子樹 1、子樹 2、…與子樹 n 也都是樹狀資料結構。

以下是樹狀結構，點 1 到點 9 每個點之間都可以找到路徑連通，且沒有形成循環（cycle）。點 1 為 root（根節點），其下方有三個子樹，子樹之間沒有邊相連，點 2、點 3 與點 4 也是子樹。

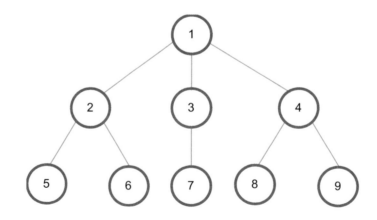

下圖就不是樹狀結構，點 1、點 2 與點 3 形成循環（cycle）

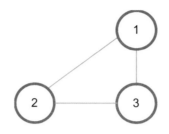

9-1-2 樹狀結構的名詞定義

介紹一些樹狀結構的名詞定義，以下圖為範例進行說明。

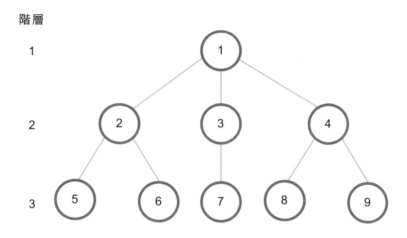

(1) root（根節點）：點 1 就是 root。

(2) edge（邊）：將點之間連接起來的線就是 edge，上圖樹狀結構有 8 個邊。

(3) node（節點）：點 1 到點 9 都是 node，上圖樹狀結構有 9 個點。

(4) parent（雙親節點）：點 1 是點 2、點 3 與點 4 的 parent。

(5) children（小孩節點）：點 2、點 3 與點 4 是點 1 的 children。

(6) sibling（手足節點）：點 3 與點 4 是點 2 的 sibling。

(7) leaf node（葉節點）或 terminal node（終節點）：節點下方沒有其他節點，點 5、點 6、點 7、點 8 與點 9 是上圖樹狀結構的 leaf，也可以稱為 terminal node。

(8) internal node（內部節點）或 nonterminal node（非終節點）：節點不是 leaf（葉節點）就是 internal node，點 1、點 2、點 3 與點 4 是本圖的 internal node，也可以稱為 nonterminal node。

(9) external node（外部節點）：與 leaf（葉節點）定義相同，節點下方沒有其他節點，點 5、點 6、點 7、點 8 與點 9 是此範例樹狀結構的 external node。

(10) degree（分支度）：節點下有幾個分支，點 1 的 degree 為 3，點 2 的 degree 為 2，點 7 的 degree 為 0。

(11) level（階層）：若定義 root 所在 level 為 1，則點 1 的 level 為 1，點 2 的 level 為 2，點 7 的 level 為 3。

(12) height（高度）或 depth（深度）：樹狀結構的所有點的最大 level 稱作 height 或 depth，此範例樹狀結構的 height 為 3，也可以稱為 depth 為 3。

9-2 ▸▸ 實作二元樹資料結構的程式

　　最簡單的樹狀結構就是二元樹，實作二元樹的程式碼讓讀者可以更加瞭解樹狀結構；並介紹二元樹的走訪，如何利用程式走過每個節點，並為下一章圖形結構（Graph）走訪進行暖身。

二元樹的定義

　　二元樹須符合樹狀結構的定義，且二元樹中每個節點的最大分支度（degree）為 2，左邊的分支樹稱作 left subtree（左子樹），右邊的分支樹稱作 right subtree（右子樹）。

9-2-1　使用陣列建立二元樹【9-2-1 使用陣列建立二元樹.cpp】

　　可以使用陣列建立二元樹，如下二元樹範例，本範例二元樹有 6 個節點。

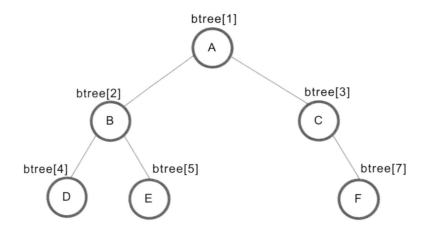

陣列 btree

btree[0]	btree[1]	btree[2]	btree[3]	btree[4]	btree[5]	btree[6]	btree[7]
0	A	B	C	D	E	0	F

　　假設以陣列 btree 進行儲存，每個節點就依照點所在位置依序放入陣列中，若二元樹有空節點也必須保留該元素的陣列空間，並將 0 填入到該保留空間，在後面章節中「樹的走訪」單元會使用到這個保留空間，表示該節點沒有元素。點 A 為 root（根節點）放置於陣列 btree 的索引值為 1 的元素內，點 B 為點 A 的左邊小孩，放置在陣列 btree 的索引值為 2*(1) 的元素內，點 C 為點 A 的右邊小孩，放置在陣列 btree 的索引值為 2*(1)+1 的元素內。點 D 為點 B 的左邊小孩，所以放置在陣列 btree 的索引值為 2*(2) 的元素內，點 E 為點 B 的右邊小孩，所以放置在陣列 btree 的索引值為 2*(2)+1 的元素內，依此類推。

　　可以獲得節點與索引值編號的規則如下，點 X 放置在陣列 btree 的索引值為 n 的元素內，點 Y 為點 X 的左邊小孩，就放置在陣列 btree 的索引值為 2*(n) 的元素內，點 Z 為點 X 的右邊小孩，就放置在陣列 btree 的索引值為 2*(n)+1 的元素內，有了此規則性才能使用程式存取二元樹的節點。使用陣列建立二元樹，程式碼如下。

```
1    #include <iostream>
2    #include <cstring>
3    using namespace std;
4    char btree[1024];
5    int main(void){
6      memset(btree,0,sizeof(btree));
7      btree[1]='A';
8      btree[2]='B';
9      btree[3]='C';
10     btree[4]='D';
11     btree[5]='E';
12     btree[7]='F';
13   }
```

- 第 4 行：宣告陣列 btree 為字元陣列，有 1024 個元素。
- 第 5 到 13 行：定義 main 函式。
- 第 6 行：使用 memset 函式將陣列 btree 每個元素設定為 0。
- 第 7 行：設定陣列 btree 的第 2 個元素為字元「A」。
- 第 8 行：設定陣列 btree 的第 3 個元素為字元「B」。

- 第 9 行：設定陣列 btree 的第 4 個元素為字元「C」。
- 第 10 行：設定陣列 btree 的第 5 個元素為字元「D」。
- 第 11 行：設定陣列 btree 的第 6 個元素為字元「E」。
- 第 12 行：設定陣列 btree 的第 8 個元素為字元「F」。

想一想

二元樹使用陣列表示有什麼優缺點？使用陣列表示二元樹的優點是程式撰寫容易。那什麼情況下適合使用陣列表示二元樹？

假設二元樹如下，二元樹只有 3 個節點，節點都在右子樹。

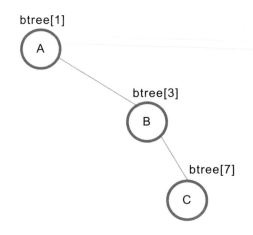

以陣列表示二元樹，陣列狀態如下。

陣列 btree

btree[0]	btree[1]	btree[2]	btree[3]	btree[4]	btree[5]	btree[6]	btree[7]
0	A	0	B	0	0	0	C

發現出現許多空間的浪費，若圖形深度越深，二元樹都只用一個子樹情形下，空間的浪費就更加嚴重。若二元樹所有節點幾乎都可以填滿，就可以使用陣列進行二元樹的建立，不會浪費太多空間，若二元樹不一定能填滿，使用陣列就會造成空間浪費，可以使用指標方式建立二元樹，不會造成浪費太多空間，只需多增加指標空間而已，但程式會稍微複雜一點。

9-2-2 使用指標建立二元樹

二元樹需要兩個指標，一個指向左子樹，另一個指向右子樹，若子樹是空的時候設定為 NULL，NULL 就是空指標，程式會以數值 0 取代，在二元樹走訪時遇到 NULL，就不能再走訪下去，必須倒退回去，二元樹的結構宣告如下。結構中 data 用於儲存資料，left 與 right 指標用於指向左子樹與右子樹。

```
struct node{
  char data;
  struct node *left;
  struct node *right;
};
```

如果要將右圖的二元樹使用指標方式建立二元樹，程式碼如下。

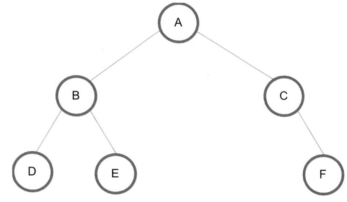

```
1     #include <iostream>
2     using namespace std;
3     struct node{
4       char data;
5       struct node *left;
6       struct node *right;
7     };
8     int main(void){
9       node *root,*p1,*p2,*p3,*p4,*p5,*p7;
10      p1=new node;
11      p1->data='A';
12      root=p1;
13      p2=new node;
14      p2->data='B';
15      p3=new node;
16      p3->data='C';
17      p4=new node;
18      p4->data='D';
19      p5=new node;
20      p5->data='E';
```

```
21        p7=new node;
22        p7->data='F';
23        p1->left=p2;
24        p1->right=p3;
25        p2->left=p4;
26        p2->right=p5;
27        p3->left=NULL;
28        p3->right=p7;
29        p4->left=NULL;
30        p4->right=NULL;
31        p5->left=NULL;
32        p5->right=NULL;
33        p7->left=NULL;
34        p7->right=NULL;
35    }
```

- 第 3 到 7 行：宣告結構 node 有 3 個元素，data 為字元變數用於儲存二元樹中的資料，結構 node 指標 left 指向左子樹，結構 node 指標 right 指向右子樹。

- 第 8 到 35 行：定義 main 函式。

- 第 9 行：宣告 root、p1、p2、p3、p4、p5 與 p7 結構 node 指標。

- 第 10 行：記憶體空間新增結構 node 空間，將指標 p1 指向此結構 node 空間。

- 第 11 行：設定指標 p1 所指向的結構 node 中變數 data 為「A」。

- 第 12 行：設定指標 root 為指標 p1，表示指標 root 與指標 p1 指向同一個結構 node。

- 第 13 行：記憶體空間新增結構 node 空間，將指標 p2 指向此結構 node 空間。

- 第 14 行：設定指標 p2 所指向的結構 node 中變數 data 為「B」。

- 第 15 行：記憶體空間新增結構 node 空間，將指標 p3 指向此結構 node 空間。

- 第 16 行：設定指標 p3 所指向的結構 node 中變數 data 為「C」。

- 第 17 行：記憶體空間新增結構 node 空間，將指標 p4 指向此結構 node 空間。

- 第 18 行：設定指標 p4 所指向的結構 node 中變數 data 為「D」。

- 第 19 行：記憶體空間新增結構 node 空間，將指標 p5 指向此結構 node 空間。

- 第 20 行：設定指標 p5 所指向的結構 node 中變數 data 為「E」。

- 第 21 行：記憶體空間新增結構 node 空間，將指標 p7 指向此結構 node 空間。

- 第 22 行：設定指標 p7 所指向的結構 node 中變數 data 為「F」。

- 第 23 行：設定指標 p1 所指向的結構 node 中指標 left 為 p2。

- 第 24 行：設定指標 p1 所指向的結構 node 中指標 right 為 p3。

- 第 25 行：設定指標 p2 所指向的結構 node 中指標 left 為 p4。

- 第 26 行：設定指標 p2 所指向的結構 node 中指標 right 為 p5。

- 第 27 行：設定指標 p3 所指向的結構 node 中指標 left 為 NULL。

- 第 28 行：設定指標 p3 所指向的結構 node 中指標 right 為 p7。

- 第 29 行：設定指標 p4 所指向的結構 node 中指標 left 為 NULL。

- 第 30 行：設定指標 p4 所指向的結構 node 中指標 right 為 NULL。

- 第 31 行：設定指標 p5 所指向的結構 node 中指標 left 為 NULL。

- 第 32 行：設定指標 p5 所指向的結構 node 中指標 right 為 NULL。

- 第 33 行：設定指標 p7 所指向的結構 node 中指標 left 為 NULL。

- 第 34 行：設定指標 p7 所指向的結構 node 中指標 right 為 NULL。

9-3 ▶▶ 二元樹的走訪

　　二元樹如何走訪每一個點，每一個點都需要走過？使用遞迴呼叫走訪二元樹的程式碼最簡單，遞迴呼叫走訪左子樹，接著遞迴呼叫走訪右子樹就可以走訪所有的節點，配合顯示節點的資料就可以輸出所有節點的值，這是一種暴力演算法。「走訪左子樹」、「走訪右子樹」與「顯示節點的資料」三種操作，排列的可能性有 6 種可能結果，若「走訪左子樹」永遠比「走訪右子樹」優先，則只剩下 3 種可能結果，分別敘述如下。

(1) preorder（前序走訪）

　　先「顯示節點的資料」，再「走訪左子樹」，最後「走訪右子樹」。

(2) inorder（中序走訪）

　　先「走訪左子樹」，再「顯示節點的資料」，最後「走訪右子樹」。

(3) postorder（後序走訪）

　　先「走訪左子樹」，再「走訪右子樹」，最後「顯示節點的資料」。

這 3 種走訪都是深度優先走訪，會造成顯示節點資料的順序不相同。下一章節的圖形走訪，也會提到深度優先走訪，樹狀結構是圖形結構的特例，樹狀結構所介紹的概念也可以應用到圖形結構，為下一章的節圖形結構先打好基礎。

還有另一種走訪，同一個階層的節點優先走訪，不使用遞迴呼叫進行走訪，而是使用 queue 進行走訪，屬於寬度優先走訪，圖形結構也可以進行寬度優先走訪，樹狀結構的這種走訪方式，稱作 level order（階層走訪）。

以下使用陣列與指標實作二元樹，並使用 preorder（前序走訪）、inorder（中序走訪）、postorder（後序走訪）與 level order（階層走訪）進行走訪，顯示節點的數值到螢幕。

9-3-1 二元樹走訪--使用陣列【9-3-1 二元樹走訪--使用陣列.cpp】

(a) 範例說明

請實作一個程式將以下二元樹，以陣列進行表示，並使用 preorder（前序走訪）、inorder（中序走訪）、postorder（後序走訪）進行走訪，走訪過程中印出節點的資料。

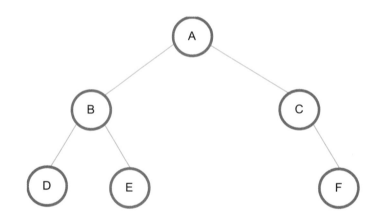

(b) 預期程式執行結果

(c) 程式碼與解說

```
1    #include <iostream>
2    #include <cstring>
3    using namespace std;
4    char btree[1024];
5    void preorder(int);
6    void inorder(int);
7    void postorder(int);
8    int main(void){
9      memset(btree,0,sizeof(btree));
10     btree[1]='A';
11     btree[2]='B';
12     btree[3]='C';
13     btree[4]='D';
14     btree[5]='E';
15     btree[7]='F';
16     preorder(1);
17     cout << endl;
18     inorder(1);
19     cout << endl;
20     postorder(1);
21     cout << endl;
22   }
23   void preorder(int p){
24     if(btree[p]) {
25       cout << btree[p] << " ";
26       preorder(2*p);
27       preorder(2*p+1);
28     }
29   }
30   void inorder(int p){
31     if(btree[p]) {
32       inorder(2*p);
33       cout << btree[p] << " ";
34       inorder(2*p+1);
35     }
36   }
37   void postorder(int p){
38     if(btree[p]) {
39       postorder(2*p);
40       postorder(2*p+1);
41       cout << btree[p] << " ";
42     }
43   }
```

- 第 4 行：宣告陣列 btree 為字元陣列，有 1024 個元素。

- 第 5 行：宣告函式 preorder，以前序走訪二元樹。

- 第 6 行：宣告函式 inorder，以中序走訪二元樹。

- 第 7 行：宣告函式 postorder，以後序走訪二元樹。

- 第 8 到 22 行：定義 main 函式。

- 第 9 行：使用 memset 函式將陣列 btree 每個元素設定為 0。

- 第 10 行：設定陣列 btree 的第 2 個元素為字元「A」。

- 第 11 行：設定陣列 btree 的第 3 個元素為字元「B」。

- 第 12 行：設定陣列 btree 的第 4 個元素為字元「C」。

- 第 13 行：設定陣列 btree 的第 5 個元素為字元「D」。

- 第 14 行：設定陣列 btree 的第 6 個元素為字元「E」。

- 第 15 行：設定陣列 btree 的第 8 個元素為字元「F」。

- 第 16 行：呼叫 preorder 函式，傳入數值 1，表示從 btree[1] 以前序方式走訪二元樹。

- 第 17 行：輸出換行。

- 第 18 行：呼叫 inorder 函式，傳入數值 1，表示從 btree[1] 以中序方式走訪二元樹。

- 第 19 行：輸出換行。

- 第 20 行：呼叫 postorder 函式，傳入數值 1，表示從 btree[1] 以後序方式走訪二元樹。

- 第 21 行：輸出換行。

- 第 23 到 29 行：定義 preorder 函式，輸入整數 p，若 btree[p] 不是 0，則顯示 btree[p] 到螢幕上（第 25 行），遞迴呼叫 preorder 函式，以 2 乘以 p 當參數傳入，進行左子樹走訪（第 26 行），最後遞迴呼叫 preorder 函式，以 2 乘以 p 加上 1 當參數傳入，進行右子樹走訪（第 27 行）。

- 第 30 到 36 行：定義 inorder 函式，輸入整數 p，若 btree[p] 不是 0，則遞迴呼叫 inorder 函式，以 2 乘以 p 當參數傳入，進行左子樹走訪（第 32 行），顯示 btree[p] 到螢幕上（第 33 行），最後遞迴呼叫 inorder 函式，以 2 乘以 p 加上 1 當參數傳入，進行右子樹走訪（第 34 行）。

- 第 37 到 43 行：定義 postorder 函式，輸入整數 p，若 btree[p] 不是 0，則遞迴呼叫 postorder 函式，以 2 乘以 p 當參數傳入，進行左子樹走訪（第 39

行），遞迴呼叫 postorder 函式，以 2 乘以 p 加上 1 當參數傳入，進行右子樹走訪（第 40 行），最後顯示 btree[p] 到螢幕上（第 41 行）。

以下圖示為前序走訪（preorder）的遞迴呼叫過程。

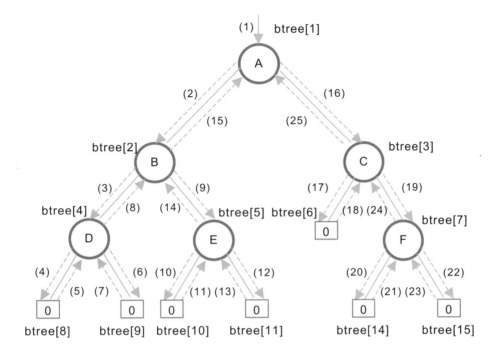

以下為前序走訪（preorder）遞迴呼叫過程的說明：

(1) 呼叫 preorder(1)，先顯示 btree[1]節點資料「A」到螢幕。

(2) 接著走訪左子樹，遞迴呼叫 preorder(2)，先顯示 btree[2] 節點資料「B」到螢幕。

(3) 接著走訪左子樹，遞迴呼叫 preorder(4)，先顯示 btree[4] 節點資料「D」到螢幕。

(4) 接著走訪左子樹，遞迴呼叫 preorder(8)，因為 btree[8]為 0，表示沒有節點，不做任何動作。

(5) 倒退回 btree[4]。

(6) 接著走訪右子樹，遞迴呼叫 preorder(9)，因為 btree[9] 為 0，表示沒有節點，不做任何動作。

(7) 倒退回 btree[4]，此時左右子樹皆已經拜訪過。

(8) 倒退回 btree[2]。

(9) 接著走訪右子樹，遞迴呼叫 preorder(5)，先顯示 btree[5] 節點資料「E」到螢幕。

(10) 接著走訪左子樹，遞迴呼叫 preorder(10)，因為 btree[10] 為 0，表示沒有節點，不做任何動作。

(11) 倒退回 btree[5]。

(12) 接著走訪右子樹，遞迴呼叫 preorder(11)，因為 btree[11] 為 0，表示沒有節點，不做任何動作。

(13) 倒退回 btree[5]，此時左右子樹皆已經拜訪過。

(14) 倒退回 btree[2]，此時左右子樹皆已經拜訪過。

(15) 倒退回 btree[1]。

(16) 接著走訪右子樹，遞迴呼叫 preorder(3)，先顯示 btree[3] 節點資料「C」到螢幕。

(17) 接著走訪左子樹，遞迴呼叫 preorder(6)，因為 btree[6] 為 0，表示沒有節點，不做任何動作。

(18) 倒退回 btree[3]。

(19) 接著走訪右子樹，遞迴呼叫 preorder(7)，先顯示 btree[7] 節點資料「F」到螢幕。

(20) 接著走訪左子樹，遞迴呼叫 preorder(14)，因為 btree[14] 為 0，表示沒有節點，不做任何動作。

(21) 倒退回 btree[7]。

(22) 接著走訪右子樹，遞迴呼叫 preorder(15)，因為 btree[15] 為 0，表示沒有節點，不做任何動作。

(23) 倒退回 btree[7]，此時左右子樹皆已經拜訪過。

(24) 倒退回 btree[3]，此時左右子樹皆已經拜訪過。

(25) 倒退回 btree[1]，preorder(1) 到此執行結束。

所以前序走訪後，會顯示「ＡＢＤＥＣＦ」在螢幕上。

中序走訪與後序走訪概念與前序走訪類似，因為版面關係，請讀者自行演練。

9-3-2　二元樹走訪--使用指標【9-3-2 二元樹走訪--使用指標.cpp】

(a) 範例說明

　　請實作一個程式將以下二元樹，以指標方式建立二元樹，並使用 preorder（前序走訪）、inorder（中序走訪）、postorder（後序走訪）進行走訪，走訪過程中印出節點的資料。

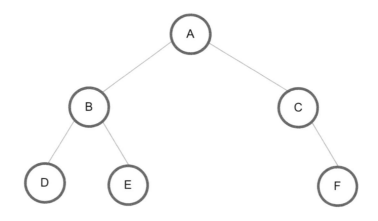

(b) 預期程式執行結果

(c) 程式碼與解說

```
1    #include <iostream>
2    using namespace std;
3    struct node{
4      char data;
5      struct node *left;
6      struct node *right;
7    };
8    void preorder(node*);
9    void inorder(node*);
10   void postorder(node*);
11   int main(void){
12     node *root,*p1,*p2,*p3,*p4,*p5,*p7;
13     p1=new node;
```

```
14        p1->data='A';
15        root=p1;
16        p2=new node;
17        p2->data='B';
18        p3=new node;
19        p3->data='C';
20        p4=new node;
21        p4->data='D';
22        p5=new node;
23        p5->data='E';
24        p7=new node;
25        p7->data='F';
26        p1->left=p2;
27        p1->right=p3;
28        p2->left=p4;
29        p2->right=p5;
30        p3->left=NULL;
31        p3->right=p7;
32        p4->left=NULL;
33        p4->right=NULL;
34        p5->left=NULL;
35        p5->right=NULL;
36        p7->left=NULL;
37        p7->right=NULL;
38        preorder(root);
39        cout << endl;
40        inorder(root);
41        cout << endl;
42        postorder(root);
43        cout << endl;
44    }
45    void preorder(node *p){
46      if(p) {
47        cout << p->data << " ";
48        preorder(p->left);
49        preorder(p->right);
50      }
51    }
52    void inorder(node *p){
53      if(p) {
54        inorder(p->left);
55        cout << p->data << " ";
56        inorder(p->right);
57      }
58    }
```

```
59    void postorder(node *p{
60      if(p) {
61        postorder(p->left);
62        postorder(p->right);
63        cout << p->data << " ";
64      }
65    }
```

- 第 3 到 7 行：宣告結構 node 有 3 個元素，data 為字元變數用於儲存二元樹中的資料，結構 node 指標 left 指向左子樹，結構 node 指標 right 指向右子樹。

- 第 8 行：宣告函式 preorder，以前序走訪二元樹。

- 第 9 行：宣告函式 inorder，以中序走訪二元樹。

- 第 10 行：宣告函式 postorder，以後序走訪二元樹。

- 第 11 到 44 行：定義 main 函式。

- 第 12 行：宣告 root、p1、p2、p3、p4、p5 與 p7 結構 node 指標。

- 第 13 行：記憶體空間新增結構 node 空間，將指標 p1 指向此結構 node 空間。

- 第 14 行：設定指標 p1 所指向的結構 node 中變數 data 為「A」。

- 第 15 行：設定指標 root 為指標 p1，表示指標 root 與指標 p1 指向同一個結構 node。

- 第 16 行：記憶體空間新增結構 node 空間，將指標 p2 指向此結構 node 空間。

- 第 17 行：設定指標 p2 所指向的結構 node 中變數 data 為「B」。

- 第 18 行：記憶體空間新增結構 node 空間，將指標 p3 指向此結構 node 空間。

- 第 19 行：設定指標 p3 所指向的結構 node 中變數 data 為「C」。

- 第 20 行：記憶體空間新增結構 node 空間，將指標 p4 指向此結構 node 空間。

- 第 21 行：設定指標 p4 所指向的結構 node 中變數 data 為「D」。

- 第 22 行：記憶體空間新增結構 node 空間，將指標 p5 指向此結構 node 空間。

- 第 23 行：設定指標 p5 所指向的結構 node 中變數 data 為「E」。

- 第 24 行：記憶體空間新增結構 node 空間，將指標 p7 指向此結構 node 空間。
- 第 25 行：設定指標 p7 所指向的結構 node 中變數 data 為「F」。
- 第 26 行：設定指標 p1 所指向的結構 node 中指標 left 為 p2。
- 第 27 行：設定指標 p1 所指向的結構 node 中指標 right 為 p3。
- 第 28 行：設定指標 p2 所指向的結構 node 中指標 left 為 p4。
- 第 29 行：設定指標 p2 所指向的結構 node 中指標 right 為 p5。
- 第 30 行：設定指標 p3 所指向的結構 node 中指標 left 為 NULL。
- 第 31 行：設定指標 p3 所指向的結構 node 中指標 right 為 p7。
- 第 32 行：設定指標 p4 所指向的結構 node 中指標 left 為 NULL。
- 第 33 行：設定指標 p4 所指向的結構 node 中指標 right 為 NULL。
- 第 34 行：設定指標 p5 所指向的結構 node 中指標 left 為 NULL。
- 第 35 行：設定指標 p5 所指向的結構 node 中指標 right 為 NULL。
- 第 36 行：設定指標 p7 所指向的結構 node 中指標 left 為 NULL。
- 第 37 行：設定指標 p7 所指向的結構 node 中指標 right 為 NULL。
- 第 38 行：呼叫 preorder 函式，傳入結構指標 root，表示從結構指標 root 以前序方式走訪二元樹。
- 第 39 行：輸出換行。
- 第 40 行：呼叫 inorder 函式，傳入結構指標 root，表示從結構指標 root 以中序方式走訪二元樹。
- 第 41 行：輸出換行。
- 第 42 行：呼叫 postorder 函式，傳入結構指標 root，表示從結構指標 root 以後序方式走訪二元樹。
- 第 43 行：輸出換行。
- 第 45 到 51 行：定義 preorder 函式，輸入結構指標 p，若結構指標 p 不是 NULL，則顯示結構指標 p 所指向的結構 node 中變數 data 到螢幕上（第 47 行），遞迴呼叫 preorder 函式，以結構指標 p 所指向的結構 node 中指標 left 當參數傳入，走訪左子樹（第 48 行），最後遞迴呼叫 preorder 函式，以結構指標 p 所指向的結構 node 中指標 right 當參數傳入，走訪右子樹（第 49 行）。

- 第 52 到 58 行：定義 inorder 函式，輸入結構指標 p，若結構指標 p 不是 NULL，則遞迴呼叫 inorder 函式，以結構指標 p 所指向的結構 node 中指標 left 當參數傳入，走訪左子樹（第 54 行），顯示結構指標 p 所指向的結構 node 中變數 data 到螢幕上（第 55 行），最後遞迴呼叫 inorder 函式，以結構指標 p 所指向的結構 node 中指標 right 當參數傳入，走訪右子樹（第 56 行）。

- 第 59 到 65 行：定義 postorder 函式，輸入結構指標 p，若結構指標 p 不是 NULL，則遞迴呼叫 postorder 函式，以結構指標 p 所指向的結構 node 中指標 left 當參數傳入，走訪左子樹（第 61 行），遞迴呼叫 postorder 函式，以結構指標 p 所指向的結構 node 中指標 right 當參數傳入，走訪右子樹（第 62 行），最後結構指標 p 所指向的結構 node 中變數 data 到螢幕上（第 63 行）。

　　觀察前兩個範例，使用陣列或指標所建立二元樹的前序走訪、中序走訪與後序走訪結果，得知使用陣列或指標所建立的二元樹，並不會影響走訪結果。

9-3-3　二元樹階層走訪--使用指標【9-3-3 二元樹階層走訪--使用指標.cpp】

(a) 範例說明

　　請實作一個程式將以下二元樹，以指標進行二元樹的建立，並使用 level order（階層走訪）進行走訪，走訪過程中印出節點的資料。

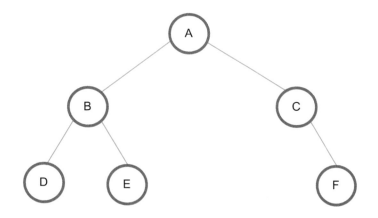

(b) 預期程式執行結果

(c) 程式碼與解說

```
1      #include <iostream>
2      #include <queue>
3      using namespace std;
4      struct node{
5        char data;
6        struct node *left;
7        struct node *right;
8      };
9      queue<node*> qu;
10     void levelorder(node*);
11     int main(void){
12       node *root,*p1,*p2,*p3,*p4,*p5,*p7;
13       p1=new node;
14       p1->data='A';
15       root=p1;
16       p2=new node;
17       p2->data='B';
18       p3=new node;
19       p3->data='C';
20       p4=new node;
21       p4->data='D';
22       p5=new node;
23       p5->data='E';
24       p7=new node;
25       p7->data='F';
26       p1->left=p2;
27       p1->right=p3;
28       p2->left=p4;
29       p2->right=p5;
30       p3->left=NULL;
31       p3->right=p7;
32       p4->left=NULL;
33       p4->right=NULL;
34       p5->left=NULL;
35       p5->right=NULL;
36       p7->left=NULL;
37       p7->right=NULL;
38       levelorder(root);
39       cout << endl;
40     }
41     void levelorder(node *now){
42       qu.push(now);
43       while (!qu.empty()){
```

```
44          cout  << qu.front()->data <<" ";
45          if (qu.front()->left!=NULL) {
46            qu.push(qu.front()->left);
47          }
48          if (qu.front()->right!=NULL){
49            qu.push(qu.front()->right);
50          }
51          qu.pop();
52        }
53      }
```

- 第 4 到 8 行：宣告結構 node 有 3 個元素，data 為字元變數用於儲存二元樹中的資料，結構 node 指標 left 指向左子樹，結構 node 指標 right 指向右子樹。

- 第 9 行：宣告 qu 為 STL 函示庫中 queue 的物件，用於儲存結構 node 的指標。

- 第 10 行：宣告函式 levelorder，以階層走訪二元樹。

- 第 11 到 40 行：定義 main 函式。

- 第 12 行：宣告 root、p1、p2、p3、p4、p5 與 p7 結構 node 指標。

- 第 13 行：記憶體空間新增結構 node 空間，將指標 p1 指向此結構 node 空間。

- 第 14 行：設定指標 p1 所指向的結構 node 中變數 data 為「A」。

- 第 15 行：設定指標 root 為指標 p1，表示指標 root 與指標 p1 指向同一個結構 node。

- 第 16 行：記憶體空間新增結構 node 空間，將指標 p2 指向此結構 node 空間。

- 第 17 行：設定指標 p2 所指向的結構 node 中變數 data 為「B」。

- 第 18 行：記憶體空間新增結構 node 空間，將指標 p3 指向此結構 node 空間。

- 第 19 行：設定指標 p3 所指向的結構 node 中變數 data 為「C」。

- 第 20 行：記憶體空間新增結構 node 空間，將指標 p4 指向此結構 node 空間。

- 第 21 行：設定指標 p4 所指向的結構 node 中變數 data 為「D」。

- 第 22 行：記憶體空間新增結構 node 空間，將指標 p5 指向此結構 node 空間。

- 第 23 行：設定指標 p5 所指向的結構 node 中變數 data 為「E」。

- 第 24 行：記憶體空間新增結構 node 空間，將指標 p7 指向此結構 node 空間。

- 第 25 行：設定指標 p7 所指向的結構 node 中變數 data 為「F」。

- 第 26 行：設定指標 p1 所指向的結構 node 中指標 left 為 p2。

- 第 27 行：設定指標 p1 所指向的結構 node 中指標 right 為 p3。

- 第 28 行：設定指標 p2 所指向的結構 node 中指標 left 為 p4。

- 第 29 行：設定指標 p2 所指向的結構 node 中指標 right 為 p5。

- 第 30 行：設定指標 p3 所指向的結構 node 中指標 left 為 NULL。

- 第 31 行：設定指標 p3 所指向的結構 node 中指標 right 為 p7。

- 第 32 行：設定指標 p4 所指向的結構 node 中指標 left 為 NULL。

- 第 33 行：設定指標 p4 所指向的結構 node 中指標 right 為 NULL。

- 第 34 行：設定指標 p5 所指向的結構 node 中指標 left 為 NULL。

- 第 35 行：設定指標 p5 所指向的結構 node 中指標 right 為 NULL。

- 第 36 行：設定指標 p7 所指向的結構 node 中指標 left 為 NULL。

- 第 37 行：設定指標 p7 所指向的結構 node 中指標 right 為 NULL。

- 第 38 行：呼叫 levelorder 函式，傳入結構指標 root，表示從結構指標 root 以階層方式走訪二元樹。

- 第 39 行：輸出換行。

- 第 41 到 53 行：定義 levelorder 函式，輸入結構指標 now，將結構指標 now 加入佇列物件 qu 內（第 42 行）。

- 第 43 到 52 行：當佇列物件 qu 不是空的時候，不斷執行第 44 到 51 行，顯示佇列 qu 的第一個元素（front()）所指向的結構 node 的變數 data 到螢幕上（第 44 行）。

- 第 45 到 47 行：若佇列 qu 的第一個元素（front()）所指向的結構 node 的結構指標 left 不等於 NULL，則將佇列 qu 的第一個元素（front()）所指向的結構 node 的結構指標 left，加入佇列物件 qu 內。

- 第 48 到 50 行：若佇列 qu 的第一個元素（front()）所指向的結構 node 的結構指標 right 不等於 NULL，則將佇列 qu 的第一個元素（front()）所指向的結構 node 的結構指標 right，加入佇列物件 qu 內。

- 第 51 行：刪除佇列 qu 的第一個元素。

階層走訪二元樹過程中佇列 qu 的新增與刪除元素過程。

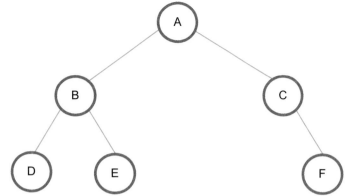

Step1 發現點 A，將 A 加入到佇列 qu。

qu

A				

Step2 從佇列讀取第一個元素 A，輸出 A 到螢幕上，將點 A 左子樹的點 B 與右子樹的點 C 加入到佇列 qu，最後刪除第一個元素 A。

qu

B	C			

Step3 從佇列讀取第一個元素 B，輸出 B 到螢幕上，將點 B 左子樹的點 D 與右子樹的點 E 加入到佇列 qu，最後刪除第一個元素 B。

qu

C	D	E		

Step4 從佇列讀取第一個元素 C，輸出 C 到螢幕上，因為點 C 左子樹是 NULL，不執行任何動作，將右子樹的點 F 加入到佇列 qu，最後刪除第一個元素 C。

qu

D	E	F		

Step5 從佇列讀取第一個元素 D，輸出 D 到螢幕上，因為點 D 左子樹與右子樹都是 NULL，不執行任何動作，最後刪除第一個元素 D。

qu

E	F			

Step6 從佇列讀取第一個元素 E，輸出 E 到螢幕上，因為點 E 左子樹與右子樹都是 NULL，不執行任何動作，最後刪除第一個元素 E。

qu

F				

Step7 從佇列讀取第一個元素 F，輸出 F 到螢幕上，因為點 F 左子樹與右子樹都是 NULL，不執行任何動作，最後刪除第一個元素 F，佇列 qu 是空的跳出迴圈。

qu

Step8 輸出結果為「A B C D E F」。

9-4 ▸▸ 樹狀資料結構的練習範例

9-4-1 前序與中序建立樹求後序走訪

【9-4-1-前序與中序建立樹求後序走訪.cpp】

給定 26 個節點以內的二元樹的前序走訪與中序走訪結果，每個節點都是大寫英文字母，且節點字母皆不相同，最後輸出後序走訪結果。

- 輸入說明：輸入兩行大寫英文字串，第一行為二元樹的前序走訪結果，第二行為二元樹的中序走訪結果。

- 輸出說明：輸出後序走訪的結果。

- 範例輸入

  ABDECF

  DBEACF

- 範例輸出

  DEBFCA

(a) 解題想法

前序走訪的第一個元素就是根節點，找出在中序走訪結果中此根節點字母的位置，將中序走訪結果切割成左右兩個字串，左右兩個字串可以是空字串，這兩個字串分別表示根節點的左子樹字母與右子樹字母，以此方式不斷決定左右子樹的根節點，再進行左右子樹的切割，最後獲得原來的二元樹。

以前序「ABDECF」與中序「DBEACF」為例，建立二元樹。

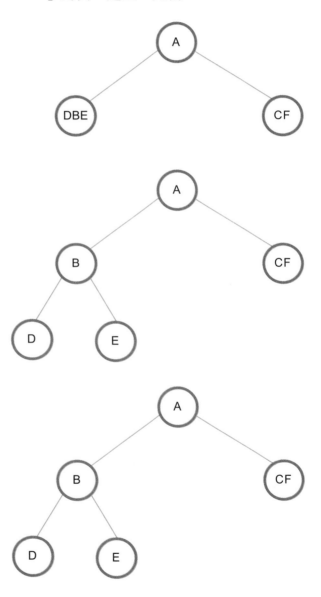

Step1 前序走訪第一個字母 A，分割中序字串「DBEACF」成 [DBE]A[CF]，建立以下二元樹，根節點為 A。

Step2 以前序走訪第二個字母 B，分割中序字串「DBE」成 [D]B[E]，建立以下二元樹，根節點為 B，分割成「D」與「E」。

Step3 以前序走訪第三個字母 D，分割中序字串「D」成 []D[]，建立以下二元樹，根節點為 D，分割成「[]」與「[]」，左右子樹都是空的，所以設定左右子樹為 NULL。

Step4 以前序走訪第四個字母 E，分割中序字串「E」成 []E[]，建立以下二元樹，根節點為 E，分割成「[]」與「[]」，左右子樹都是空的，所以設定左右子樹為 NULL。

Step5 以前序走訪第五個字母 C，分割中序字串「CF」成 []C[F]，建立以下二元樹，根節點為 C，分割成「[]」與「F」，左子樹都是空的，所以設定左子樹為 NULL。

Step6 以前序走訪第六個字母 F，分割中序字串「F」成 []F[]，建立以下二元樹，根節點為 F，分割成「[]」與「[]」，左右子樹都是空的，所以設定左右子樹為 NULL。

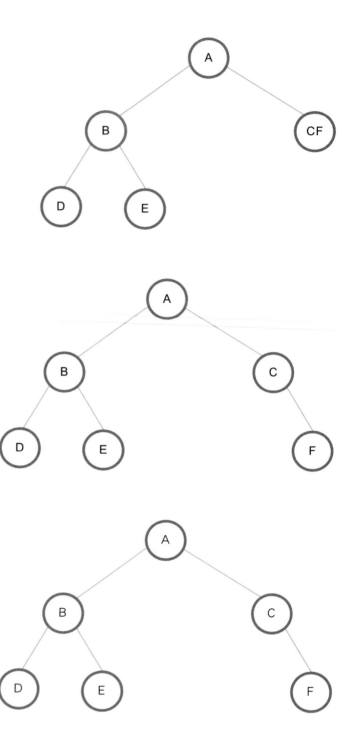

(b) 程式碼與解說

```
1     #include <string>
2     #include <iostream>
3     using namespace std;
4     string preo,ino;
5     int len,first;
6     struct node {
7       char data;
8       struct node *left;
9       struct node *right;
10    };
11    node* buildTree(int,int);
12    void postorder(node*);
13    int main(){
14      while (cin >> preo){
15        cin >> ino;
16        first=0;
17        len=ino.length();
18        node *root;
19        root=buildTree(0,len-1);
20        postorder(root);
21        cout << endl;
22      }
23    }
24    void postorder(node *p){
25      if (p != NULL){
26        postorder(p->left);
27        postorder(p->right);
28        cout << p->data;
29      }
30    }
31    node* buildTree(int left,int right){
32      int mid;
33      node *bNode;
34      bNode=new node;
35      bNode->data=preo[first++];
36      if (left<right){
37        for(i=left;i<=right;i++){
38          if (bNode->data==ino[i]){
39            mid=i;
40            break;
41          }
42        }
43        if (left<=(mid-1)){
```

```
44          bNode->left=buildTree(left,mid-1);
45        }else{
46          bNode->left=NULL;
47        }
48        if ((mid+1)<=right){
49          bNode->right=buildTree(mid+1,right);
50        }else{
51          bNode->right=NULL;
52        }
53      }else{
54        bNode->left=NULL;
55        bNode->right=NULL;
56      }
57      return bNode;
58    }
```

- 第 4 行：宣告 preo 與 ino 為字串變數。

- 第 5 行：宣告 len 與 first 為整數變數。

- 第 6 到 10 行：宣告結構 node 有 3 個元素，data 為字元變數用於儲存二元樹中的資料，結構 node 指標 left 指向左子樹，結構 node 指標 right 指向右子樹。

- 第 11 行：宣告函式 buildTree 建立二元樹。

- 第 12 行：宣告函式 postorder，以後序走訪二元樹。

- 第 13 到 23 行：定義 main 函式。

- 第 14 到 22 行：使用 while 迴圈輸入前序走訪結果到字串變數 preo，中序走訪結果到字串變數 ino。

- 第 16 行：初始化變數 first 為 0。

- 第 17 行：初始化變數 len 為字串變數 ino 的長度。

- 第 18 行：宣告指標 root 為結構 node 指標。

- 第 19 行：使用 buildTree 函式建立樹，使用 0 與 len-1 為參數輸入 buildTree 函式，使用前序字串 preo 切割中序字串 ino。

- 第 20 行：使用函式 postorder 進行後序走訪。

- 第 21 行：輸出換行。

- 第 24 到 30 行：定義 postorder 函式，輸入結構指標 p，若結構指標 p 不是 NULL，則遞迴呼叫 postorder 函式，以結構指標 p 所指向的結構 node 中指標 left 當參數傳入，走訪左子樹（第 26 行），遞迴呼叫 postorder 函式，以

結構指標 p 所指向的結構 node 中指標 right 當參數傳入，走訪右子樹（第 27 行），最後結構指標 p 所指向的結構 node 中變數 data 到螢幕上（第 28 行）。

- 第 31 到 58 行：定義 buildTree 函式，以 left 與 right 為傳入參數，宣告 mid 為整數變數（第 32 行），宣告 bNode 為結構 node 的指標（第 33 行），記憶體空間新增結構 node 空間，將指標 bNode 指向此結構 node 空間（第 34 行）。初始化結構指標 bNode 的變數 data 為前序字串 preo 第 first 個元素，接著 first 遞增 1（第 35 行）。

- 第 36 到 56 行：建立左右子樹，若變數 left 小於 right 表示還有元素，迴圈變數 i，由 left 到 right，每次遞增 1，要利用變數 i 讀取中序字串第 left 到 right 範圍內的元素，若中序字串（ino）的第 i 個元素等於結構指標 bNode 的變數 data，設定變數 mid 為 i（第 39 行），中斷迴圈（第 40 行）。

- 第 43 到 47 行：若變數 left 小於等於變數（mid-1），表示還有元素，遞迴呼叫函式 buildTree 以 left 與（mid-1）為參數輸入函式，將結果儲存在結構指標 bNode 的結構指標 left，否則變數 left 大於變數（mid-1），表示沒有元素，設定結構指標 bNode 的結構指標 left 為 NULL。

- 第 48 到 52 行：若（mid+1）小於等於變數 right，表示還有元素，遞迴呼叫函式 buildTree 以（mid+1）與 right 為參數輸入函式，將結果儲存在結構指標 bNode 的結構指標 right，否則（mid+1）大於變數 right，表示沒有元素，設定結構指標 bNode 的結構指標 right 為 NULL。

- 第 53 到 56 行：否則，變數 left 大於等於 right 表示沒有元素，所以設定結構指標 bNode 的結構指標 left 為 NULL，設定結構指標 bNode 的結構指標 right 為 NULL。

- 第 57 行：回傳結構指標 bNode。

(c) 演算法效率分析

執行第 36 到 56 行程式碼，是程式執行效率的關鍵，此程式第 37 到 42 行會不斷使用迴圈比較 bNode->data 與字串 ino，此迴圈效率為 O(n)，遞迴呼叫 buildTree，若能夠每次都切割一半，演算法效率為 O(n*log(n))，演算法效率最差為 $O(n^2)$，n 為輸入的字串長度。

(d) 預覽結果

按下「執行→編譯並執行」，螢幕顯示結果如下圖。

9-4-2 後序與中序建立樹求最小路徑和

【9-4-2-後序與中序建立樹求最小路徑和.cpp】

給定 1000 個節點以內的二元樹的後序走訪與中序走訪結果，每個節點都是正整數，節點數值皆不相同，且節點數值小於 10000，最後求所有根節點（root）到葉節點（leaf）路徑的最小整數和。

- 輸入說明：輸入一個整數 N，表示二元樹有幾個節點，接下來輸入兩行整數數列，數字之間以空白鍵隔開，第一行為二元樹的中序走訪結果，第二行為二元樹的後序走訪結果。

- 輸出說明：求所有根節點（root）到葉節點（leaf）路徑的最小整數和。

- 範例輸入

  7

  4 2 6 5 1 3 7

  4 6 2 1 7 3 5

- 範例輸出

  9

(a) 解題想法

後序走訪的最後一個元素就是根節點，找出在中序走訪結果中，此根節點數字的位置，將中序走訪結果切割成左右兩個數列，左右兩個數列可以是空字串，這兩個數列分別表示根節點的左子樹數字與右子樹數字，以此方式不斷決定左右子樹的根節點，再進行左右子樹的切割，最後獲得原來的二元樹。

以中序數列「4 2 6 5 1 3 7」與後序數列「4 6 2 1 7 3 5」為例，建立二元樹。

Step1 以後序走訪最後一個數字 5，分割中序數列「4 2 6 5 1 3 7」成[4 2 6] 5 [1 3 7]，建立以下二元樹，根節點為 5。

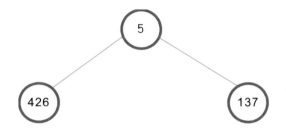

Step2 以後序走訪右邊數過來第二個數字 3，分割中序字串「1 3 7」成[1]3[7]，建立以下二元樹，根節點為 3，分割成「1」與「7」。

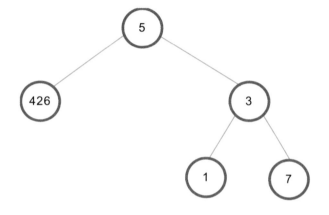

Step3 以後序走訪右邊數過來第三個數字 7，分割中序字串「7」成[]7[]，建立以下二元樹，根節點為 7，分割成「[]」與「[]」，左右子樹都是空的，所以設定左右子樹為 NULL。

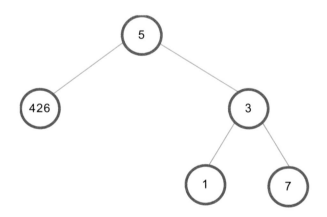

Step4 以後序走訪右邊數過來第四個數字 1，分割中序字串「1」成[]1[]，建立以下二元樹，根節點為 1，分割成「[]」與「[]」，左右子樹都是空的，所以設定左右子樹為 NULL。

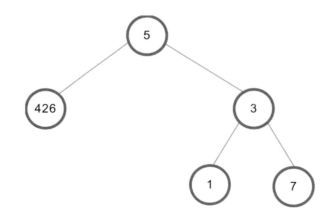

Step5 以後序走訪右邊數過來第五個數字 2，分割中序數列「4 2 6」成[4]2[6]，
建立以下二元樹，根節點為 2，分割成「4」與「6」，分割成「4」與
「6」。

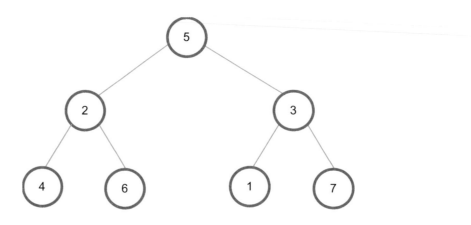

Step6 以後序走訪右邊數過來第六個數字 6，分割中序字串「6」成[]6[]，建
立以下二元樹，根節點為 6，分割成「[]」與「[]」，左右子樹都是空
的，所以設定左右子樹為 NULL。

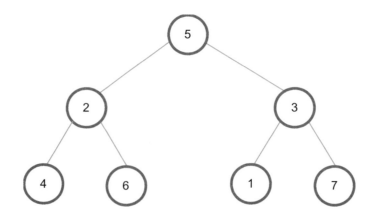

Step7 以後序走訪右邊數過來第七個數字 4，分割中序字串「4」成[]4[]，建立以下二元樹，根節點為 4，分割成「[]」與「[]」，左右子樹都是空的，所以設定左右子樹為 NULL。

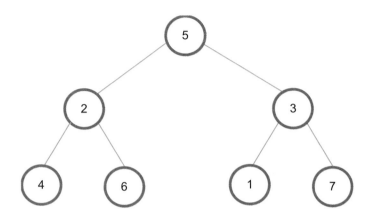

Step8 使用遞迴方式走訪二元樹的左右子樹，往下遞迴就累加節點數值，若有到葉節點，就記錄此路徑和是否為最小值。

(b) 程式碼與解說

```cpp
1    #include <string>
2    #include <iostream>
3    using namespace std;
4    int posto[1010],ino[1010],len,mins,last;
5    struct node {
6      int value;
7      struct node *left;
8      struct node *right;
9    };
10   node* buildTree(int,int);
11   void root2leaf(node *,int);
12   int main(){
13     int n;
14     while (cin>>n){
15       for(int i=0;i<n;i++){
16         cin >> ino[i];
17       }
18       for(int i=0;i<n;i++){
19         cin >> posto[i];
20       }
21       len=n;
22       last=n-1;
23       mins=200000000;
```

```
24        node *root;
25        root=buildTree(0,len-1);
26        root2leaf(root,0);
27        cout <<mins <<endl;
28      }
29    }
30    node* buildTree(int left,int right){
31      int mid;
32      node *bNode;
33      bNode=new node;
34      bNode->value=posto[last--];
35      if (left<right){
36        for(int i=right;i>=left;i--){
37          if (bNode->value==ino[i]){
38            mid=i;
39            break;
40          }
41        }
42        if ((mid+1)<=right){
43          bNode->right=buildTree(mid+1,right);
44        }else{
45          bNode->right=NULL;
46        }
47        if (left<=(mid-1)) {
48          bNode->left=buildTree(left,mid-1);
49        }else{
50          bNode->left=NULL;
51        }
52      }else{
53        bNode->left=NULL;
54        bNode->right=NULL;
55      }
56      return bNode;
57    }
58    void root2leaf(node *nd,int sum){
59      if ((nd->left==NULL)&&(nd->right==NULL)){
60        sum+=nd->value;
61        if (mins>sum){
62          mins=sum;
63        }
64      }
65      sum+=nd->value;
66      if (nd->left != NULL){
67        root2leaf(nd->left,sum);
68      }
```

```
69      if (nd->right != NULL){
70        root2leaf(nd->right,sum);
71      }
72    }
```

- 第 4 行：宣告 posto 與 ino 為整數陣列有 1010 個元素，宣告 len、mins 與 last 為整數變數。

- 第 5 到 9 行：宣告結構 node 有 3 個元素，value 為整數變數用於儲存二元樹中的節點數值，結構 node 指標 left 指向左子樹，結構 node 指標 right 指向右子樹。

- 第 10 行：宣告函式 buildTree 建立二元樹。

- 第 11 行：宣告函式 root2leaf，找出二元樹中所有根節點到葉節點的路徑節點數值和的最小值。

- 第 12 到 29 行：定義 main 函式。

- 第 13 行：宣告 n 為整數變數。

- 第 14 到 28 行：使用 while 迴圈輸入二元樹節點個數到變數 n。

- 第 15 到 17 行：使用迴圈執行 n 次，輸入中序走訪的 n 個整數到陣列 ino。

- 第 18 到 20 行：使用迴圈執行 n 次，輸入後序走訪的 n 個整數到陣列 posto。

- 第 21 行：初始化變數 len 為 n。

- 第 22 行：初始化變數 last 為 n-1。

- 第 23 行：初始化變數 mins 為 200000000。

- 第 24 行：宣告指標 root 為結構 node 指標。

- 第 25 行：使用 buildTree 函式建立樹，使用 0 與 len-1 為參數輸入 buildTree 函式，使用後續陣列 posto 切割中序陣列 ino。

- 第 26 行：使用函式 root2leaf 計算二元樹中所有根節點到葉節點的路徑節點數值和的最小值。

- 第 27 行：輸出 mins 的數值與換行符號。

- 第 30 到 57 行：定義 buildTree 函式，以 left 與 right 為傳入參數，宣告 mid 為整數變數（第 31 行），宣告 bNode 為結構 node 的指標（第 32 行），記憶體空間新增結構 node 空間，將指標 bNode 指向此結構 node 空間（第 33 行）。初始化結構指標 bNode 的變數 value 為後序字串 posto 第 last 個元素（第 34 行），接著 last 遞減 1。

- 第 35 到 55 行：建立左右子樹，若變數 left 小於 right 表示還有元素，迴圈變數 i，由 right 到 left，每次遞減 1，要利用變數 i 讀取中序字串從 right 到 left 範圍內的元素，若中序字串的第 i 個元素等於結構指標 bNode 的變數 value，設定變數 mid 為 i（第 38 行），中斷迴圈（第 39 行）。

- 第 42 到 46 行：若（mid+1）小於等於變數 right，表示還有元素，遞迴呼叫函式 buildTree 以（mid+1）與 right 為參數輸入函式，將結果儲存在結構指標 bNode 的結構指標 right，否則（mid+1）大於變數 right，表示沒有元素，設定結構指標 bNode 的結構指標 right 為 NULL。

- 第 47 到 51 行：若變數 left 小於等於變數（mid-1），表示還有元素，遞迴呼叫函式 buildTree 以 left 與（mid-1）為參數輸入函式，將結果儲存在結構指標 bNode 的結構指標 left，否則變數 left 大於變數（mid-1），表示沒有元素，設定結構指標 bNode 的結構指標 left 為 NULL。

- 第 52 到 55 行：否則，變數 left 大於等於 right 表示沒有元素，所以設定結構指標 bNode 的結構指標 left 為 NULL，設定結構指標 bNode 的結構指標 right 為 NULL。

- 第 56 行：回傳結構指標 bNode。

- 第 58 到 74 行：定義 root2leaf 函式，輸入結構指標 nd 與整數變數 sum，若結構指標 nd 的指標 left 等於 NULL 且結構指標 nd 的指標 right 也等於 NULL，表示結構指標 nd 是葉節點，則累加結構指標 nd 的變數 value 的數值到變數 sum（第 60 行），若變數 mins 大於變數 sum，表示找到更小的根節點到葉節點的路徑節點數值和，更新變數 mins 為變數 sum（第 62 行）。

- 第 65 行：累加結構指標 nd 的變數 value 的數值到變數 sum。

- 第 66 到 68 行：若結構指標 nd 的指標 left 不等於 NULL，遞迴呼叫 root2leaf 函式，以結構指標 nd 的指標 left 與變數 sum 當參數傳入（第 67 行）。

- 第 69 到 71 行：若結構指標 nd 的指標 right 不等於 NULL，遞迴呼叫 root2leaf 函式，以結構指標 nd 的指標 right 與變數 sum 當參數傳入（第 70 行）。

(c) 演算法效率分析

執行第 35 到 55 行程式碼，是程式執行效率的關鍵，此程式第 36 到 41 行會不斷使用迴圈比較 bNode->data 與字串 ino，此迴圈效率為 O(n)，遞迴呼叫 buildTree，若能夠每次都切割一半，演算法效率為 O(n*log(n))，演算法效率最差為 $O(n^2)$，n 為輸入的字串長度。

(d) 預覽結果

按下「執行→編譯並執行」，螢幕顯示結果如下圖。

9-5 ▸▸ APCS 樹狀結構相關實作題詳解

9-5-1 樹狀圖分析（10610 第 3 題）【9-5-1 樹狀圖分析.cpp】

問題描述

本題是關於有根樹（rooted tree）。在一棵 n 個節點的有根樹中，每個節點都是以 1~n 的不同數字來編號，描述一棵有根樹必須定義節點與節點之間的親子關係。一棵有根樹恰有一個節點沒有父節點（parent），此節點被稱為根節點（root），除了根節點以外的每一個節點都恰有一個父節點，而每個節點被稱為是它父節點的子節點（child），有些節點沒有子節點,這些節點稱為葉節點（leaf）。在當有根樹只有一個節點時，這個節點既是根節點同時也是葉節點。

在圖形表示上，我們將父節點畫在子節點之上，中間畫一條邊（edge）連結。例如，圖一中表示的是一棵 9 個節點的有根樹，其中，節點 1 為節點 6 的父節點，而節點 6 為節點 1 的子節點；又 5、3 與 8 都是 2 的子節點。節點 4 沒有父節點，所以節點 4 是根節點；而 6、9、3 與 8 都是葉節點。

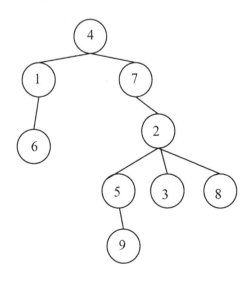

圖一

樹狀圖中的兩個節點 u 和 v 之間的距離 d(u,v)定義為兩節點之間邊的數量。如圖一，d(7, 5) = 2,而 d(1, 2) = 3。對於樹狀圖中的節點 v，我們以 h(v)代表節點 v 的高度，其定義是節點 v 和節點 v 下面最遠的葉節點之間的距離,而葉節點的高度定義為 0。如圖一，節點 6 的高度為 0，節點 2 的高度為 2，而節點 4 的高度為 4。此外，我們定義 H(T)為 T 中所有節點的高度總和，也就是說 $H(T)=\sum v \in Th(v)$。給定一個樹狀圖 T，請找出 T 的根節點以及高度總和 H(T)。

輸入格式

第一行有一個正整數 n 代表樹狀圖的節點個數，節點的編號為 1 到 n。接下來有 n 行，第 i 行的第一個數字 k 代表節點 i 有 k 個子節點，第 i 行接下來的 k 個數字就是這些子節點的編號。每一行的相鄰數字間以空白隔開。

輸出格式

輸出兩行各含一個整數，第一行是根節點的編號，第二行是 H(T)。

範例一：輸入	範例二：輸入
7	9
0	1 6
2 6 7	3 5 3 8
2 1 4	0
0	2 1 7
2 3 2	1 9
0	0
0	1 2
	0
	0
範例一：正確輸出	
5	範例二：正確輸出
4	4
	11

評分說明

輸入包含若干筆測試資料，每一筆測試資料的執行時間限制（time limit）均為 1 秒，依正確通過測資筆數給分。測資範圍如下，其中 k 是每個節點的子節點數量上限：

第 1 子題組 10 分，$1 \le n \le 4$，$k \le 3$，除了根節點之外都是葉節點。

第 2 子題組 30 分，$1 \le n \le 1,000$，$k \le 3$。

第 3 子題組 30 分，$1 \le n \le 100,000$，$k \le 3$。

第 4 子題組 30 分，$1 \le n \le 100,000$，k 無限制。

提示： 輸入的資料是給每個節點的子節點有哪些或沒有子節點，因此，可以根據定義找出根節點。關於節點高度的計算，我們根據定義可以找出以下遞迴關係式：(1) 葉節點的高度為 0；(2)如果 v 不是葉節點，則 v 的高度是它所有子節點的最大高度加一。也就是說，假設 v 的子節點有 a, b 與 c，則 $h(v)=\max\{ h(a), h(b), h(c) \}+1$。以遞迴方式可以計算出所有節點的高度。

(a) 解題想法

本題也可以由下到上的方式計算節點的高度，葉節點高度為 0，取出葉節點後其雙親節點高度為原來高度與葉節點高度加 1 的較大值，接著葉節點的雙親節點小孩個數少 1，當雙親節點的子節點個數為 0 時，可以視為新的葉節點，以相同方式計算其雙親節點的高度。最後一個節點就是 root，累加所有節點高度就可以獲得高度總和。

(b) 程式碼與解說

```cpp
1    #include <iostream>
2    #include <cstdio>
3    #include <queue>
4    #include <cstring>
5    #define MAX 100001
6    using namespace std;
7    int p[MAX];//p[i]=j，表示 i 的雙親為 j
8    int d[MAX];//紀錄節點深度
9    int num[MAX];//紀錄節點的子節點個數
10   deque<int> t;//儲存葉節點
11   int main(){
12     int n,k,c;
13     long long int sum;
14     while (scanf("%d",&n) != EOF) {
15       sum = 0;
16       memset(d,-1,sizeof(d));
17       memset(p,0,sizeof(p));
18       memset(num,0,sizeof(num));
19       for (int i = 1; i<=n; i++) {
20         scanf("%d",&k);
21         if (k == 0){
22           t.push_back(i);//葉節點
```

```
23              d[i]=0;//葉節點深度為 0
24            }else{
25            num[i]=k;
26            for(int j=0;j<k;j++){
27              scanf("%d",&c);
28              p[c] = i;//使用陣列 p 紀錄 c 的 parent 為 i
29            }
30          }
31        }
32      int node;
33      while(!t.empty()){
34        node = t.front();//讀取葉節點
35        t.pop_front();
36        d[p[node]]=max(d[p[node]],d[node]+1);
37        num[p[node]]--;
38        if (num[p[node]] == 0){
39          t.push_back(p[node]);
40        }
41      }
42      for (int i = 1; i<=n; i++) {
43        sum += d[i];
44      }
45      cout << node << endl;
46      cout << sum << endl;
47    }
48  }
```

- 第 7 行：宣告整數陣列 p，有 100001 個元素，紀錄樹狀結構節點的雙親節點編號。

- 第 8 行：宣告整數陣列 d，有 100001 個元素，紀錄每一個節點的深度。

- 第 9 行：宣告整數陣列 num，有 100001 個元素，紀錄節點的子節點個數。

- 第 10 行：宣告 t 為 deque，儲存整數資料，用於儲存葉節點。

- 第 11 到 48 行：宣告變數 n、k 與 c 為整數，宣告變數 sum 為 long long int（第 12 到 13 行）。

- 第 14 到 47 行：不斷的輸入整數 n，表示節點個數，初始化變數 sum 為 0，初始化陣列 d 每個元素為-1，初始化陣列 p 每個元素為 0，初始化陣列 num 每個元素為 0（第 15 到 18 行）。

- 第 19 到 31 行：使用迴圈輸入每個節點資料，迴圈變數 i 由 1 到 n，每次遞增 1，執行 n 次，每次輸入 1 個節點資料，輸入子節點個數到變數 k（第 20 行）。若變數 k 等於 0，則節點編號 i 為葉節點，將編號 i 加入到 t，設定陣

列 d 的節點編號 i 為 0，表示葉節點深度為 0（第 21 到 23 行）；否則更新陣列 num 的節點編號 i 為 k，表示節點編號 i 有 k 個小孩（第 25 行），使用迴圈輸入 k 個小孩的節點編號，每次輸入一個節點編號到變數 c，使用陣列 p 紀錄節點編號 c 的雙親節點編號為 i（第 26 到 29 行）。

- 第 32 行：宣告 node 為整數變數。

- 第 33 到 41 行：使用 while 迴圈不斷檢查是否還有葉節點，當 t 不是空的時繼續執行，讀取第一個葉節點編號到變數 node（第 34 行），刪除第一個葉節點編號（第 35 行），使用 p[node] 取得節點編號 node 的雙親節點標號，雙親節點高度為其原來高度與葉節點高度加 1 的較大值（第 36 行），陣列 num 的雙親節點編號的值遞減 1，葉節點的雙親節點的小孩個數少 1（第 37 行），若陣列 num 的雙親節點編號的值等於 0，表示雙親節點已經刪除所有子節點，變成葉節點，將此雙親節點編號加入 t（第 38 到 40 行）。

- 第 42 到 44 行：使用迴圈累加陣列 d 的數值到 sum，就是高度總和。

- 第 45 行：輸出變數 node 就是根節點。

- 第 46 行：輸出變數 sum 就是高度總和。

(c) 預覽結果

按下「執行→編譯並執行」，輸入題目所規定的兩組測資後，螢幕顯示結果如下圖。

(d) 演算法效率分析

本程式耗時的程式區塊在第 33 到 41 行每一個點與邊都要走訪，本程式演算法效率為 O(N+E)，N 為點的個數，E 為邊的個數，因為樹狀結構的邊個數為點個數減 1，所以 O(N+E) 相當於 O(N+N-1)，簡化為 O(N)。

UVa Online Judge 網路解題資源

樹狀結構	
分類	UVa 題目
基礎題	UVa 112 Tree Summing
基礎題	UVa 536 Tree Recovery
基礎題	UVa 10701 Pre, in and post
基礎題	UVa 548 Tree
基礎題	UVa 839 Not so Mobile
基礎題	UVa 679 Dropping Balls
基礎題	UVa 699 The Falling Leaves
進階題	UVa 122 Trees on the level
進階題	UVa 297 Quadtrees

註：使用題目編號與名稱為關鍵字進行搜尋，可以在網路上找到許多相關的線上解題資源。

圖形資料結構與圖形走訪（DFS 與 BFS）

　　圖形資料結構是由點與邊所組成，圖形資料結構廣泛應用於程式解題，許多問題都可以轉換成圖形資料結構，例如：使用地圖搜尋最短路徑，可將地點轉換成圖形資料結構中的點，地點與地點間的距離轉換成邊的權重，最後使用最短路徑演算法就可以找出最短路徑。

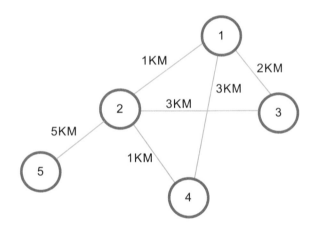

　　在棋盤中要找出走到某一點是否有路徑可以到達，需要幾步才能到達，也可以轉換成圖形資料結構，將棋盤中位置轉換成圖形結構中的點，棋子下一步可以到達的棋盤位置，這就是另一個點，若可以到達另一個點，隱含兩點有邊相連，下一個點再找下一個可以到達的點，兩點又形成邊，如此直到走完棋盤所有點，或沒有點可以走，最後判斷是否可以到達目標點。以下介紹圖形資料結構的定義、程式實作與範例應用。

10-1 ▸▸ 簡介圖形資料結構

10-1-1　什麼是圖形資料結構

　　圖形資料結構的定義為由點與邊所組成，邊為連結圖形中兩點，可以有循環（cycle），也可以有點不跟其他點相連，樹狀資料結構是圖形資料結構的特例。

　　圖形資料結構分成有向圖與無向圖，有向圖就是單行道的意思，假設點 1 與點 2，只允許點 1 連結到點 2，不允許點 2 回到點 1，通常使用箭頭的邊表示有向圖，無向圖是指邊允許雙向通行，通常使用沒有箭頭的邊表示。

有向圖　　　　　　　　　　　　　　　　　無向圖

10-1-2　圖形資料結構的名詞定義

　　介紹一些圖形資料結構的名詞定義，以下圖為範例進行說明。

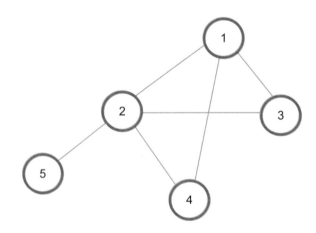

(1) 點（node）：圖形中的點，上圖中有點 1、點 2、點 3、點 4 與點 5。。

(2) 邊（edge）：兩個點之間可以有邊相連，上圖中的邊有（1,2）、（1,3）、（1,4）、（2,3）、（2,4）、（2,5）六個邊。

(3) 路徑（path）：兩點之間的路徑可以由許多邊連接起來，上圖中的點 1 與點 4 的連接，可以由點 1 連接到點 3 的邊（1,3），點 3 再連接到點 2 的邊（3,2），點 2 再連接到點 4 的邊（2,4），這樣就是一個連接點 1 到點 4 的路徑。

(4) 路徑長度（path length）：一個路徑所包含邊的個數。

(5) 簡單路徑（simple path）：一個路徑的起點與終點外，其餘點都不能相同。

(6) 循環（cycle）：是簡單路徑，且路徑的起點與終點相同。

(7) 子圖（subgraph）：G2 是 G1 的子圖，G2 的出現過的點與邊，G1 也有相同的點與邊。

以下是 G2，G2 是 G1 的子圖。　　　　　以下是 G1。

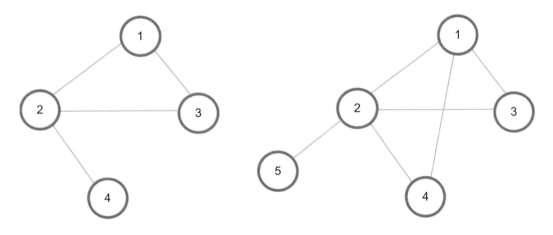

(8) 完整圖（complete graph）

無向的完整圖，每個點都有一個邊與其他點相連，n 個點無向的完整圖，邊的數量需達到 $\frac{n(n-1)}{2}$ 個邊，如下圖。

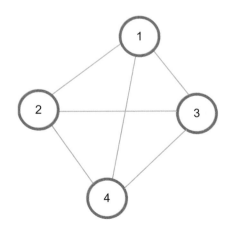

有向的完整圖，每個點都有一個邊與其他點相連，且雙向要能連通，n 個點有向的完整圖，邊的數量需達到 n(n-1)個邊，如下圖。

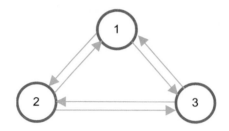

(9) 連通（connected）：無向圖中任兩點都有邊相連。

無法連通   連通

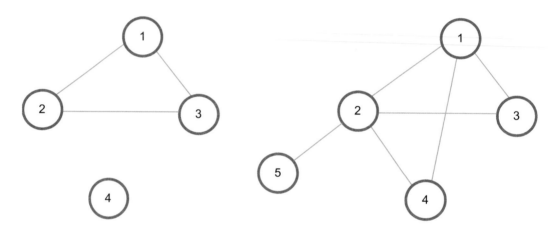

(10) 強連通（strongly connected）：有向圖中任兩點都有邊相連，且雙向皆可連通，雙向可連通是指圖上任兩點點 i 與點 j，點 i 可以連到點 j，且點 j 也可以連到點 i。下圖為強連通圖。

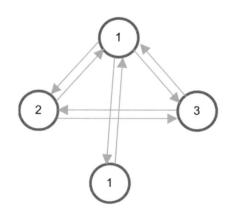

(11) 分支度（degree）：無向圖中連接到該頂點的邊的個數稱作分支度，下圖的
點 1 的分支度為 3，點 3 分支度為 2，點 5 分支度為 1。

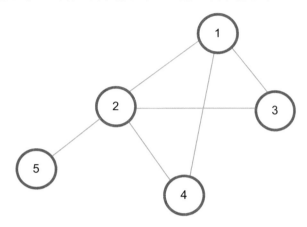

(12) 入分支度（in degree）與出分支度（out degree）

有向圖中進入該頂點的邊個數稱作入分支度，離開該頂點的邊個數稱作出分支
度。點 1 的入分支度為 3，出分支度為 2，分支度為 5，而點 4 的出分支度為 1，
入分支度為 0，分支度為 1。

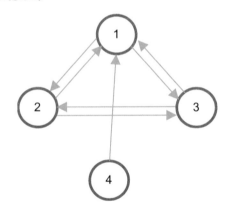

10-2 ▸▸ 實作圖形資料結構

　　實作圖形資料結構的程式碼讓讀者可以更加瞭解圖形資料結構，並介紹圖形資
料結構的走訪，如何利用程式走訪每個節點。

10-2-1　使用陣列建立圖形資料結構【10-2-1 使用陣列建立圖形資料結構.cpp】

　　可以使用陣列表示圖形資料結構，如下圖形資料結構範例，本範例圖形結構有
5 個節點，可以使用 5x5 的陣列儲存下圖。

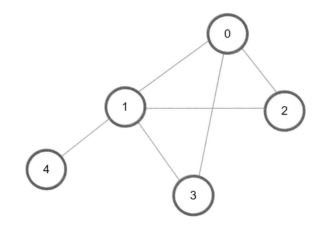

　　若有邊相連,則陣列元素值改為 1,否則陣列元素值改為 0。由下表可知無向圖一定是對稱陣列,因為點 x 可以連到點 y,點 y 一定可以連回點 x。

終　點

		0	1	2	3	4
	0	0	1	1	1	0
起	1	1	0	1	1	1
點	2	1	1	0	0	0
	3	1	1	0	0	0
	4	0	1	0	0	0

　　有向圖也可以使用陣列表示圖形資料結構,如下圖形資料結構範例,本範例圖形結構有 4 個節點,可以使用 4x4 的陣列儲存下圖。

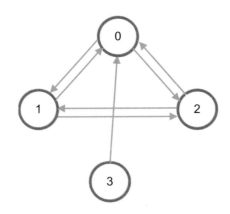

若有邊相連，則陣列元素值改為 1，否則陣列元素值改為 0。

終　點

	0	1	2	3
0	0	1	1	0
1	1	0	1	0
2	1	1	0	0
3	1	0	0	0

起點

```
1     #include <iostream>
2     #include <cstring>
3     using namespace std;
4     int G[100][100];
5     int main(void){
6       int n,a,b;
7       memset(G,0,sizeof(G));
8       cin >> n;
9       for(int i=0;i<n;i++){
10        cin >> a >> b;
11        G[a][b]=1;
12        G[b][a]=1;
13      }
14    }
```

- 第 4 行：宣告陣列 G 為二維整數陣列，有 100 列與 100 行的元素。
- 第 5 到 14 行：定義 main 函式。
- 第 6 行：宣告 n、a 與 b 為整數變數。
- 第 7 行：使用 memset 函式將二維陣列 G 每個元素設定為 0。
- 第 8 行：輸入一個整數到變數 n，表示有幾個邊要輸入。
- 第 9 到 13 行：使用迴圈執行 n 次，每次輸入兩個數字表示邊的兩個頂點到變數 a 與 b（第 10 行）。設定 G[a][b] 為 1，表示點 a 可以到點 b，設定 G[b][a] 為 1，表示點 b 可以到點 a。

　　圖形資料結構使用陣列表示有什麼優缺點？使用陣列表示圖形資料結構的優點是程式撰寫容易。那什麼情況下適合使用陣列表示圖形資料結構？

假設圖形資料結構如下，圖形資料結構只有 5 個節點，只有 3 個邊。

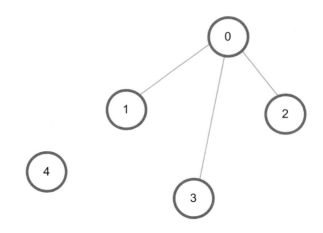

若以陣列表示圖形資料結構，如下，只有 6 元素數值為 1，其他元素數值為 0，數值為 0 的元素其實可以不用儲存。

終　點

		0	1	2	3	4
起	0	0	1	1	1	0
	1	1	0	0	0	0
點	2	1	0	0	0	0
	3	1	0	0	0	0
	4	0	0	0	0	0

　　發現出現許多空間的浪費，若圖形資料結構接近完整圖，就可以使用陣列進行圖形資料結構的建立，不會浪費太多空間，若圖形資料結構有許多的邊都不存在，使用陣列就會造成空間浪費，可以使用 deque 陣列方式建立圖形資料結構，不會浪費太多空間，圖形中有邊存在才需要記錄在 deque 陣列，不須使用陣列預留所有邊的空間，減少記憶體空間的使用。

10-2-2　使用 deque 陣列建立圖形資料結構
【10-2-2 使用 deque 建立圖形資料結構.cpp】

　　圖形資料結構也可以使用指標所建立鏈結串列陣列進行儲存，鏈結串列需要一個指標指向下一個元素，再把這樣的結構宣告為陣列，圖形資料結構的結構宣告如下。結構陣列 head 中每個元素都是鏈結串列，可以串接多個點。

```
struct node{
  char data;
  struct node *next;
};
node  head[100];
```

如果要將下圖使用鏈結串列陣列表示圖形資料結構。

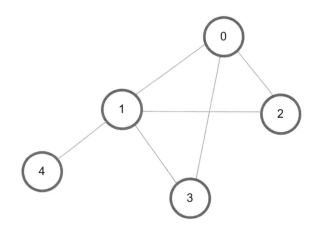

鏈結串列陣列 head 的示意圖如下。

head 陣列

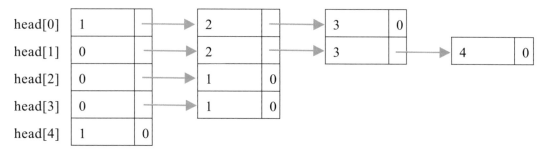

但使用鏈結串列陣列表示圖形資料結構的程式有些複雜，可不可以有其他方法取代，可以使用 deque 陣列取代，雖然會浪費較多空間，但使用 deque 陣列取代鏈結串列陣列 head，在程式碼撰寫上可以比較容易，也較容易閱讀，程式碼執行效率也不差。

deque 陣列 G

G[0]	1	2	3	
G[1]	0	2	3	4
G[2]	0	1		
G[3]	0	1		
G[4]	1			

```
1    #include <iostream>
2    #include <deque>
3    using namespace std;
4    deque<int> G[100];
5    int main(){
6      int n,a,b;
7      cin >> n;
8      for(int i=0;i<n;i++){
9        G[i].clear();
10     }
11     for(int i=0;i<n;i++){
12       cin >> a >> b;
13       G[a].push_back(b);
14       G[b].push_back(a);
15     }
16   }
```

- 第 4 行：宣告陣列 G 為 deque 陣列，有 100 個元素，每個元素都是儲存整數的 deque。

- 第 5 到 16 行：定義 main 函式。

- 第 6 行：宣告 n、a 與 b 為整數變數。

- 第 7 行：輸入一個整數到變數 n，表示有幾個邊要輸入。

- 第 8 到 10 行：使用迴圈變數 i，由 0 到 n-1，每次遞增 1，每次清空 G[i]，刪除 G[i]已經儲存的元素。

- 第 11 到 15 行：使用迴圈執行 n 次，每次輸入兩個數字到變數 a 與 b，表示邊的兩個頂點（第 12 行）。將 b 加入到 G[a]的最後，表示點 a 可以到點 b，將 a 加入到 G[b]的最後，表示點 b 可以到點 a。

10-3 ▸▸ 使用深度優先進行圖的走訪

在圖形的走訪過程中，以深度為優先進行走訪，稱作深度優先搜尋，如下圖，以下範例使用深度優先搜尋，從點 0 開始，依照未走訪過的節點中數字由小到大順序進行走訪。

(1) 點 0 中有邊連接的點有點 1、點 2 與點 3，則點 1 數字最小，則由點 0 走訪到點 1。

(2) 接著點 1 中有邊連接的點有點 0、點 2、點 3 與點 4，因為點 0 已經走訪過，所以下一個點先選點 2，則由點 1 走訪到點 2。

(3) 接著點 2 中有邊連接的點有點 0、點 1 與點 3，因為點 0 與點 1 已經走訪過，所以下一個點先選點 3，則由點 2 走訪到點 3。

(4) 接著點 3 中有邊連接的點有點 0、點 1 與點 2，點 0、點 1 與點 2 都已經走訪過，所以倒退回點 2。

(5) 點 2 的所有點也都走訪過，所以倒退回點 1。

(6) 接著點 1 中有邊連接的點有點 0、點 2、點 3 與點 4，因為點 0、點 2 與點 3 已經走訪過，所以下一個點先選點 4，則由點 1 走訪到點 4。

(7) 接著點 4 中有邊連接的點只有點 1，因為點 1 已經走訪過，所以倒退回點 1。

(8) 接著點 1 中有邊連接的點有點 0、點 2、點 3 與點 4，都已經走訪過，所以倒退回點 0，程式結束。

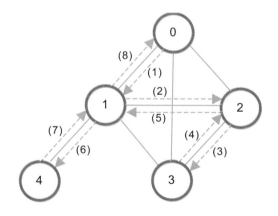

深度優先搜尋是以遞迴呼叫的方式來實作，最近走訪的點要優先走訪，需要使用堆疊來暫存最近使用過的點，遞迴呼叫過程中會自動使用系統堆疊，就不需要自行撰寫堆疊程式，讓程式更加簡潔。找出圖形中的最長路徑長度，是否有循環（cycle）在圖形中，那些點可以連通等訊息都可以使用深度優先搜尋來完成，甚至看起來與

圖形無關的問題，也可以轉換成圖形，進行深度優先搜尋找到答案，以下介紹一些深度優先搜尋的範例。

10-3-1　使用 DFS 求最長路徑長度【10-3-1 使用 DFS 求最長路徑長度.cpp】

給定最多 200 個節點以內的無向圖，但不會形成環，每個節點名稱都是英文字串組成，且節點名稱皆不相同，節點與節點之間可能有邊相連，求可以連接最長路徑邊的個數。

- 輸入說明：輸入正整數 n，表示圖形中有 n 個點，接著下一行輸入 m 表示有 m 個邊，接下來有 m 行，每個邊輸入兩個節點名稱，表示有邊連接這兩個節點，最後一行輸入起始點的節點名稱。
- 輸出說明：輸出最長路徑的長度。
- 範例輸入

  5
  4
  ax bx
  bx cx
  dx cx
  cx ex
  ax
- 範例輸出

  3

(a) 解題想法

使用 map 將節點名稱轉成節點編號，將節點編號加入 deque 陣列中，將圖形資料結構以 deque 陣列表示，最後使用深度優先搜尋，找出最長邊的個數。

(b) 程式碼與解說

```
1    #include <iostream>
2    #include <deque>
3    #include <string>
4    #include <cstring>
5    #include <map>
6    using namespace std;
7    deque<int> G[210];
```

```
8      int V[210];
9      int md;
10     map<string,int> nmap;
11     int getCityIndex(string);
12     void DFS(int,int);
13     int main(){
14       string x,y,start;
15       int a,b,n,m,startv;
16       while(cin >> n){
17         md=0;
18         nmap.clear();
19         for(int i=0;i<n;i++){
20           G[i].clear();
21           V[i]=0;
22         }
23         cin >> m;
24         for(int i=0;i<m;i++){
25           cin >> x >> y;
26           a=getCityIndex(x);
27           b=getCityIndex(y);
28           G[a].push_back(b);
29           G[b].push_back(a);
30         }
31         cin >> start;
32         startv=getCityIndex(start);
33         memset(V,0,sizeof(V));
34         V[startv]=1;
35         DFS(startv,0);
36         cout << md <<endl;
37       }
38     }
39     int getCityIndex(string p){
40       if (nmap.find(p)==nmap.end()){
41         int s=nmap.size();
42         nmap[p]=s;
43       }
44       return nmap[p];
45     }
46     void DFS(int x,int level){
47       int target;
48       for(int i=0;i<G[x].size();i++){
49         if (level>md) md=level;
50         target=G[x][i];
51         if (V[target] == 1) continue;
52         V[target]=1;
```

```
53          DFS(target,level+1);
54       }
55    }
```

- 第 7 行：宣告陣列 G 為 deque 陣列，有 210 個元素，每個元素都是儲存整數的 deque。

- 第 8 行：宣告陣列 V 為整數陣列，有 210 個元素。

- 第 9 行：宣告 md 為整數變數。

- 第 10 行：宣告 nmap 為 map 物件，儲存字串與整數的對應。

- 第 11 行：宣告 getCityIndex 函式，將節點名稱轉成數字。

- 第 12 行：宣告 DFS 函式，進行深度優先搜尋。

- 第 13 到 38 行：定義 main 函式。

- 第 14 行：宣告 x、y 與 start 為字串變數。

- 第 15 行：宣告 a、b、n、m 與 startv 為整數變數。

- 第 16 到 37 行：使用 while 迴圈輸入整數到 n，表示圖的節點數。

- 第 17 行：初始化變數 md 為 0。

- 第 18 行：清空 nmap 物件內資料。

- 第 19 到 22 行：使用迴圈，迴圈變數 i 由 0 到(n-1)，每次遞增 1，清空 deque 陣列 G 第 i 個元素，設定陣列 V 第 i 個元素為 0。

- 第 23 行：輸入邊的個數到整數變數 m。

- 第 24 到 30 行：使用使用迴圈，迴圈變數 i 由 0 到（m-1），每次遞增 1，輸入邊的兩個節點名稱到變數 x 與變數 y。將字串 x 輸入 getCityIndex 轉成整數到變數 a（第 26 行），將字串 y 輸入 getCityIndex 轉成整數到變數 b（第 27 行），將 b 加入到 G[a] 的最後，表示點 a 可以連接到點 b（第 28 行），將 a 加入到 G[b] 的最後，表示點 b 可以連接到點 a（第 29 行）。

- 第 31 行：輸入字串到變數 start。

- 第 32 行：將字串 start 輸入 getCityIndex 轉成整數到變數 startv。

- 第 33 行：初始化陣列 V 的每個元素為 0。

- 第 34 行：設定陣列 V 的第 startv 元素為 1。

- 第 35 行：使用 DFS 做走訪，輸入 startv 與 0，表示從 startv 開始且開始階層為 0。

- 第 36 行：輸出變數 md 到螢幕上。

- 第 39 到 45 行：定義函式 getCityIndex，使用字串 p 為輸入的字串，將節點名稱 p 轉換成節點編號，假設使用 find 函式尋找 p 是否在 nmap 中，若不存在，則會回傳 nmap.end()，設定整數變數 s 為 nmap 的大小（第 41 行），設定 nmap[p] 為 s（第 42 行）。最後回傳 nmap[p] 為節點名稱 p 的編號（第 44 行）。

- 第 46 到 55 行：定義 DFS 函式進行深度優先搜尋，輸入參數 x 表示目前的節點編號，與參數 level 表示此節點距離起始節點經過了幾個邊。

- 第 47 行：宣告 target 為整數變數。

- 第 48 到 54 行：使用迴圈讀取節點編號 x 的所有邊可以連結出去的節點，迴圈變數 i 由 0 到 G[x].size()-1，每次遞增 1，若變數 level 大於變數 md，則設定變數 md 為變數 level，變數 md 設定為目前最長路徑的邊數（第 49 行），設定變數 target 為 G[x][i]，G[x][i] 表示讀取 G[x] 的第 i 個元素，變數 target 設定為能由節點編號 x 連結出去的節點 G[x][i]，若 V[target] 等於 1，表示已經拜訪過，則使用指令 continue 跳到迴圈的開頭，變數 i 遞增 1，繼續迴圈；否則（V[target]不等於 1），設定 V[target] 為 1，使用遞迴呼叫 DFS，以下一個節點編號 target，與到達節點編號 target 的邊個數 level+1 為輸入參數。

(c) 演算法效率分析

執行第 39 到 45 行 getCityIndex 函式的演算法效率為 $O(\log(n))$，因為 map 物件的 find 函式的執行效率為 $O(\log(n))$，n 為節點個數，程式第 24 到 30 行呼叫 getCityIndex 函式約 2*m 次，m 是圖形中邊的個數，所以第 24 到 30 行的演算法效率是 $O(m*\log(n))$，此程式第 46 到 55 行執行深度優先搜尋，使用 deque 陣列實作圖形資料結構，第 48 到 54 行需不斷搜尋每個邊最多兩次，因為無向圖，每個邊有 2 個方向，演算法效率為 $O(n+m)$，n 為節點個數，m 是圖形中邊的個數。深度優先搜尋若使用 deque 陣列實作圖形資料結構或鏈結串列陣列實作圖形資料結構演算法效率為 $O(n+m)$。但本範例節點名稱為字串，需先經由 map 物件節點名稱轉換為節點編號才能建立圖形結構，反而花了更多時間，整個程式效率為 $O(m*\log(n))$。

(d) 預覽結果

按下「執行→編譯並執行」，螢幕顯示結果如下圖。

10-3-2　使用 DFS 偵測是否有迴圈【10-3-2 用 DFS 偵測是否有迴圈.cpp】

　　給定最多 26 個節點以內的有向圖，每個節點名稱都是英文大寫字母，且節點名稱皆不相同，節點與節點之間可能有邊相連，求是否已經形成循環。

- 輸入說明：輸入正整數 n，表示圖形中有 n 個邊，接著的 n 行，每行輸入兩個英文大寫字母，假設兩個英文大寫字母為 A 與 B，表示有一個由 A 到 B 的有向邊。

- 輸出說明：若圖中有循環，則輸出「形成循環」，否則輸出「沒有形成循環」。

- 範例輸入

  3
  A D
  D B
  B C
  4
  A B
  B C
  C B
  D F

- 範例輸出

  沒有形成循環
  形成循環

(a) 解題想法

　　先將節點名稱減去大寫字母 A 轉成節點編號，將節點編號加入 deque 陣列中，將圖形資料結構以 deque 陣列表示，最後將所有點都使用深度優先搜尋，找出是否會回到起始點。

(b) 程式碼與解說

```
1     #include <iostream>
2     #include <deque>
3     using namespace std;
4     deque<int> G[27];
5     int V[27];
6     bool isLoop;
7     void DFS(int,int);
8     int main(){
9       int n,x,y;
10      char a,b;
11      while (cin >> n){
12        isLoop=false;
13        for(int i=0;i<26;i++){
14          G[i].clear();
15          V[i]=0;
16        }
17        for(int i=0;i<n;i++){
18          cin >> a >> b;
19          x=a-'A';
20          y=b-'A';
21          G[x].push_back(y);
22        }
23        for(int i=0;i<26;i++){
24          if (G[i].size()>0) DFS(i,i);
25          if (isLoop) break;
26        }
27        if (isLoop) cout <<"形成循環"<<endl;
28        else cout << "沒有形成循環" << endl;
29      }
30    }
31    void DFS(int x,int start){
32      if (isLoop) return;
33      int target;
34      for(int i=0;i<G[x].size();i++){
35        target=G[x][i];
36        if (target == start) {
37          isLoop=true;
38          return;
39        }
40        if (V[target] == 1) continue;
41        V[target]=1;
42        DFS(target,start);
43        V[target]=0;
```

```
44        }
45    }
```

- 第 4 行：宣告陣列 G 為 deque 陣列，有 27 個元素，每個元素都是整數的 deque。

- 第 5 行：宣告陣列 V 為整數陣列，有 27 個元素。

- 第 6 行：宣告 isLoop 為布林變數。

- 第 7 行：宣告 DFS 函式，進行深度優先搜尋。

- 第 8 到 30 行：定義 main 函式。

- 第 9 行：宣告 x、y 與 n 為整數變數。

- 第 10 行：宣告 a 與 b 為字元變數。

- 第 11 到 29 行：使用 while 迴圈輸入整數到 n，表示圖中邊的個數。

- 第 12 行：初始化變數 isLoop 為 false。

- 第 13 到 16 行：使用迴圈，迴圈變數 i 由 0 到 25，每次遞增 1，清空 deque 陣列 G 第 i 個元素，設定陣列 V 第 i 個元素為 0。

- 第 17 到 22 行：使用使用迴圈，迴圈變數 i 由 0 到（n-1），每次遞增 1，輸入邊的兩個節點名稱的大寫英文字母到變數 a 與變數 b。將變數 a 減去英文字母 A 所獲得的數字儲存到變數 x（第 19 行），將變數 b 減去英文字母 A 所獲得的數字儲存到變數 y（第 20 行），將 y 加入到 G[x]的最後，表示點 x 可以到點 y（第 21 行），表示這是有向圖。

- 第 23 到 26 行：使用迴圈，迴圈變數 i 由 0 到 25，每次遞增 1，若 G[i].size() 大於 0，表示點 i 有邊可以連出去，就呼叫函式 DFS，測試是否有循環（第 24 行），若 isLoop 為 true，表示已經找到循環，就不用繼續找下去，中斷迴圈（第 25 行）。

- 第 27 到 28 行：若 isLoop 為 true，則輸出「形成循環」，否則輸出「沒有形成循環」。

- 第 31 到 45 行：定義 DFS 函式進行深度優先搜尋，輸入參數 x 表示目前的節點編號，與參數 start 表示起始節點的編號。

- 第 32 行：若 isLoop 為 true，則結束 DFS 函式，經由指令 return 返回呼叫函式。

- 第 33 行：宣告 target 為整數變數。

- 第 34 到 44 行：使用迴圈讀取節點編號 x 的所有邊可以連結出去的節點，迴圈變數 i 由 0 到 G[x].size()-1，每次遞增 1，設定變數 target 為 G[x][i]，

G[x][i] 表示讀取 G[x] 的第 i 個元素，變數 target 設定為能由節點編號 x 連結出去的節點編號 G[x][i]（第 35 行）。

- 第 36 到 39 行：若變數 target 等於變數 start，表示回到起點形成循環，則設定變數 isLoop 為 true（第 37 行），使用指令 return 返回呼叫函式。

- 第 40 行：若 V[target] 等於 1，表示已經拜訪過，則使用指令 continue 跳到迴圈的開始第 34 行處，變數 i 遞增 1，繼續迴圈。

- 第 41 到 43 行：會執行到此，表示 V[target] 不等於 1，則設定 V[target] 為 1，使用遞迴呼叫 DFS，以下一個節點編號 target，與起始節點編號 start 為輸入參數。遞迴呼叫 DFS 結束後，設定 V[target] 為 0。

(c) 演算法效率分析

此程式第 31 到 45 行是深度優先搜尋演算法，使用 deque 陣列實作圖形資料結構，第 34 到 44 行需不斷搜尋每個點連出去的邊最多一次，演算法效率為 O(n+m)，n 是圖形中點的個數，m 是圖形中邊的個數。第 23 到 26 行因為每個節點若有邊可以連出去，就需要執行 DFS 深度優先搜尋演算法，所以整個程式演算法效率最差為 O(n*(n+m))，n 是圖形中點的個數，m 是圖形中邊的個數。

(d) 預覽結果

按下「執行→編譯並執行」，螢幕顯示結果如下圖。

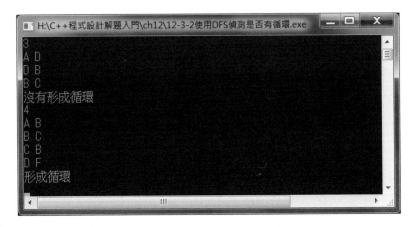

10-4 ▸▸ 使用寬度優先進行圖的走訪

　　除了深度優先搜尋外，圖形資料結構另一個常用的走訪演算法為寬度優先搜尋，這兩個演算法都可以走訪所有有邊相連的節點，只是走訪的順序不相同而已，寬度優先搜尋使用佇列暫存下一個要走訪的節點，而深度優先搜尋使用堆疊儲存倒退回來時的下一個要走訪的節點。

　　以下範例使用寬度優先搜尋，從點 0 開始，依照未走訪過的節點中數字由小到大順序進行走訪，將點 0 加入到佇列中。

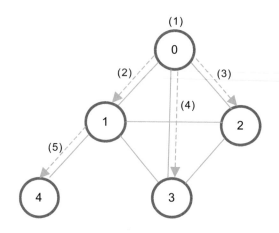

佇列

0							

(1) 從佇列中取出第一個元素點 0，點 0 中有邊連接的點有點 1、點 2 與點 3，則依序將點 1、點 2 與點 3 加入佇列。

佇列

1	2	3					

(2) 從佇列中取出第一個元素點 1，由點 0 走訪到點 1，點 1 中有邊連接的點有點 0、點 2、點 3 與點 4，因為點 0 已經走訪過，而點 2 與點 3 已經加入佇列中，則將點 4 加入佇列。

2	3	4					

(3) 從佇列中取出第一個元素點 2，由點 0 走訪到點 2，點 2 中有邊連接的點有點 0、點 1 與點 3，因為點 0 與點 1 已經走訪過，而點 3 已經加入佇列中，則不須將點加入佇列中。

3	4								

(4) 從佇列中取出第一個元素點 3，由點 0 走訪到點 3，點 3 中有邊連接的點有點 0、點 1 與點 2，因為點 0、點 1 與點 2 已經走訪過，則不須將點加入佇列中。

4									

(5) 從佇列中取出第一個元素點 4，由點 1 走訪到點 4，點 4 中有邊連接的點有點 1，因為點 1 已經走訪過，則不須將點加入佇列中。

(6) 因為佇列是空的，所以程式結束。

　　寬度優先搜尋是以佇列來實作，以發現點的先後順序來儲存點到佇列中，再依序取出進行走訪。甚至看起來與圖形無關的問題，也可以轉換成圖形，進行廣度優先搜尋找出答案來，例如：在迷宮中走到出口的最少步數，下棋時移到某一點的最少步數等，以下介紹一些廣度優先搜尋的範例。

10-4-1 迷宮【10-4-1 迷宮.cpp】

　　給定最多 100 列 100 行的迷宮，數字 1 表示通道，數字 0 表示牆壁，請找出迷宮中指定的起始點到所有通道的最少步數，保證迷宮所有通道一定相連，請寫一個程式列出迷宮中每一個通道距離起始點的最少步數。

　　舉例如下，以下為 5 列 6 行的迷宮，1 表示通道，0 表示牆，若設定第 3 列第 4 行為起始點，請計算到達迷宮所有通道的最少步數。

	第 1 行	第 2 行	第 3 行	第 4 行	第 5 行	第 6 行
第 1 列	0	1	1	1	1	0
第 2 列	0	0	1	1	0	0
第 3 列	0	1	1	1（起始點）	0	0
第 4 列	1	1	1	1	0	1
第 5 列	1	1	1	1	1	1

- 輸入說明：輸入正整數 r 與 c，表示迷宮中有 r 列與 c 行，接著輸入 r 行，每行有 c 個數字，每個數字不是 0 就是 1，1 表示迷宮的通道，0 表示牆壁，接著輸入起始點座標的列數與行數。
- 輸出說明：請輸出 r 列 c 行個數字，顯示到達迷宮所有點的最少步數，且起始點的步數設定為 1，牆壁部分以 0 表示，顯示結果請參考範例輸出。
- 範例輸入

  5 6
  0 1 1 1 1 0
  0 0 1 1 0 0
  0 1 1 1 0 0
  1 1 1 1 0 1
  1 1 1 1 1 1
  3 4
- 範例輸出

  0 5 4 3 4 0
  0 0 3 2 0 0
  0 3 2 1 0 0
  5 4 3 2 0 6
  6 5 4 3 4 5

(a) 解題想法

使用寬度優先搜尋，先將起始點設定最少步數為 1，將起始點加入佇列，從佇列中取出最前面的元素，考慮這元素相鄰的點，若相鄰點是通道，且未走訪過與未超出邊界，則將這些相鄰點的步數設定為取出點的步數加 1，將這些相鄰點加入佇列，不斷重複上述動作直到佇列是空的為止，過程中更新最少步數的同時，要記錄最少步數到二維陣列，輸出此二維陣列就可以獲得結果。

(b) 程式碼與解說

```
1    #include <iostream>
2    #include <cstring>
3    #include <deque>
4    using namespace std;
5    int map[101][101];
6    int re[101][101];
7    int gor[4]={0,1,0,-1};
```

```
8      int goc[4]={1,0,-1,0};
9      struct Point{
10       int r;
11       int c;
12       int dis;
13     };
14     deque<Point> myq;
15     bool bound(int row,int col,int nr,int nc){
16       if (((row>0)&&(row<=nr))&&((col>0)&&(col<=nc))) return 1;
17       else return 0;
18     }
19     int main(){
20       int r,c,sr,sc;
21       Point myp,nextp;
22       while(1){
23         memset(re,0,sizeof(re));
24         myq.clear();
25         cin >> r >> c;
26         for(int i=1;i<=r;i++){
27           for(int j=1;j<=c;j++){
28             cin>>map[i][j];
29           }
30         }
31         cin >> sr >> sc;
32         myp.r=sr;
33         myp.c=sc;
34         myp.dis=1;
35         re[myp.r][myp.c]=1;
36         myq.push_back(myp);
37         while (myq.size()>0){
38           nextp=myq.front();
39           myq.pop_front();
40           for(int i=0;i<4;i++){
41             if (bound(nextp.r+gor[i],nextp.c+goc[i],r,c)&&
42             (map[nextp.r+gor[i]][nextp.c+goc[i]] == 1)&&
43             (re[nextp.r+gor[i]][nextp.c+goc[i]] == 0)){
44               re[nextp.r+gor[i]][nextp.c+goc[i]]=nextp.dis+1;
45               myp.r=nextp.r+gor[i];
46               myp.c=nextp.c+goc[i];
47               myp.dis=nextp.dis+1;
48               myq.push_back(myp);
49             }
50           }
51         }
52         for(int i=1;i<=r;i++){
```

```
53              for(int j=1;j<=c;j++){
54                  cout << re[i][j] << " ";
55              }
56              cout << endl;
57          }
58      }
59  }
```

- 第 5 行：宣告 map 為二維整數陣列有 101 列與 101 行，用於儲存迷宮。

- 第 6 行：宣告 re 為二維整數陣列有 101 列與 101 行，用於儲存最少步數。

- 第 7 行：宣告 gor 為整數陣列有 4 個元素，用於儲存相鄰點列值的差距。

- 第 8 行：宣告 goc 為整數陣列有 4 個元素，用於儲存相鄰點行值的差距。

- 第 9 到 13 行：宣告結構 Point，有三個元素，分別是列座標 r 與行座標 c，與最少步數 dis。

- 第 14 行：宣告 myq 為儲存結構 Point 的 deque。

- 第 15 到 18 行：宣告與定義 bound 函式，輸入 row、col、nr 與 nc，判斷點座標是否超出邊界，若點在邊界內則回傳 1，否則回傳 0。

- 第 19 到 59 行：定義 main 函式。

- 第 20 行：宣告 r、c、sr 與 sc 為整數變數。

- 第 21 行：宣告 myp 與 nextp 為結構 Point 變數。

- 第 22 到 58 行：使用 while 迴圈不斷輸入測試資料。

- 第 23 行：使用 memset 函式設定陣列 re 所有元素為 0。

- 第 24 行：將佇列 myq 清空。

- 第 25 行：輸入兩個整數到變數 r 與變數 c。

- 第 26 到 30 行：使用巢狀迴圈輸入 r 列 c 行個整數到二維整數陣列 map，外層迴圈變數 i，由 1 到 r，每次遞增 1，內層迴圈變數 j，由 1 到 c，每次遞增 1，每次輸入一個數字到 map[i][j]。

- 第 31 行：輸入起始點的列到變數 sr，行到變數 sc。

- 第 32 到 34 行：設定 myp 的 r 為 sr，myp 的 c 為 sc，myp 的 dis 為 1。

- 第 35 行：設定起始點的步數為 1，相當於設定陣列 re[myp.r][myp.c] 為 1。

- 第 36 行：將 myp 加入佇列 myq。

- 第 37 到 51 行：若佇列 myq 的個數大於 0，則取出佇列 myq 的最前面的元素到 nextp（第 38 行），刪除佇列 myq 的最前面的元素（第 39 行）。

- 第 40 到 50 行：使用迴圈變數 i，由 0 到 3，每次遞增 1，用於計算相鄰點的列與行，相鄰點的列為 nextp.r+gor[i]，相鄰點的行為 nextp.c+goc[i]，使用函式 bound 判斷是否超出邊界（第 41 行），若該點的陣列 map 等於 1，表示相鄰點是通道（第 42 行），若該點的陣列 re 等於 0，表示還沒有走過（第 43 行）。

- 第 44 行：設定該點的陣列 re 的數值為 nextp.dis+1。

- 第 45 到 48 行：儲存相鄰點到佇列 myq，設定 myp.r 為 nextp.r+gor[i]，設定 myp.c 為 nextp.c+goc[i]，設定 myp.dis 為 nextp.dis+1，將 myp 加入佇列 myq。

- 第 52 到 57 行：使用巢狀迴圈顯示二維陣列 re 到螢幕，外層迴圈變數 i，由 1 到 r，每次遞增 1，內層迴圈變數 j，由 1 到 c，每次遞增 1，每次顯示 re[i][j]到螢幕。輸出一列後顯示換行（第 56 行）。

(c) 演算法效率分析

執行第 37 到 51 行的寬度優先搜尋演算法，每個通道的節點都會被加入佇列與從佇列取出，最多通道的個數為 r*c，r 為迷宮的列數，c 為迷宮的行數，所以寬度優先搜尋演算法效率最差為 O(r*c)，第 26 到 30 行輸入迷宮的狀態，其程式效率為 O(r*c)，第 52 到 57 行顯示最少步數結果，其程式效率也是 O(r*c)，所以整個程式的效率為 O(r*c)。

(d) 預覽結果

按下「執行→編譯並執行」，螢幕顯示結果如下圖。

10-4-2 象棋馬的移動【10-4-2 象棋馬的移動.cpp】

給定最多 20 列 20 行的棋盤，請找出棋盤上所指定馬的位置到棋盤上所有點的最少步數，請寫一個程式列出棋盤上每一個點的最少步數。象棋的馬走法如下。

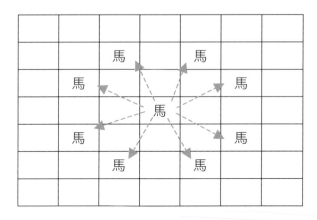

- 輸入說明：輸入正整數 r 與 c，表示棋盤中有 r 列與 c 行，接著輸入兩個整數 sr 與 sc 表示馬起始位置的列數與行數。
- 輸出說明：請輸出 r 列 c 行個數字，顯示棋盤中到達所有點的最少步數，且起始點的步數設定為 1，顯示結果請參考範例輸出。
- 範例輸入

  10 10 4 6
- 範例輸出

  5 4 3 4 3 4 3 4 3 4
  4 3 4 5 2 3 2 5 4 3
  5 4 3 2 3 4 3 2 3 4
  4 3 4 3 4 1 4 3 4 3
  5 4 3 2 3 4 3 2 3 4
  4 3 4 5 2 3 2 5 4 3
  5 4 3 4 3 4 3 4 3 4
  4 5 4 3 4 3 4 3 4 5
  5 4 5 4 5 4 5 4 5 4
  6 5 4 5 4 5 4 5 4 5

(a) 解題想法

使用寬度優先搜尋，先將起始點設定最少步數為 1，將起始點加入佇列，從佇列中取出最前面的元素，考慮這元素相鄰的點，若相鄰點未走訪過與未超出邊界，

則將這些相鄰點的步數設定為取出點的步數加 1，將這些相鄰點加入佇列，不斷重複上述動作直到佇列是空的為止，過程中更新最少步數的同時，要記錄最少步數到二維陣列，輸出此二維陣列就可以獲得結果。

(b) 程式碼與解說

```
1    #include <iostream>
2    #include <cstring>
3    #include <deque>
4    using namespace std;
5    int chess[21][21],r,c;
6    int gor[8]={1,-1,-2,-2,-1,1,2,2};
7    int goc[8]={2,2,1,-1,-2,-2,-1,1};
8    struct Point{
9      int r;
10     int c;
11     int step;
12   };
13   deque<Point> myq;
14   int bound(int ir,int ic){
15     if (((ir>=1)&&(ir<=r))&&((ic>=1)&&(ic<=c))) return 1;
16     else return 0;
17   }
18   int main(){
19     int sr,sc;
20     Point myp,nextp;
21     while (cin >> r >> c){
22       cin >> sr >> sc;
23       memset(chess,0,sizeof(chess));
24       chess[sr][sc]=1;
25       myp.r=sr;
26       myp.c=sc;
27       myp.step=1;
28       myq.push_back(myp);
29       while (myq.size()>0){
30         nextp=myq.front();
31         myq.pop_front();
32         for(int i=0;i<8;i++){
33           if (bound(nextp.r+gor[i],nextp.c+goc[i])&&
34           (chess[nextp.r+gor[i]][nextp.c+goc[i]] == 0)){
35             chess[nextp.r+gor[i]][nextp.c+goc[i]]=nextp.step+1;
36             myp.r=nextp.r+gor[i];
37             myp.c=nextp.c+goc[i];
38             myp.step=nextp.step+1;
```

```
39              myq.push_back(myp);
40           }
41        }
42     }
43     for(int i=1;i<=r;i++){
44       for(int j=1;j<=c;j++){
45         cout << chess[i][j]<<" ";
46       }
47       cout << endl;
48     }
49   }
50 }
```

- 第 5 行：宣告 chess 為二維整數陣列有 21 列與 21 行，用於儲存最少步數，宣告變數 r 與變數 c，用於儲存棋盤的列數與行數。

- 第 6 行：宣告 gor 為整數陣列有 8 個元素，用於儲存相鄰點列值的差距。

- 第 7 行：宣告 goc 為整數陣列有 8 個元素，用於儲存相鄰點行值的差距。

- 第 8 到 12 行：宣告結構 Point，有三個元素，分別是列座標 r 與行座標 c，與最少步數 step。

- 第 13 行：宣告 myq 為儲存結構 Point 的 deque。

- 第 14 到 17 行：宣告與定義 bound 函式，輸入 ir 與 ic，判斷點座標是否超出邊界，若點在邊界內則回傳 1，否則回傳 0。

- 第 18 到 50 行：定義 main 函式。

- 第 19 行：宣告 sr 與 sc 為整數變數。

- 第 20 行：宣告 myp 與 nextp 為結構 Point 變數。

- 第 21 到 49 行：使用 while 迴圈不斷輸入棋盤的列數到變數 r，棋盤的行數到變數 c。

- 第 22 行：輸入馬起始位置的列數到變數 sr，行數到變數 sc。

- 第 23 行：使用 memset 函式設定陣列 chess 所有元素為 0。

- 第 24 行：設定起始點的步數為 1，相當於設定陣列 chess[sr][sc] 為 1。

- 第 25 到 27 行：設定 myp 的 r 為 sr，myp 的 c 為 sc，myp 的 step 為 1。

- 第 28 行：將 myp 加入佇列 myq。

- 第 29 到 42 行：若佇列 myq 的個數大於 0，則取出佇列 myq 的最前面的元素到 nextp（第 30 行），刪除佇列 myq 的最前面的元素（第 31 行）。

- 第 32 到 41 行：使用迴圈變數 i，由 0 到 7，每次遞增 1，用於計算是否可以走訪相鄰點，相鄰點的列為 nextp.r+gor[i]，相鄰點的行為 nextp.c+goc[i]，使用函式 bound 判斷相鄰點是否超出邊界（第 33 行），若該相鄰點的陣列 chess 等於 0，表示還沒有走訪過（第 34 行），則執行第 35 到 39 行。

- 第 35 行：設定 chess 陣列中該點的值為 nextp.step+1。

- 第 36 到 39 行：儲存相鄰點到佇列 myq，設定 myp.r 為 nextp.r+gor[i]，設定 myp.c 為 nextp.c+goc[i]，設定 myp.step 為 nextp.step+1，將 myp 加入佇列 myq。

- 第 43 到 48 行：使用巢狀迴圈顯示二維陣列 chess 到螢幕，外層迴圈變數 i，由 1 到 r，每次遞增 1，內層迴圈變數 j，由 1 到 c，每次遞增 1，每次顯示 chess[i][j] 到螢幕。輸出一列後顯示換行（第 47 行）。

(c) 演算法效率分析

執行第 29 到 42 行的寬度優先搜尋演算法，棋盤上每個點都會被加入佇列，再從佇列取出，點個數為 r*c，r 為棋盤的列數，c 為棋盤的行數，所以寬度優先搜尋演算法效率最差為 O(r*c)，第 43 到 48 行顯示最少步數結果，其程式效率也是 O(r*c)，所以整個程式的效率為 O(r*c)。

(d) 預覽結果

按下「執行→編譯並執行」，輸入「10 10 4 6」，表示 10 列 10 行的棋盤，馬起始位置為第 4 列第 6 行，螢幕顯示結果如下圖。

10-4-3 有障礙物的馬【10-4-3 有障礙物的馬.cpp】

　　給定最多 500 列 500 行的棋盤，棋盤左上角座標為(0,0)，右下角座標為 (499,499)，棋盤上的馬不能走到障礙物的點，且有拐馬腳的限制，例如若障礙物出現在下圖 A 的位置，則馬不能走向點 1 與點 2；若障礙物出現在下圖 B 的位置，則馬不能走向點 3 與點 4；若障礙物出現在下圖 C 的位置，則馬不能走向點 5 與點 6；若障礙物出現在下圖 D 的位置，則馬不能走向點 7 與點 8，這樣的限制稱作拐馬腳。請找出棋盤上所指定馬的起始位置到目標位置，是否有路徑到達，若有路徑可以到達，請輸出最少步數，若沒有路徑到達，請輸出「無法到達」。

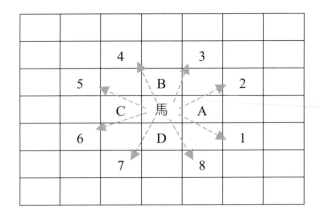

　　下圖有三個障礙物，座標為 (1,3)、(2,3) 與 (3,3)，起始點為 (1,2)，目標點為 (3,6)，若起始點的步數為 1，則起始點到達目標點最少步數為 5。

	0	1	2	3	4	5	6
0							
1			起	障			
2				障			
3				障			目
4							
5							
6							

下圖有四個障礙物，座標為 (1,3)、(2,0)、(2,1) 與 (2,2)，起始點為 (1,2)，目標點為 (3,6)，起始點無法到達目標點。

	0	1	2	3	4	5	6
0							
1			起	障			
2	障	障	障				
3							目
4							
5							
6							

- 輸入說明：輸入正整數 n，表示棋盤上有幾個障礙物，接著輸入 n 行，每行兩個數字代表障礙物座標的列數與行數，接著輸入兩個整數 sr 與 sc 表示馬起始位置的列數與行數，最後輸入兩個整數 tr 與 tc 表示馬目標位置的列數與行數。

- 輸出說明：請輸出到達目標位置的最少步數，起始點的步數為 1，若無法到達，請輸出「無法到達」。

- 範例輸入

第一組測資

3

1 3

2 3

3 3

1 2

3 6

第二組測資

4

1 3

2 0

2 1

2 2

1 2

3 6

- 範例輸出

  第一組測資結果

  5

  第二組測資結果

  無法到達

(a) 解題想法

先定義一個二維陣列 chess 表示棋盤每個點的狀態，若陣列 chess 元素值為 1，表示障礙物，若陣列 chess 元素值為 999，表示目標位置，若陣列 chess 元素值為 2，表示已經走過，若陣列 chess 元素值為 0，表示還未走過。使用寬度優先搜尋，先將起始點設定最少步數為 1，將起始點加入佇列，從佇列中取出最前面的元素，考慮這元素相鄰的點，若相鄰點沒有拐馬腳，且未走訪過與未超出邊界，則將這些相鄰點的步數設定為取出點的步數加 1，將這些相鄰點加入佇列，不斷重複上述動作直到找到目標點座標或佇列是空的為止，過程中使用變數 minstep 紀錄目前最少步數，先設定為很大的數字，例如：9999999，若走到目標位置，則將最少步數儲存到變數 minstep，清空佇列，跳出寬度優先搜尋，最後根據 minstep 決定是否可以走到目標位置。

(b) 程式碼與解說

```
1    #include <iostream>
2    #include <cstring>
3    #include <deque>
4    using namespace std;
5    int chess[501][501];
6    int gor[8]={1,-1,-2,-2,-1,1,2,2};
7    int goc[8]={2,2,1,-1,-2,-2,-1,1};
8    int stopr[8]={0,0,-1,-1,0,0,1,1};
9    int stopc[8]={1,1,0,0,-1,-1,0,0};
10   struct Point{
11     int r;
12     int c;
13     int step;
14   };
15   deque<Point> myq;
16   int bound(int row,int col){
17     if ((((row>=0)&&(row<500))&&((col>=0)&&(col<500)))) return 1;
18     else return 0;
19   }
```

```
20    int main(){
21      int n,r,c,sr,sc,tr,tc,minstep;
22      Point myp,nextp;
23      while (cin >> n){
24        minstep=9999999;
25        memset(chess,0,sizeof(chess));
26        for(int i=0;i<n;i++){
27          cin >> r >> c;
28          chess[r][c]=1;
29        }
30        cin >> sr >> sc;
31        cin >> tr >> tc;
32        chess[tr][tc]=999;
33        chess[sr][sc]=2;
34        myp.r=sr;
35        myp.c=sc;
36        myp.step=1;
37        myq.push_back(myp);
38        while (myq.size()>0){
39          nextp=myq.front();
40          myq.pop_front();
41          for(int i=0;i<8;i++){
42            if ((bound(nextp.r+stopr[i],nextp.c+stopc[i]))&&
43            (chess[nextp.r+stopr[i]][nextp.c+stopc[i]] != 1)) {
44              if (bound(nextp.r+gor[i],nextp.c+goc[i])&&
45              (chess[nextp.r+gor[i]][nextp.c+goc[i]] == 0)){
46                chess[nextp.r+gor[i]][nextp.c+goc[i]]=2;
47                myp.r=nextp.r+gor[i];
48                myp.c=nextp.c+goc[i];
49                myp.step=nextp.step+1;
50                myq.push_back(myp);
51              }
52              if (bound(nextp.r+gor[i],nextp.c+goc[i])&&
53              (chess[nextp.r+gor[i]][nextp.c+goc[i]]==999)) {
54                if (minstep > (nextp.step+1)) {
55                  minstep=nextp.step+1;
56                  myq.clear();
57                  break;
58                }
59              }
60            }
61          }
62        }
63        if (minstep == 9999999) cout << "無法到達" <<endl;
```

```
64          else cout << minstep << endl;
65      }
66  }
```

- 第 5 行：宣告 chess 為二維整數陣列有 501 列與 501 行，用於儲存棋盤的狀態。

- 第 6 行：宣告 gor 為整數陣列有 8 個元素，用於儲存相鄰點列值的差距。

- 第 7 行：宣告 goc 為整數陣列有 8 個元素，用於儲存相鄰點行值的差距。

- 第 8 行：宣告 stopr 為整數陣列有 8 個元素，用於儲存拐馬腳列值的差距。

- 第 9 行：宣告 stopc 為整數陣列有 8 個元素，用於儲存拐馬腳行值的差距。

- 第 10 到 14 行：宣告結構 Point，有三個元素，分別是列座標 r 與行座標 c，與最少步數 step。

- 第 15 行：宣告 myq 為儲存結構 Point 的 deque。

- 第 16 到 19 行：宣告與定義 bound 函式，輸入 row 與 col，判斷點座標是否超出邊界，若點在邊界內則回傳 1，否則回傳 0。

- 第 20 到 66 行：定義 main 函式。

- 第 21 行：宣告 n、r、c、sr、sc、tr、tc 與 minstep 為整數變數。

- 第 22 行：宣告 myp 與 nextp 為結構 Point 變數。

- 第 23 到 65 行：使用 while 迴圈不斷輸入 n，表示有 n 個障礙物。

- 第 24 行：初始化 minstep 為 9999999。

- 第 25 行：使用 memset 函式設定陣列 chess 所有元素為 0。

- 第 26 到 29 行：使用迴圈輸入 n 個障礙點的列數到變數 r，行數到變數 c，設定 chess[r][c]為 1，陣列 chess 的元素為 1，表示是障礙點。

- 第 30 行：輸入馬起始位置的列數到變數 sr，行數到變數 sc。

- 第 31 行：輸入馬目標位置的列數到變數 tr，行數到變數 tc。

- 第 32 行：設定 chess[tr][tc]為 999，陣列 chess 的元素為 999，表示是目標位置。

- 第 33 行：設定起始點已經走過，相當於設定陣列 chess[sr][sc]為 2。

- 第 34 到 36 行：設定 myp 的 r 為 sr，myp 的 c 為 sc，myp 的 step 為 1。

- 第 37 行：將 myp 加入佇列 myq。

- 第 38 到 62 行：若佇列 myq 的個數大於 0，則取出佇列 myq 的最前面的元素到 nextp（第 39 行），刪除佇列 myq 的最前面的元素（第 40 行）。

- 第 41 到 61 行：使用迴圈變數 i，由 0 到 7，每次遞增 1，用於計算障礙物是否在拐馬腳位置，相鄰點是否可以走，拐馬腳位置的列為 nextp.r+stopr[i]，拐馬腳位置的行為 nextp.c+stopc[i]，相鄰點的列為 nextp.r+gor[i]，相鄰點的行為 nextp.c+goc[i]，使用函式 bound 判斷拐馬腳位置是否超出邊界（第 42 行），且障礙物不在拐馬腳位置（第 43 行），則執行第 44 到 59 行。

- 第 44 到 51 行：使用函式 bound 判斷相鄰點是否超出邊界（第 44 行），且若相鄰點的陣列 chess 等於 0，表示還沒有走過（第 45 行），則設定 chess 陣列的相鄰點位置元素值為 2，表示已經走過（第 46 行）。儲存相鄰點到佇列 myq，設定 myp.r 為 nextp.r+gor[i]，設定 myp.c 為 nextp.c+goc[i]，設定 myp.step 為 nextp.step+1，將 myp 加入佇列 myq（第 47 到 50 行）。

- 第 52 到 59 行：使用函式 bound 判斷相鄰點是否超出邊界（第 52 行），且若相鄰點的陣列 chess 等於 999，表示已經到達目標位置（第 53 行），若 minstep 大於 nextp.step+1，則設定 minstep 為 nextp.step+1（第 55 行），清空 myq（第 56 行），中斷迴圈第 57 行。

- 第 63 到 64 行：若 minstep 等於 9999999，則顯示「無法到達」，否則顯示變數 minstep 的數值。

(c) 演算法效率分析

執行第 38 到 62 行的寬度優先搜尋演算法，棋盤上每個點都會被加入佇列，再從佇列取出，棋盤上點的個數為 $O(n^2)$，假設棋盤為 n 列與 n 行，所以整個程式的效率為 $O(n^2)$。

(d) 預覽結果

按下「執行→編譯並執行」，螢幕顯示結果如下圖。

10-5 ▸▸ APCS 圖形結構相關實作題詳解

10-5-1 血緣關係（10503 第 4 題）【10-5-1-血緣關係.cpp】

問題描述

小宇有一個大家族。有一天，他發現記錄整個家族成員和成員間血緣關係的家族族譜。小宇對於最遠的血緣關係（我們稱之為"血緣距離"）有多遠感到很好奇。

下圖為家族的關係圖。0 是 7 的孩子，1、2 和 3 是 0 的孩子，4 和 5 是 1 的孩子,6 是 3 的孩子。我們可以輕易的發現最遠的親戚關係為 4（或 5）和 6，他們的"血緣距離" 是 4 （4~1,1~0,0~3,3~6）。

給予任一家族的關係圖，請找出最遠的"血緣距離"。你可以假設只有一個人是整個家族成員的祖先，而且沒有兩個成員有同樣的小孩。

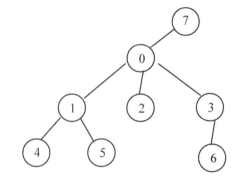

輸入格式

第一行為一個正整數 n 代表成員的個數，每人以 0~n-1 之間惟一的編號代表。接著的 n-1 行，每行有兩個以一個空白隔開的整數 a 與 b （0 ≤ a,b ≤ n-1），代表 b 是 a 的孩子。

輸出格式

每筆測資輸出一行最遠"血緣距離"的答案。

範例一：輸入	範例二：輸入
8	4
0 1	0 1
0 2	0 2
0 3	2 3
7 0	
1 4	範例二：正確輸出
1 5	3
3 6	
	（說明）
範例一：正確輸出	最遠路徑為 1->0->2->3，距離為 3。
4	
（說明）	
如題目所附之圖，最遠路徑為 4->1->0->3->6 或 5->1->0->3->6，距離為 4。	

評分說明

輸入包含若干筆測試資料，每一筆測試資料的執行時間限制（time limit）均為 3 秒，依正確通過測資筆數給分。其中，第 1 子題組共 10 分，整個家族的祖先最多 2 個小孩，其他成員最多一個小孩，2 ≤ n ≤ 100 。

第 2 子題組共 30 分，2 ≤ n ≤ 100 。

第 3 子題組共 30 分，101 ≤ n ≤ 2,000 。

第 4 子題組共 30 分，1,001 ≤ n ≤ 100,000 。

(a) 解題想法

使用深度優先搜尋（DFS）走訪樹狀結構，演算法步驟如下。

Step1 找出根（root）節點，由根（root）節點出發進行深度優先搜尋（DFS），也就是定義深度優先搜尋（DFS）函式，使用根（root）節點為輸入，可以寫成 DFS(root)。

Step2 深度優先搜尋（DFS）函式的程式結構，如下。

若該點沒有小孩，則回傳 0，遞迴中止。

若該點只有一個小孩，則回傳並遞迴呼叫「 DFS（該小孩）+1」。

若該點有兩個以上的小孩，則計算所有小孩最大深度的前兩名相加，計算相加最大值到廣域變數 md。最後回傳最大深度值，為了只有一個小孩的「DFS（該小孩）」。

Step3 遞迴呼叫 DFS(root) 回傳結果到變數 rd，取 md 與 rd 較大值就是答案。

(b) 程式碼與解說

```
1     #include <cstdio>
2     #include <deque>
3     #include <algorithm>
4     #define MAX 100001
5     using namespace std;
6     deque<int> F[MAX];
7     int md;
8     int DFS(int x) {
9       int max1, max2, result;
10      if (F[x].size() == 0) return 0;//沒有小孩
11      if (F[x].size() == 1) return DFS(F[x][0])+1;//一個小孩
12      else {//小孩超過兩個以上
13        for (int i = 0; i<F[x].size(); i++) {
14          result = DFS(F[x][i]) + 1;//該小孩的深度
15          if (i == 0) max1 = result; //走訪第一個小孩時
16          else if (i == 1) {//走訪第二個小孩時
17            if (max1 >= result) max2 = result;
18            else {
19              int tmp = max1;
20              max1 = result;
21              max2 = tmp;
22            }
23          } else {//走訪第三個以後的小孩時
```

```
24          if (max1 <= result) {
25              max2 = max1;
26              max1 = result;
27          }else if (max2 < result) max2 = result;
28        }
29      }
30      md = max(md, max1 + max2);
31      return max1;
32    }
33  }
34  int main() {
35    int a, b,root,rd,n;
36    bool isChild[MAX];
37    while (scanf("%d", &n) != EOF) {
38      md = 0;
39      for (int i = 0; i<n; i++) {
40        F[i].clear();
41        isChild[i] = false;
42      }
43      for (int i = 1; i<n; i++) {//建立有向圖
44        scanf("%d %d", &a, &b);
45        F[a].push_back(b);
46        isChild[b] = true;//b 是小孩
47      }
48      for (int i = 0; i < n; i++) {//找出 root
49        if (!isChild[i]) {//只要不曾經是小孩，就是 root
50          root = i;
51          break;
52        }
53      }
54      rd = DFS(root);
55      md=max(rd,md);
56      printf("%d\n", md);
57    }
58  }
```

- 第 6 行：新增 F 為 deque 的陣列，有 100001 個元素，用於建立圖形結構。

- 第 7 行：宣告 md 為整數變數。

- 第 8 到 33 行：定義 DFS 函式，宣告 max1、max2 與 result 為整數變數（第 9 行）。

- 第 10 行：若 F[x].size()等於 0，表示沒有小孩，所以回傳 0。

- 第 11 到 32 行：若 F[x].size() 等於 1，表示只有一個子節點，回傳 DFS(F[x][0])+1，該子節點編號 F[x][0] 的深度加上 1（第 11 行）；否則（表

示兩個小孩以上）使用迴圈走訪每一個小孩，使用遞迴呼叫函式 DFS 計算每一個小孩的深度到變數 result（第 14 行）。

- 第 15 到 29 行：記錄小孩中最長深度到 max1，第二長深度到 max2，若變數 i 等於 0，表示走訪第一個小孩，設定 max1 為 result（第 15 行）；否則若變數 i 等於 1，表示走訪第二個小孩（第 16 行），若 max1 大於等於 result，設定 max2 為 result（第 17 行）；否則設定 tmp 為 max1，設定 max1 為 result，設定 max2 為 tmp（第 18 到 22 行）。

- 第 23 到 28 行：走訪第三個以上的小孩時，要不斷更新最長深度到 max1，第二長深度到 max2，若 max1 小於等於 result，設定 max2 為 max1，設定 max1 為 result（第 24 到 26 行）；否則若 max2 小於 result，設定設定 max2 為 result（第 27 行）。

- 第 30 行：計算所有小孩最長深度的前兩名相加結果，如果有比廣域變數 md 大就更新廣域變數 md。

- 第 31 行：由上到下深度優先搜尋時，分支度只有 1 時，呼叫「DFS(F[x][0])+1」，需要回傳 DFS(F[x][0]) 的結果，就是回傳 max1。

- 第 34 到 58 行：定義 main 函式。

- 第 35 行：宣告 a、b、root、rd 與 n 為整數變數。

- 第 36 行：宣告 isChild 布林陣列，有 100001 個元素。

- 第 37 到 57 行：不斷地輸入家族成員人數到變數 n，初始化 md 為 0（第 38 行）。

- 第 39 到 42 行：使用迴圈清空陣列 F，設定陣列 isChild 的每個元素為 false。

- 第 43 到 47 行：使用迴圈輸入親屬關係，每次輸入雙親節點編號與小孩節點編號到變數 a 與變數 b（第 44 行），將小孩節點編號 b 加入 F[a] 的 deque，建立圖形結構（第 45 行），設定陣列 isChild 的節點編號 b 為 true，表示 b 是小孩，陣列 isChild 用於找出根節點（root）。

- 第 48 到 53 行：使用迴圈找出根節點（root），如果陣列 isChild 的節點編號 i 等於 false，表示節點編號 i 為根節點（root），設定變數 root 為節點編號 i（第 50 行），使用 break 中斷迴圈（第 51 行）。

- 第 54 行：使用深度優先搜尋函式 DFS，以根節點編號 root 為輸入，回傳從 root 出發最長的深度結果到變數 rd，函式 DFS 會計算子孫節點的多個小孩的最長兩個小孩長度相加到變數 md。

- 第 55 行：取 rd 與 md 的較大值到 md。

- 第 56 行：輸出 md 就是最遠的血緣距離。

(c) 預覽結果

按下「執行→編譯並執行」，輸入題目所規定的兩組測資後，螢幕顯示結果如下圖。

(d) 演算法效率分析

本程式耗時的程式區塊在第 8 到 33 行的深度優先搜尋 DFS，需要走訪每一個點與邊，本程式演算法效率為 $O(N+E)$，N 為點的個數，E 為邊的個數，因為樹狀結構的邊個數為點個數減 1，所以 $O(N+E)$ 相當於 $O(N+N-1)$，簡化為 $O(N)$。

UVa Online Judge 網路解題資源

圖形結構		
分類	UVa 題目	分類
基礎題	UVa 10763 Foreign Exchange	DFS
基礎題	UVa 11094 Continents	DFS
基礎題	UVa 11244 Counting Stars	DFS
基礎題	UVa 11283 Playing Boggle	DFS
基礎題	UVa 439 Knight Moves	BFS
基礎題	UVa 11352 Crazy King	BFS
進階題	UVa 10067 Playing with Wheels	BFS
進階題	UVa 10603 Fill	BFS
進階題	UVa 821 PageHopping	BFS

註：使用題目編號與名稱為關鍵字進行搜尋，可以在網路上找到許多相關的線上解題資源。

圖形最短路徑 ⑪

　　圖形資料結構是由點與邊所組成，圖形資料結構廣泛應用於程式實作，許多功能的實作都可以轉換成圖形資料結構，例如：使用地圖搜尋最短路徑，將地點轉換成圖形資料結構中的點，地點與地點間的距離轉換成邊的權重，最後使用最短路徑演算法就可以找出最短路徑。

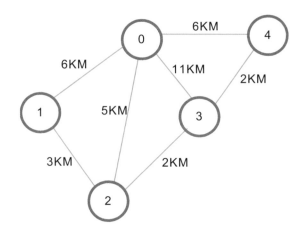

11-1 ▸▸ 實作圖形資料結構—新增邊的權重

　　實作邊帶有權重的圖形資料結構，讓讀者可以更加瞭解圖形資料結構，並介紹圖形資料結構的最短路徑演算法，如何利用程式找出起點到每個節點的最短路徑。

11-1-1　使用陣列建立邊帶有權重的圖形資料結構

【11-1-1 使用陣列建立邊帶有權重的圖形資料結構.cpp】

　　可以使用陣列建立圖形資料結構，如下圖形資料結構範例，本範例圖形結構有5 個節點，可以使用 5x5 的陣列儲存下圖。

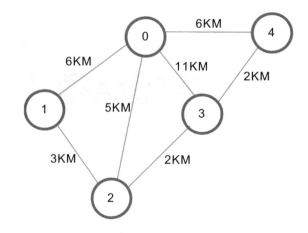

　　若有邊相連，則陣列元素值改為邊的權重，否則陣列元素值改為 0。由下表可知無向圖一定是對稱陣列，因為點 x 可以連到點 y，點 y 一定可以連回點 x。

終　點

		0	1	2	3	4
起	0	0	6	5	11	6
	1	6	0	3	0	0
點	2	5	3	0	2	0
	3	11	0	2	0	2
	4	6	0	0	2	0

　　有向圖也可以使用陣列建立圖形資料結構，如下圖形資料結構範例，本範例圖形結構有 5 個節點，可以使用 5x5 的陣列儲存下圖。

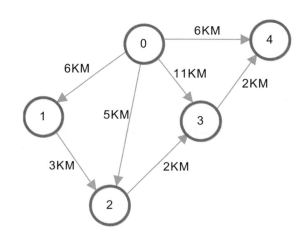

　　若有邊相連，則陣列元素值改為邊的權重，否則陣列元素值改為 0，因為是有向圖所以要注意起點與終點，將邊的權重加入正確的格子內。

終　點

	0	1	2	3	4
0	0	6	5	11	6
1	0	0	3	0	0
2	0	0	0	2	0
3	0	0	0	0	2
4	0	0	0	0	0

起點

　　以下為使用陣列建立邊帶有權重的圖形資料結構程式範例。

```
1    #include <iostream>
2    #include <cstring>
3    using namespace std;
4    int G[100][100];
5    int main(void){
6      int n,a,b,w;
7      memset(G,0,sizeof(G));
8      cin >> n;
9      for(int i=0;i<n;i++){
10       cin >> a >> b >> w;
11       G[a][b]=w;
12       G[b][a]=w;
13     }
14   }
```

- 第 4 行：宣告陣列 G 為二維整數陣列，有 100 列與 100 行的元素。
- 第 5 到 14 行：定義 main 函式。
- 第 6 行：宣告 n、a、b 與 w 為整數變數。
- 第 7 行：使用 memset 函式將二維陣列 G 每個元素設定為 0。
- 第 8 行：輸入一個整數到變數 n，表示有幾個邊要輸入。
- 第 9 到 13 行：使用迴圈執行 n 次，每次輸入兩個數字表示邊的兩個頂點到變數 a 與 b，邊的權重到變數 w（第 10 行）。設定 G[a][b] 為 w，表示點 a 可以到點 b，且權重為 w，設定 G[b][a] 為 w，表示點 b 可以到點 a，且權重為 w。

11-1-2　使用 deque 陣列建立圖形資料結構

【11-1-2 使用 deque 建立邊帶有權重的圖形資料結構.cpp】

　　若使用 deque 所建立陣列進行儲存圖形資料結構，圖形資料結構的結構宣告如下。

```
struct Edge{
  int from;
  int to;
  int w;
};
deque<Edge>  G[100];
```

　　宣告一個結構 Edge，由 3 個元素描述一個邊，這個邊是具有方向性的，分別是 from、to 與 w，from 紀錄邊的起點，to 紀錄邊的終點，w 表示邊的權重，再宣告一個 deque 陣列用於記錄每個點可以連出去的所有邊，如此就可以將圖形以 deque 陣列表示。

　　若要將下圖使用 deque 陣列方式建立圖形資料結構，需不斷將邊加到指定的 deque 後面。

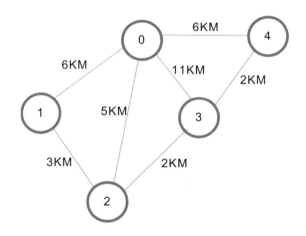

　　使用陣列 G，將上圖所有點與邊加入後的結果如下，建立圖形後就可以使用各種圖形演算法，獲得想要的結果。

G[0]	from:0 to:1 w:6	from:0 to:2 w:5	from:0 to:3 w:11	from:0 to:4 w:6
G[1]	from:1 to:0 w:6	from:1 to:2 w:3		
G[2]	from:2 to:0 w:5	from:2 to:1 w:3	from:2 to:3 w:2	
G[3]	from:3 to:0 w:11	from:3 to:2 w:2	from:3 to:4 w:2	
G[4]	from:4 to:0 w:6	from:4 to:3 w:2		

以下為使用 deque 建立邊帶有權重的圖形資料結構程式範例。

```
1    #include <iostream>
2    #include <deque>
3    using namespace std;
4    struct Edge{
5      int from;
6      int to;
7      int w;
8    };
9    deque<Edge>  G[100];
10   int main(){
11     int n,a,b,w;
12     Edge tmp;
13     cin >> n;
14     for(int i=0;i<n;i++){
15       G[i].clear();
16     }
17     for(int i=0;i<n;i++){
18       cin >> a >> b >> w;
19       tmp.from=a;
20       tmp.to=b;
21       tmp.w=w;
22       G[a].push_back(tmp);
23       tmp.from=b;
24       tmp.to=a;
25       tmp.w=w;
26       G[b].push_back(tmp);
```

```
27          }
28          }
```

- 第 4 到 8 行：宣告一個結構 Edge，由 3 個元素描述一個邊，這個邊是具有方向性的，分別是 from、to 與 w，from 紀錄邊的起點，to 紀錄邊的終點，w 表示邊的權重。

- 第 9 行：宣告陣列 G 為 deque 陣列，有 100 個元素，每個元素都是儲存結構 Edge 的 deque。

- 第 10 到 28 行：定義 main 函式。

- 第 11 行：宣告 n、a、b 與 w 為整數變數。

- 第 12 行：宣告 tmp 為結構 Edge 變數。

- 第 13 行：輸入一個整數到變數 n，表示有幾個邊要輸入。

- 第 14 到 16 行：使用迴圈變數 i，由 0 到 n-1，每次遞增 1，每次清空 G[i]，刪除 G[i] 已經儲存的元素。

- 第 17 到 27 行：使用迴圈執行 n 次，每次輸入 3 個數字表示邊的兩個頂點到變數 a 與 b，與邊的權重到變數 w（第 18 行）。設定 tmp 的 from 為 a，設定 tmp 的 to 為 b，設定 tmp 的 w 為 w，將 tmp 加入到 G[a] 的最後，表示點 a 到點 b 有邊相連，權重為 w（第 19 到 22 行）。設定 tmp 的 from 為 b，設定 tmp 的 to 為 a，設定 tmp 的 w 為 w，將 tmp 加入到 G[b] 的最後，表示點 b 到點 a 有邊相連，權重為 w（第 23 到 26 行）。

11-2 ‣‣ 使用 Dijkstra 演算法找最短路徑

找出圖形中的最短路徑的演算法，常見的有三種，分別是 Dijkstra 演算法、BellmanFord 演算法與 Floyd 演算法，以下分成三節進行介紹，每種演算法各有優缺點與適合的題目類型。

Dijkstra 演算法是一種貪婪（Greedy）的演算法策略，最短路徑決定了就不能更改，不能用於邊的權重為負值的情形，只能找出單點對所有點的最短路徑，不能用於有負環的情形，所謂的負環就是形成循環（cycle）且循環的權重加總結果為負值，不斷的經過此循環就可以獲得更小的值，會造成無法在有限步驟中獲得最短路徑，所以 Dijkstra 演算法、BellmanFord 演算法與 Floyd 演算法皆無法在有負環的圖中得到正確的最短路徑。

Dijkstra 演算法

下圖以點 0 為出發點，找出到其他點的最短路徑。

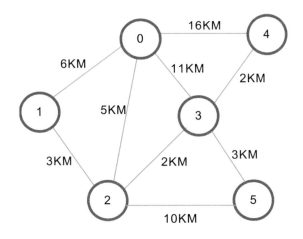

使用一個陣列 dis 暫存由出發點（點 0）連接出去的各點最短路徑，初始化點 0 為 0，其他點為無限大。

	點 0	點 1	點 2	點 3	點 4	點 5
陣列 dis	0	無限大	無限大	無限大	無限大	無限大

Step1　從出發點（點 0）可以連出去的點 1、點 2、點 3 與點 4，更新這些點的最短路徑，找出出發點（點 0）連到點 2 的距離 5 是目前未使用過的最短路徑，所以出發點（點 0）連接到點 2 的最短路徑就確定了，之後不能更改。

	點 0	點 1	點 2	點 3	點 4	點 5
陣列 dis	0	6	5	11	16	無限大

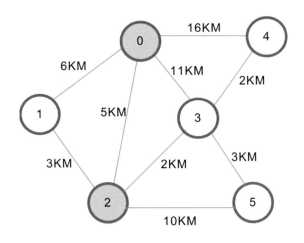

Step2 更新從點 2 可以連出去的點 0、點 1、點 3 與點 5，其中點 0 已經確定為
最短路徑，點 3 與點 5 需更新最短路徑，點 3 需更新為 7，點 5 需更新
為 15，找出出發點（點 0）連到點 1 的距離 6 是目前未使用過的最短路
徑，所以出發點（點 0）連接到點 1 的最短路徑就確定了，之後不能更
改。

	點 0	點 1	點 2	點 3	點 4	點 5
陣列 dis	0	6	5	7	16	15

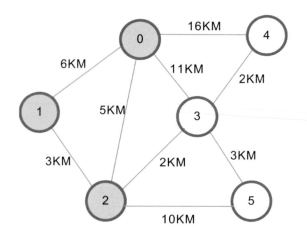

Step3 更新從點 1 可以連出去的點 0 與點 2，點 0 與點 2 已經確定為最短路徑，
接著繼續找出出發點（點 0）出發，未拜訪點的最短路徑點，發現出發
點（點 0）連到點 3 的距離 7 是目前未使用過的最短路徑，所以出發點
（點 0）連接到點 3 的最短路徑就確定了，之後不能更改。

	點 0	點 1	點 2	點 3	點 4	點 5
陣列 dis	0	6	5	7	16	15

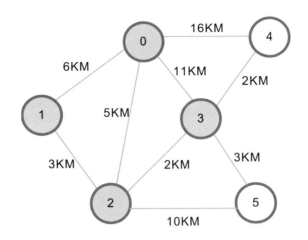

Step4 更新從點 3 可以連出去的點 0、點 2、點 4 與點 5，其中點 0 與點 2 已經確定最短路徑，點 4 與點 5 需更新最短路徑，點 4 需更新為 9，點 5 需更新為 10，接著繼續找出出發點（點 0）出發，未拜訪點的最短路徑點，發現出發點（點 0）連到點 4 的距離 9 是目前未使用過的最短路徑，所以出發點（點 0）連接到點 4 的最短路徑就確定了，之後不能更改。

	點 0	點 1	點 2	點 3	點 4	點 5
陣列 dis	0	6	5	7	9	10

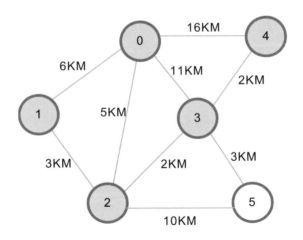

Step5 更新從點 4 可以連出去的點 0 與點 3，點 0 與點 3 已經確定最短路徑，接著繼續找出出發點（點 0）出發，未拜訪點的最短路徑點，發現出發點（點 0）連到點 5 的距離 10 是目前未使用過的最短路徑，所以出發點（點 0）連接到點 5 的最短路徑就確定了，之後不能更改，到此已經找出從出發點（點 0）出發到所有點的最短路徑。

	點 0	點 1	點 2	點 3	點 4	點 5
陣列 dis	0	6	5	7	9	10

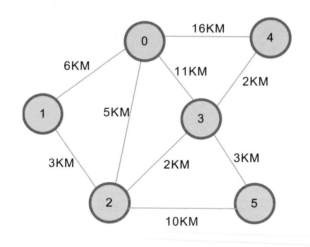

11-2-1 使用 Dijkstra 找最短路徑-節點名稱轉編號

【11-2-1 使用 Dijkstra 找最短路徑.cpp】

給定最多 100 個節點以內的無向圖，每個節點名稱由字串組成，且節點名稱皆不相同，每個邊都有權重，且邊的權重為正整數，相同起點與終點的邊只有一個，由指定的節點名稱為起點，到所有其他點的最短路徑。

- 輸入說明：輸入正整數 n 與 m，表示圖形中有 n 個點與 m 個邊，接下來有 m 行，每行輸入兩個節點名稱與邊的權重，邊的權重為正整數，最後輸入指定為起點的節點名稱。

- 輸出說明：輸出指定節點到所有點的最短路徑。

- 範例輸入

輸入測資   測資表示的圖形

6 9

Ax Bx 6

Ax Cx 5

Ax Dx 11

Ax Ex 16

Bx Cx 3

Cx Dx 2

Cx Fx 10

Dx Ex 2

        Dx Fx 3

        Ex

- 範例輸出

        9 7 4 2 0 5

(a) 解題想法

　　首先使用 map 將節點名稱轉成節點編號，才有辦法建立圖形，接著使用 Dijkstra 演算法找最短路徑，使用陣列 v 紀錄是否已經獲得出發點連到該點的最短路徑，預設值為 0，設定為 1 表示該點已經確定最短路徑的距離，若陣列 v 元素為 1，則該點就不會再找尋是否有更短路徑。陣列 dis 紀錄從點 0 到所有節點的最短路徑，預設為很大的數字，若有更短路徑就更新。使用優先權佇列（priority queue）每次找出從點 0 可以連結出去的點中最短路徑的點編號，設定該點的陣列 v 的值為 1，表示該點已經確定最短路徑，更新該點能連出去到其他點的最短路徑的距離到陣列 dis，將這些點加入優先權佇列，優先權佇列在加入的過程中，會將出發點到該點的權重較小的元素調整到最前面，每次都會取出權重最小的元素，如此不斷重複上述動作直到優先權佇列（priority queue）沒有元素為止，就可以找出所有點的最短路徑。

(b) 程式碼與解說

```
1    #include <iostream>
2    #include <queue>
3    #include <cstring>
4    #include <deque>
5    #include <string>
6    #include <map>
7    using namespace std;
8    map<string,int> nmap;
9    struct Edge{
10     int from,to;
11     int w;
12     bool operator<(const Edge &rhs) const{
13       return (rhs.w < w);
14     }
15   };
16   deque<Edge> G[100];
17   bool v[100];
18   int dis[100];
19   int getCityIndex(string p){
```

```
20        if (nmap.find(p)==nmap.end()){
21          int s=nmap.size();
22          nmap[p]=s;
23        }
24        return nmap[p];
25    }
26    int main(){
27        int n,m,a,b,w,s;
28        string x,y;
29        priority_queue<Edge> pq;
30        Edge tmp,pqedge;
31        cin >> n >> m;
32        for(int i=0;i<n;i++){
33          G[i].clear();
34        }
35        for(int i=0;i<m;i++){
36          cin >> x >> y >> w;
37          a=getCityIndex(x);
38          b=getCityIndex(y);
39          tmp.from=a;
40          tmp.to=b;
41          tmp.w=w;
42          G[a].push_back(tmp);
43          tmp.from=b;
44          tmp.to=a;
45          tmp.w=w;
46          G[b].push_back(tmp);
47        }
48        memset(v,0,sizeof(v));
49        memset(dis,0x6f,sizeof(dis));
50        cin >> x;
51        s=getCityIndex(x);
52        pqedge.from=s;
53        pqedge.w=0;
54        dis[s]=0;
55        pq.push(pqedge);
56        while(!pq.empty()){
57          pqedge=pq.top();
58          pq.pop();
59          int from=pqedge.from;
60          if (v[from]==0) {
61            v[from]=1;
62            for(int i=0;i<G[from].size();i++){
63              if (v[G[from][i].to]==0){
64                if (dis[G[from][i].to]>dis[from]+G[from][i].w) {
```

```
65                    dis[G[from][i].to]=dis[from]+G[from][i].w;
66                    tmp.from=G[from][i].to;
67                    tmp.w=dis[G[from][i].to];
68                    pq.push(tmp);
69                  }
70                }
71              }
72            }
73          }
74          for(int i=0;i<n;i++){
75            cout << dis[i]<<" ";
76          }
77          cout << endl;
78        }
```

- 第 8 行：宣告 nmap 為 map 物件，將字串對應到數字。

- 第 9 到 15 行：宣告一個結構 Edge，有 3 個元素，用於描述一個邊，這個邊是具有方向性的，分別是 from、to 與 w，from 紀錄邊的起點，to 紀錄邊的終點，w 表示邊的權重，並重新定義小於運算子用於優先權佇列（priority queue），可以將權重 w 較小元素置於上面（第 12 到 14 行）。

- 第 16 行：宣告陣列 G 為 deque 陣列，有 100 個元素，每個元素都是儲存結構 Edge 的 deque。

- 第 17 行：宣告陣列 v 為布林陣列，有 100 個元素。

- 第 18 行：宣告陣列 dis 為整數陣列，有 100 個元素。

- 第 19 到 25 行：定義函式 getCityIndex，使用字串 p 為輸入的字串，將節點名稱 p 轉換成節點編號，假設使用 find 函式尋找 p 是否在 nmap 中，若 p 不在 nmap 內，則會回傳 nmap.end()，設定整數變數 s 為 nmap 的元素個數（第 21 行），設定 nmap[p] 為 s。最後回傳 nmap[p]，nmap[p] 為節點名稱 p 的編號。

- 第 26 到 78 行：定義 main 函式。

- 第 27 行：宣告 n、m、a、b、w 與 s 為整數變數。

- 第 28 行：宣告 x 與 y 為字串物件。

- 第 29 行：宣告 pq 為優先權佇列（priority queue），每個元素可以儲存結構 Edge。

- 第 30 行：宣告 tmp 與 pqedge 為結構 Edge 變數。

- 第 31 行：輸入兩個整數到變數 n 與變數 m，n 表示點的個數，m 表示邊的個數。

- 第 32 到 34 行：使用迴圈清空 deque 陣列 G，迴圈變數 i，由 0 到（n-1），每次遞增 1，每次清空 G[i]，刪除 G[i] 已經儲存的元素。

- 第 35 到 47 行：使用迴圈執行 m 次，每次輸入 2 個字串與 1 個數字表示邊的兩個節點名稱到變數 x 與 y，與邊的權重到變數 w（第 36 行）。使用 getCityIndex 將節點名稱 x 轉換成節點編號儲存到變數 a，使用 getCityIndex 將節點名稱 y 轉換成節點編號儲存到變數 b，設定 tmp 的 from 為 a，設定 tmp 的 to 為 b，設定 tmp 的 w 為 w，將 tmp 加入到 G[a] 的最後，表示點 a 到點 b 有邊相連，權重為 w（第 39 到 42 行）。設定 tmp 的 from 為 b，設定 tmp 的 to 為 a，設定 tmp 的 w 為 w，將 tmp 加入到 G[b] 的最後，表示點 b 到點 a 有邊相連，權重為 w（第 43 到 46 行）。

- 第 48 行：設定陣列 v 每個元素為 0。

- 第 49 行：設定陣列 dis 每個位元組為 0x6f，陣列 dis 每個元素為 0x6f6f6f6f，是一個很大的數字，轉成十進位數字為 1869573999。

- 第 50 行：輸入起點節點名稱到變數 x。

- 第 51 行：使用 getCityIndex 函示將節點名稱 x 轉換成節點編號到變數 s。

- 第 52 到 53 行：設定 pqedge 的 from 為 s，設定 pqedge 的 w 為 0。

- 第 54 行：設定 dis[s] 為 0，表示出發點（點 s）的最短距離為 0。

- 第 55 行：將 pqedge 加入到 pq，pq 是優先權佇列（priority queue），每個元素可以儲存結構 Edge。

- 第 56 到 73 行：實作 Dijkstra 演算法程式，當 pq 不是空的，執行以下動作。

- 第 57 行：從 pq 取出最上面，邊的權重（w）最小的元素儲存到 pqedge，因為 pq 為優先權佇列（priority queue），且結構 Edge 的小於運算子的定義，造成邊的權重最小的元素在優先權佇列的最上面。

- 第 58 行：刪除 pq 最上面的元素。

- 第 59 行：宣告變數 from 為 pqedge 的 from。

- 第 60 到 72 行：若陣列 v[from] 等於 0，設定 v[from] 為 1，表示節點編號 from 的點已經找到最短路徑。

- 第 62 到 71 行：使用迴圈找出從點 from 可以連出去的所有邊，迴圈變數 i 由 0 到（G[from].size()-1），每次遞增 1，若 v[G[from][i].to] 為 0，表示點 G[from][i].to 還沒有確定從出發點(點 s)連結到該點的最短路徑（第 63 行），若 dis[G[from][i].to] 大於（dis[from] 加上 G[from][i].w），表示找到出發點（點 s)到點 G[from][i].to 的更短路徑，則設定 dis[G[from][i].to] 為 dis[from]

加上 G[from][i].w（第 65 行），設定 tmp.from 為 G[from][i].to（第 66 行），設定 tmp.w 為 dis[G[from][i].to]（第 67 行），將 tmp 加入到 pq（第 68 行）。

- 第 74 到 76 行：使用迴圈顯示陣列 dis 前 n 個元素到螢幕。

- 第 77 行：輸出換行。

(c) 演算法效率分析

　　執行第 56 到 73 行的演算法效率每個點連出去的邊最多拜訪兩次，演算法效率為 O(n+m)，n 為點的個數，m 為邊的個數，將一個元素加入優先權佇列與從優先權佇列取出元素的程式效率為 O(log(n))，n 為優先權佇列的元素個數，n 可以使用圖中節點個數取代，所有點加入優先權佇列與從優先權佇列取出的效率為 O(n*log(n))，整個程式效率為 O(m+n*log(n))。

(d) 預覽結果

　　按下「執行→編譯並執行」，螢幕顯示結果如下圖。

```
F:\C++程式設計解題入門\ch13\13-2-2-使用Dijkstra找最短路徑--節點名稱轉編號.exe

6 9
Ax Bx 6
Ax Cx 5
Ax Dx 11
Ax Ex 16
Bx Cx 3
Cx Dx 2
Cx Fx 10
Dx Ex 2
Dx Fx 3
Ex
9 7 4 2 0 5
```

11-2-2　封包傳遞【11-2-2-封包傳遞.cpp】

　　網路傳輸的最小單位為封包，給定最多 1000 個節點以內的無向圖，每個節點表示一個網路設備，每個節點編號由 0 開始編號，且節點編號皆不相同，每個邊都有權重，且邊的權重為正整數，權重表示封包在兩個網路設備之間傳送所需要的時間，單位為毫秒，相同起點與終點的邊只有一個，求指定的點 s（s 由使用者輸入）是否有無法到達的點，請列出無法到達的點。

- 輸入說明：輸入正整數 n、m 與整數 s，表示圖形中有 n 個點與 m 個邊，由點 s 出發找尋是否有無法到達的點，接下來有 m 行，每個邊輸入兩個節點編號與邊的權重，保證節點編號由 0 到（n-1），邊的權重為正整數。

- 輸出說明：輸出點 s 無法到達的點。

- 範例輸入

  輸入測資   測資表示的圖形

  6 7 1

  0 1 6

  0 2 5

  0 3 11

  0 4 16

  1 2 3

  2 3 2

  3 4 2

  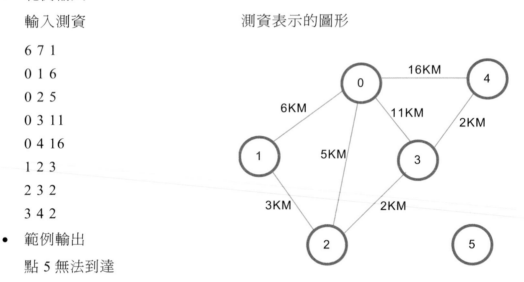

- 範例輸出

  點 5 無法到達

(a) 解題想法

本題與練習題 11-2-1 解題想法相同，使用 Dijkstra 演算法找最短路徑解題，需要判斷是否無法到達，當完成最短路徑找尋後，陣列 dis 的元素數值還是初始值 0x6f6f6f6f，表示該點是無法到達的點，輸出該點為無法到達即可。

(b) 程式碼與解說

```
1    #include <iostream>
2    #include <queue>
3    #include <cstring>
4    #include <deque>
5    #define INF 0x6f6f6f6f
6    using namespace std;
7    struct Edge{
8      int from,to;
9      int w;
10     bool operator<(const Edge &rhs) const{
11       return (rhs.w < w);
12     }
13   };
```

```
14    deque<Edge> G[1010];
15    bool v[1010];
16    int dis[1010];
17    int main(){
18      int n,m,a,b,w,s;
19      while(1){
20        cin >> n >> m >> s;
21        priority_queue <Edge> pq;
22        Edge tmp,pqedge;
23        for(int i=0;i<n;i++){
24          G[i].clear();
25        }
26        for(int i=0;i<m;i++){
27          cin >> a >> b >> w;
28          tmp.from=a;
29          tmp.to=b;
30          tmp.w=w;
31          G[a].push_back(tmp);
32          tmp.from=b;
33          tmp.to=a;
34          tmp.w=w;
35          G[b].push_back(tmp);
36        }
37        memset(v,0,sizeof(v));
38        memset(dis,0x6f,sizeof(dis));
39        pqedge.from=s;
40        pqedge.w=0;
41        dis[s]=0;
42        pq.push(pqedge);
43        while(!pq.empty()){
44          pqedge=pq.top();
45          pq.pop();
46          int from=pqedge.from;
47          if (!v[from]){
48            v[from]=1;
49            for(int i=0;i<G[from].size();i++){
50              if (v[G[from][i].to]==0){
51                if (dis[G[from][i].to]>dis[from]+G[from][i].w) {
52                  dis[G[from][i].to]=dis[from]+G[from][i].w;
53                  tmp.from=G[from][i].to;
54                  tmp.w=dis[G[from][i].to];
55                  pq.push(tmp);
56                }
57              }
```

```
58            }
59          }
60        }
61        for(int i=0;i<n;i++){
62          if (dis[i]==INF) cout <<"點" << i <<"無法到達" <<endl;
63        }
64      }
65    }
```

- 第 5 行：定義 INF 為 0x6f6f6f6f。

- 第 7 到 13 行：宣告一個結構 Edge，有 3 個元素，用於描述一個邊，這個邊是具有方向性的，分別是 from、to 與 w，from 紀錄邊的起點，to 紀錄邊的終點，w 表示邊的權重，並重新定義小於運算子用於優先權佇列（priority queue），可以將邊的權重 w 較小元素置於上面。

- 第 14 行：宣告陣列 G 為 deque 陣列，有 1010 個元素，每個元素都是儲存結構 Edge 的 deque。

- 第 15 行：宣告陣列 v 為布林陣列，有 1010 個元素。

- 第 16 行：宣告陣列 dis 為整數陣列，有 1010 個元素。

- 第 17 到 65 行：定義 main 函式。

- 第 18 行：宣告 n、m、a、b、w 與 s 為整數變數。

- 第 19 到 64 行：使用 while 迴圈允許使用者不斷輸入測試資料。

- 第 20 行：輸入三個整數到變數 n、變數 m 與變數 s，n 表示點的個數，m 表示邊的個數，s 表示起始點的節點編號。

- 第 21 行：宣告 pq 為優先權佇列（priority queue），每個元素可以儲存結構 Edge。

- 第 22 行：宣告 tmp 與 pqedge 為結構 Edge 變數。

- 第 23 到 25 行：使用迴圈清空 deque 陣列 G，迴圈變數 i，由 0 到(n-1)，每次遞增 1，每次清空 G[i]，刪除 G[i] 已經儲存的元素。

- 第 26 到 36 行：使用迴圈執行 m 次，每次輸入 3 個數字表示邊的兩個頂點到變數 a 與 b，與邊的權重到變數 w（第 27 行）。設定 tmp 的 from 為 a，設定 tmp 的 to 為 b，設定 tmp 的 w 為 w，將 tmp 加入到 G[a] 的最後，表示點 a 到點 b 有邊相連，權重為 w（第 28 到 31 行）。設定 tmp 的 from 為 b，設定 tmp 的 to 為 a，設定 tmp 的 w 為 w，將 tmp 加入到 G[b] 的最後，表示點 b 到點 a 有邊相連，權重為 w（第 32 到 35 行）。

- 第 37 行：設定陣列 v 每個元素為 0。

- 第 38 行：設定陣列 dis 每個位元組為 0x6f，陣列 dis 每個元素為 0x6f6f6f6f，是一個很大的數字，轉成十進位數字為 1869573999。

- 第 39 到 40 行：設定 pqedge 的 from 為 s，設定 pqedge 的 w 為 0。

- 第 41 行：設定 dis[s] 為 0，表示出發點（點 s）的最短距離為 0。

- 第 42 行：將 pqedge 加入到 pq，pq 是優先權佇列（priority queue），每個元素可以儲存結構 Edge。

- 第 43 到 60 行：實作 Dijkstra 演算法程式，當 pq 不是空的，執行以下動作。

- 第 44 行：從 pq 取出最上面權重（w）最小的元素儲存到 pqedge，因為 pq 為優先權佇列（priority queue），且結構 Edge 的小於運算子的定義，造成權重最小的元素在最上面。

- 第 45 行：刪除 pq 最上面的元素。

- 第 46 行：宣告變數 from 為 pqedge 的 from。

- 第 47 到 59 行：若陣列 v[from] 等於 0，設定 v[from] 為 1，表示編號 from 的點已經找到最短路徑。

- 第 49 到 58 行：使用迴圈找出從點 from 可以連出去的所有邊，迴圈變數 i 由 0 到（G[from].size()-1），每次遞增 1，若 v[G[from][i].to]為 0，表示點 G[from][i].to 還沒有確定從出發點(點 s)連結到該點的最短路徑(第 50 行)，若 dis[G[from][i].to] 大於（dis[from]加上 G[from][i].w），表示找到出發點（點 s)到點 G[from][i].to 的更短路徑，則設定 dis[G[from][i].to] 為 dis[from] 加上 G[from][i].w（第 52 行），設定 tmp.from 為 G[from][i].to（第 53 行），設定 tmp.w 為 dis[G[from][i].to]（第 54 行），將 tmp 加入到 pq（第 55 行）。

- 第 61 到 63 行：使用迴圈顯示陣列 dis 前 n 個元素是否元素值為 INF(0x6f6f6f6f)，輸出該點為無法到達。

(c) 演算法效率分析

執行第 43 到 60 行的演算法效率每個點連出去的邊最多拜訪兩次，演算法效率為 O(n+m)，n 為點的個數，m 為邊的個數，將一個元素加入優先權佇列與從優先權佇列取出元素的程式效率為 O(log(n))，n 為優先權佇列的元素個數，n 可以使用圖中節點個數取代，所有點加入優先權佇列與從優先權佇列取出的效率為 O(n*log(n))，整個程式效率為 O(m+n*log(n))。

(d) 預覽結果

按下「執行→編譯並執行」，螢幕顯示結果如下圖。

11-3 ▸▸ 使用 Bellman Ford 演算法找最短路徑

Bellman Ford 演算法是一種動態規劃（Dynamic Programming）的演算法策略，最短路徑決定了還可以更改，可以用於邊的權重為負值的情形，只能找出單點對所有點的最短路徑，不能用於負環的圖形上找尋最短路徑，但可以用於偵測圖形中是否有負環存在。

Bellman Ford 演算法

下圖為有向圖，以點 Ax 為出發點，使用 Bellman Ford 演算法找出到其他點的最短路徑，宣告佇列 qu 紀錄新增找出最短路徑的點，陣列 dis 記錄從 Ax 出發到其他點的最短路徑，陣列 inqu 紀錄是否加入佇列中，已經在佇列中設定為 1，從佇列取出設定為 0。

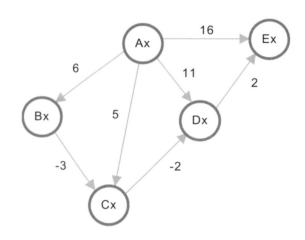

點 Ax 的節點編號為 0，點 Bx 的節點編號為 1，點 Cx 的節點編號為 2，點 Dx 的節點編號為 3，點 Ex 的節點編號為 4。使用一個陣列 dis 暫存由點 Ax 連接出去

的各點最短路徑，初始化點 Ax 為 0，其他點為無限大，將點 Ax 加入佇列 qu，設定陣列 inqu 表示點 Ax 的元素為 1，其他點為 0，表示點 Ax 在佇列 qu 中。

	點 Ax	點 Bx	點 Cx	點 Dx	點 Ex
陣列 dis	0	無限大	無限大	無限大	無限大

	點 Ax	點 Bx	點 Cx	點 Dx	點 Ex
陣列 inqu	1	0	0	0	0

佇列 qu	0(Ax)			

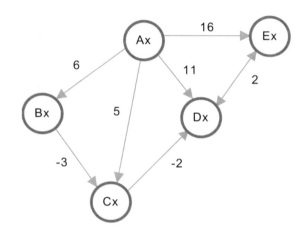

Step1　從佇列 qu 取出最前面的元素點 Ax，設定陣列 inqu 中表示點 Ax 的元素值為 0，表示點 Ax 不在佇列內，從點 Ax 可以連出去的點 Bx、點 Cx、點 Dx 與點 Ex，更新這些點的最短路徑陣列 dis 的元素值，檢查點 Bx、點 Cx、點 Dx 與點 Ex 的陣列 inqu 的元素值是否為 0，若是 0，則將這些點加入佇列 qu，設定對應的陣列 inqu 元素為 1，表示這些點加入佇列 qu 中。

	點 Ax	點 Bx	點 Cx	點 Dx	點 Ex
陣列 dis	0	6	5	11	16

	點 Ax	點 Bx	點 Cx	點 Dx	點 Ex
陣列 inqu	0	1	1	1	1

佇列 qu	1(Bx)	2(Cx)	3(Dx)	4(Ex)

Step2 從佇列 qu 取出最前面的元素點 Bx，設定陣列 inqu 中表示點 Bx 的元素
值為 0，表示點 Bx 不在佇列內，從點 Bx 可以連出去的點 Cx，是否有
更短距離到達點 Cx，發現有更短距離，更新點 Cx 的最短路徑陣列 dis
的元素值，檢查點 Cx 的陣列 inqu 的元素值是否為 0，發現是 1，已經
在佇列 qu 中，則不加入佇列 qu。

	點 Ax	點 Bx	點 Cx	點 Dx	點 Ex
陣列 dis	0	6	3	11	16

	點 Ax	點 Bx	點 Cx	點 Dx	點 Ex
陣列 inqu	0	0	1	1	1

佇列 qu	2(Cx)	3(Dx)	4(Ex)		

Step3 從佇列 qu 取出最前面的元素點 Cx，設定陣列 inqu 中表示點 Cx 的元素
值為 0，表示點 Cx 不在佇列內，從點 Cx 可以連出去的點 Dx，是否有
更短距離到達點 Dx，發現有更短距離，更新點 Dx 的最短路徑陣列 dis
的元素值，檢查點 Dx 的陣列 inqu 的元素值是否為 0，發現是 1，已經
在佇列 qu 中，則不加入佇列 qu。

	點 Ax	點 Bx	點 Cx	點 Dx	點 Ex
陣列 dis	0	6	3	1	16

	點 Ax	點 Bx	點 Cx	點 Dx	點 Ex
陣列 inqu	0	0	0	1	1

佇列 qu	3(Dx)	4(Ex)			

Step4 從佇列 qu 取出最前面的元素點 Dx，設定陣列 inqu 中表示點 Dx 的元素
值為 0，表示點 Dx 不在佇列內，從點 Dx 可以連出去的點 Ex，是否有
更短距離到達點 Ex，發現有更短距離，更新點 Ex 的最短路徑陣列 dis
的元素值，檢查點 Ex 的陣列 inqu 的元素值是否為 0，發現是 1，已經
在佇列 qu 中，則不加入佇列 qu。

	點 Ax	點 Bx	點 Cx	點 Dx	點 Ex
陣列 dis	0	6	3	1	3

	點 Ax	點 Bx	點 Cx	點 Dx	點 Ex
陣列 inqu	0	0	0	0	1

佇列 qu	4(Ex)				

Step5 從佇列 qu 取出最前面的元素點 Ex，設定陣列 inqu 中表示點 Ex 的元素值為 0，表示點 Ex 不在佇列內，從點 Ex 沒有可以連出去的點，沒有更短的路徑可以到其他點。

	點 Ax	點 Bx	點 Cx	點 Dx	點 Ex
陣列 dis	0	6	3	1	3

	點 Ax	點 Bx	點 Cx	點 Dx	點 Ex
陣列 inqu	0	0	0	0	0

佇列 qu					

Step6 佇列 qu 是空的，Bellman Ford 演算法到此結束。

	點 Ax	點 Bx	點 Cx	點 Dx	點 Ex
陣列 dis	0	6	3	1	3

	點 Ax	點 Bx	點 Cx	點 Dx	點 Ex
陣列 inqu	0	0	0	0	0

佇列 qu					

11-3-1 使用 Bellman Ford 找最短路徑

【11-3-1-使用 BellmanFord 找最短路徑.cpp】

給定最多 100 個節點以內的有向圖，每個節點名稱由字串組成，且節點名稱皆不相同，每個邊都有權重，且邊的權重為整數，相同起點與終點且方向相同的邊只有一個，保證圖中不含負環，由指定的節點名稱為起點，到所有其他點的最短路徑。

- 輸入說明：輸入正整數 n 與 m，表示圖形中有 n 個點與 m 個邊，接下來有 m 行，每行輸入兩個節點名稱與邊的權重，邊的權重為整數，最後輸入起點的節點名稱。

- 輸出說明：輸出指定節點到所有點的最短路徑。

- 範例輸入

輸入測資   測資表示的圖形

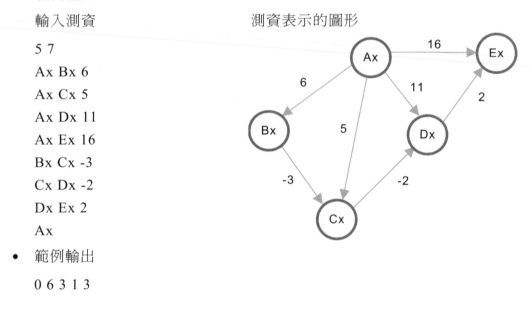

5 7
Ax Bx 6
Ax Cx 5
Ax Dx 11
Ax Ex 16
Bx Cx -3
Cx Dx -2
Dx Ex 2
Ax

- 範例輸出

0 6 3 1 3

(a) 解題想法

因為有權重為負的邊，且不含負環，所以使用 Bellman Ford 演算法找最短路徑解題，使用 map 將節點名稱轉成節點編號，才有辦法建立圖形，並任意指定最短路徑的起始節點。利用佇列版本的 BellmanFord 演算法解題，Bellman Ford 演算法使用陣列 dis 紀錄從指定的起點到其他點的最短距離，使用佇列 qu 記錄可以產生更短距離的節點編號，使用陣列 inqu 紀錄該點是否已經加入佇列，避免重複加入佇列，每當有更短路徑且該點未加入佇列，則將該點加入佇列，每次從佇列取出一個元素，設定陣列 inqu 該點的狀態為已經從佇列取出，檢查該點可以連出去的邊是否有更短路徑存在，若有更短路徑存在，則更新最短路徑陣列 dis，若該點未加入佇列，則加入佇列，設定陣列 inqu 為已經加入佇列，如此直到佇列為空就完成起點到所有點的最短距離，最短距離儲存在陣列 dis，到此完成 Bellman Ford 演算法。

(b) 程式碼與解說

```
1    #include <iostream>
2    #include <queue>
3    #include <cstring>
4    #include <deque>
5    #include <string>
6    #include <map>
7    using namespace std;
8    map<string,int> nmap;
9    struct Edge{
10     int from,to;
11     int w;
12   };
13   deque<Edge> G[100];
14   bool inqu[100];
15   int dis[100];
16   int getCityIndex(string p){
17     if (nmap.find(p)==nmap.end()){
18       int s=nmap.size();
19       nmap[p]=s;
20     }
21     return nmap[p];
22   }
23   int main(){
24     int n,m,a,b,w,s;
25     string x,y;
26     queue<Edge> qu;
27     Edge tmp,quedge;
28     cin >> n >> m;
29     for(int i=0;i<n;i++){
30       G[i].clear();
31     }
32     for(int i=0;i<m;i++){
33       cin >> x >> y >> w;
34       a=getCityIndex(x);
35       b=getCityIndex(y);
36       tmp.from=a;
37       tmp.to=b;
38       tmp.w=w;
39       G[a].push_back(tmp);
40     }
41     memset(inqu,0,sizeof(inqu));
42     memset(dis,0x6f,sizeof(dis));
43     cin >> x;
```

```
44      s=getCityIndex(x);
45      quedge.from=s;
46      dis[s]=0;
47      inqu[s]=1;
48      qu.push(quedge);
49      while(!qu.empty()){
50        quedge=qu.front();
51        qu.pop();
52        int from=quedge.from;
53        inqu[from]=0;
54        for(int i=0;i<G[from].size();i++){
55          if (dis[G[from][i].to]>dis[from]+G[from][i].w) {
56            dis[G[from][i].to]=dis[from]+G[from][i].w;
57            if (inqu[G[from][i].to]==0){
58              tmp.from=G[from][i].to;
59              qu.push(tmp);
60              inqu[tmp.from]=1;
61            }
62          }
63        }
64      }
65      for(int i=0;i<n;i++){
66        cout << dis[i]<<" ";
67      }
68      cout << endl;
69    }
```

- 第 8 行：宣告 nmap 為 map 物件，將字串對應到數字。

- 第 9 到 12 行：宣告一個結構 Edge，有 3 個元素，用於描述一個邊，這個邊是具有方向性的，分別是 from、to 與 w，from 紀錄邊的起點，to 紀錄邊的終點，w 表示邊的權重。

- 第 13 行：宣告陣列 G 為 deque 陣列，有 100 個元素，每個元素都是儲存結構 Edge 的 deque。

- 第 14 行：宣告陣列 inqu 為布林陣列，有 100 個元素。

- 第 15 行：宣告陣列 dis 為整數陣列，有 100 個元素。

- 第 16 到 21 行：定義函式 getCityIndex，使用字串 p 為輸入的字串，將節點名稱 p 轉換成節點編號，假設使用 find 函式尋找 p 是否在 nmap 中，若 p 不在 nmap 內，則會回傳 nmap.end()，設定整數變數 s 為 nmap 的元素個數（第 18 行），設定 nmap[p] 為 s。最後回傳 nmap[p]，nmap[p] 為節點名稱 p 的編號。

- 第 23 到 69 行：定義 main 函式。

- 第 24 行：宣告 n、m、a、b、w 與 s 為整數變數。

- 第 25 行：宣告 x 與 y 為字串物件。

- 第 26 行：宣告 qu 為佇列（queue），每個元素可以儲存結構 Edge。

- 第 27 行：宣告 tmp 與 quedge 為結構 Edge 變數。

- 第 28 行：輸入兩個整數到變數 n 與變數 m，n 表示點的個數，m 表示邊的個數。

- 第 29 到 31 行：使用迴圈清空 deque 陣列 G，迴圈變數 i，由 0 到（n-1），每次遞增 1，每次清空 G[i]，刪除 G[i] 已經儲存的元素。

- 第 32 到 40 行：使用迴圈執行 m 次，每次輸入 2 個字串與 1 個數字表示邊的兩個節點名稱到變數 x 與 y，與邊的權重到變數 w（第 33 行）。使用 getCityIndex 函式將字串 x 轉換成節點編號儲存到變數 a（第 34 行），使用 getCityIndex 函式將字串 y 轉換成節點編號儲存到變數 b（第 35 行），設定 tmp 的 from 為 a，設定 tmp 的 to 為 b，設定 tmp 的 w 為 w，將 tmp 加入到 G[a] 的最後，表示點 a 到點 b 有邊相連，權重為 w（第 36 到 39 行）。

- 第 41 行：設定陣列 inqu 每個元素為 0。

- 第 42 行：設定陣列 dis 每個位元組為 0x6f，陣列 dis 每個元素為 0x6f6f6f6f，是一個很大的數字，轉成十進位數字為 1869573999。

- 第 43 行：輸入起點節點名稱到變數 x。

- 第 44 行：使用 getCityIndex 函示將節點名稱 x 轉換成節點編號到變數 s。

- 第 45 行：設定 quedge 的 from 為 s。

- 第 46 行：設定 dis[s] 為 0，表示出發點 s 的最短距離為 0。

- 第 47 行：設定 inqu[s] 為 1，表示出發點 s 已經加入佇列 qu。

- 第 48 行：將 quedge 加入到 qu，qu 是佇列（pqueue），每個元素可以儲存結構 Edge。

- 第 49 到 64 行：實作 BellmanFord 演算法程式，當 qu 不是空的，執行以下動作。

- 第 50 行：從 qu 取出最前面的元素儲存到 quedge。

- 第 51 行：刪除 qu 最前面的元素。

- 第 52 行：宣告變數 from 為 quedge 的 from。

- 第 53 行：設定 inqu[from] 為 0，表示節點編號 from 的點已經從佇列 qu 取出。

- 第 54 到 63 行：使用迴圈找出從點 from 可以連出去的所有邊，迴圈變數 i 由 0 到（G[from].size()-1），每次遞增 1，若 dis[G[from][i].to] 大於（dis[from] 加上 G[from][i].w），表示找到出發點 s 到點 G[from][i].to 的更短路徑，則設定 dis[G[from][i].to] 為 dis[from] 加上 G[from][i].w（第 56 行），若 inqu[G[from][i].to] 等於 0，表示點 G[from][i].to 還沒加入佇列 qu，則設定 tmp.from 為 G[from][i].to（第 58 行），將 tmp 加入到佇列 qu（第 59 行），設定 inqu[tmp.from] 為 1，表示節點編號 tmp.from 的點已經加入佇列 qu。

- 第 65 到 67 行：使用迴圈顯示陣列 dis 前 n 個元素到螢幕。

- 第 68 行：輸出換行。

(c) 演算法效率分析

執行第 49 到 64 行的 Bellman Ford 演算法，每個點都可以加入佇列，點取出後可慮可以連出去的邊，所以演算法效率最差為 O(n*m)，n 為圖形中點的個數，m 為圖形中邊的個數。

(d) 預覽結果

按下「執行→編譯並執行」，螢幕顯示結果如下圖。

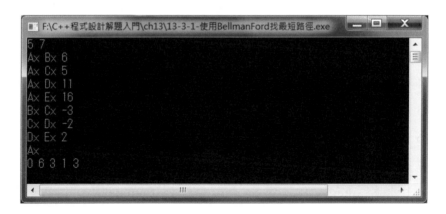

11-3-2　使用 BellmanFord 偵測負環

【11-3-2-使用 BellmanFord 偵測負環.cpp】

給定最多 100 個節點以內的有向圖，每個節點名稱由字串組成，且節點名稱皆不相同，每個邊都有權重，且邊的權重為整數，相同起點與終點且方向相同的邊只有一個，找出圖形是否包含負環。

- 輸入說明：輸入正整數 n 與 m，表示圖形中有 n 個點與 m 個邊，接下來有 m 行，每行輸入兩個節點名稱與邊的權重，邊的權重為整數。

- 輸出說明：若有負環，則輸出「找到負環」，否則輸出「找不到負環」。

- 範例輸入

輸入測資	測資表示的圖形
5 7	

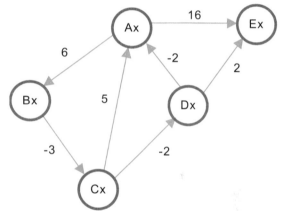

```
Ax Bx 6
Ax Ex 16
Bx Cx -3
Cx Ax 5
Cx Dx -2
Dx Ax -2
Dx Ex 2
```

- 範例輸出

  找到負環

(a) 解題想法

因為有權重為負的邊，偵測是否含負環，所以使用 Bellman Ford 演算法找最短路徑解題，增加一個陣列 cnt 記錄每個點找到更短路徑的次數，若大於等於 n（n 為圖中點的個數），則表示圖中含有負環，其餘與前節 11-3-1 使用 Bellman Ford 演算法找最短路徑相同。

(b) 程式碼與解說

```
1    #include <iostream>
2    #include <queue>
3    #include <cstring>
4    #include <deque>
5    #include <string>
6    #include <map>
```

```
7      using namespace std;
8      map<string,int> nmap;
9      struct Edge{
10       int from,to;
11       int w;
12     };
13     deque<Edge> G[100];
14     int n,m;
15     int getCityIndex(string p){
16       if (nmap.find(p)==nmap.end()){
17         int s=nmap.size();
18         nmap[p]=s;
19       }
20       return nmap[p];
21     }
22     bool BellmanFord(int s){
23       queue<Edge> qu;
24       Edge tmp,quedge;
25       bool inqu[100];
26       int dis[100],cnt[100];
27       memset(inqu,0,sizeof(inqu));
28       memset(cnt,0,sizeof(cnt));
29       memset(dis,0x6f,sizeof(dis));
30       quedge.from=s;
31       dis[s]=0;
32       inqu[s]=1;
33       qu.push(quedge);
34       while(!qu.empty()){
35         quedge=qu.front();
36         qu.pop();
37         int from=quedge.from;
38         inqu[from]=0;
39         for(int i=0;i<G[from].size();i++){
40           if (dis[G[from][i].to]>dis[from]+G[from][i].w) {
41             cnt[G[from][i].to]++;
42             if (cnt[G[from][i].to]>=n){
43               return true;
44             }
45             dis[G[from][i].to]=dis[from]+G[from][i].w;
46             if (inqu[G[from][i].to]==0){
47               tmp.from=G[from][i].to;
48               qu.push(tmp);
49               inqu[tmp.from]=1;
50             }
51           }
52         }
53       }
```

```
54      return false;
55    }
56    int main(){
57      int a,b,w,s;
58      string x,y;
59      bool ans;
60      Edge tmp;
61      while(cin >> n >> m){
62        ans=false;
63        for(int i=0;i<n;i++){
64          G[i].clear();
65        }
66        for(int i=0;i<m;i++){
67          cin >> x >> y >> w;
68          a=getCityIndex(x);
69          b=getCityIndex(y);
70          tmp.from=a;
71          tmp.to=b;
72          tmp.w=w;
73          G[a].push_back(tmp);
74        }
75        for(int i=0;i<n;i++){
76          if (G[i].size()>0) {
77            ans=BellmanFord(i);
78            if (ans) break;
79          }
80        }
81        if (ans) cout <<"找到負環"<<endl;
82        else cout <<"找不到負環"<<endl;
83      }
84    }
```

- 第 8 行：宣告 nmap 為 map 物件，將字串對應到數字。

- 第 9 到 12 行：宣告一個結構 Edge，有 3 個元素，用於描述一個邊，這個邊是具有方向性的，分別是 from、to 與 w，from 紀錄邊的起點，to 紀錄邊的終點，w 表示邊的權重。

- 第 13 行：宣告陣列 G 為 deque 陣列，有 100 個元素，每個元素都是儲存結構 Edge 的 deque。

- 第 14 行：宣告變數 n 與 m 為整數。

- 第 15 到 21 行：定義函式 getCityIndex，使用字串 p 為輸入的字串，將節點名稱 p 轉換成節點編號，假設使用 find 函式尋找 p 是否在 nmap 中，若 p 不在 nmap 內，則會回傳 nmap.end()，設定整數變數 s 為 nmap 的元素個數（第

17 行），設定 nmap[p] 為 s。最後回傳 nmap[p]，nmap[p] 為節點名稱 p 的編號。

- 第 22 到 55 行：定義 BellmanFord 函式，輸入起始的點編號 s，回傳是否有負環，若回傳 true，表示從節點編號 s 出發出現負環；否則回傳 false，表示表示從節點編號 s 出發沒有出現負環。

- 第 23 行：宣告 qu 為佇列（queue），每個元素可以儲存結構 Edge。

- 第 24 行：宣告 tmp 與 quedge 為結構 Edge 變數。

- 第 25 行：宣告陣列 inqu 為布林陣列，有 100 個元素。

- 第 26 行：宣告陣列 dis 與陣列 cnt 為整數陣列，有 100 個元素。

- 第 27 行：設定陣列 inqu 每個元素為 0。

- 第 28 行：設定陣列 cnt 每個元素為 0。

- 第 29 行：設定陣列 dis 每個位元組為 0x6f，陣列 dis 每個元素為 0x6f6f6f6f，是一個很大的數字，轉成十進位數字為 1869573999。

- 第 30 行：設定 quedge 的 from 為 s。

- 第 31 行：設定 dis[s]為 0，表示出發點 s 的最短距離為 0。

- 第 32 行：設定 inqu[s]為 1，表示出發點 s 已經加入佇列 qu。

- 第 33 行：將 quedge 加入到 qu，qu 是佇列（pqueue），每個元素可以儲存結構 Edge。

- 第 34 到 54 行：實作 BellmanFord 演算法程式，當 qu 不是空的，執行以下動作。

- 第 35 行：從 qu 取出最前面的元素儲存到 quedge。

- 第 36 行：刪除 qu 最前面的元素。

- 第 37 行：宣告變數 from 為 quedge 的 from。

- 第 38 行：設定 inqu[from]為 0，表示節點編號 from 的點已經從佇列 qu 取出。

- 第 39 到 52 行：使用迴圈找出從點 from 可以連出去的所有邊，迴圈變數 i 由 0 到（G[from].size()-1），每次遞增 1，若 dis[G[from][i].to] 大於（dis[from] 加上 G[from][i].w），則 cnt[G[from][i].to] 遞增 1，表示出發點 s 到點 G[from][i].to 有更短路徑，更新的次數增加 1。若 cnt[G[from][i].to] 大於等於 n，表示找到負環，回傳 true。點 s 到點 G[from][i].to 有更短路徑，則設定 dis[G[from][i].to] 為 dis[from] 加上 G[from][i].w（第 45 行），若 inqu[G[from][i].to] 等於 0，表示點 G[from][i].to 還沒加入佇列 qu，則設定

tmp.from 為 G[from][i].to（第 47 行），將 tmp 加入到佇列 qu（第 48 行），設定 inqu[tmp.from] 為 1，表示節點編號 tmp.from 的點已經加入佇列 qu（第 49 行）。

- 第 54 行：若佇列是空的，則回傳 false，表示沒有找到負環

- 第 56 到 84 行：定義 main 函式。

- 第 57 行：宣告 a、b、w 與 s 為整數變數。

- 第 58 行：宣告 x 與 y 為字串物件。

- 第 59 行：宣告 ans 為布林變數。

- 第 60 行：宣告 tmp 為結構 Edge 變數。

- 第 61 到 83 行：使用 while 迴圈不斷輸入兩個整數到變數 n 與變數 m，n 表示點的個數，m 表示邊的個數。

- 第 62 行：初始化 ans 為 false。

- 第 63 到 65 行：使用迴圈清空 deque 陣列 G，迴圈變數 i，由 0 到（n-1），每次遞增 1，每次清空 G[i]，刪除 G[i] 已經儲存的元素。

- 第 66 到 74 行：使用迴圈執行 m 次，每次輸入 2 個字串與 1 個數字表示邊的兩個頂點到變數 x 與 y，與邊的權重到變數 w（第 67 行）。使用 getCityIndex 函式將字串 x 轉換成節點編號儲存到變數 a（第 68 行），使用 getCityIndex 函式將字串 y 轉換成節點編號儲存到變數 b（第 69 行），設定 tmp 的 from 為 a，設定 tmp 的 to 為 b，設定 tmp 的 w 為 w，將 tmp 加入到 G[a] 的最後，表示點 a 到點 b 有邊相連，權重為 w（第 70 到 73 行）。

- 第 75 到 80 行：使用迴圈執行 BellmanFord 函式，迴圈變數 i，由 0 到（n-1），每次遞增 1，若 G[i].size() 大於 0，表示節點編號 i 有邊連結出去，則呼叫 BellmanFord 函式，以 i 當參數傳入，回傳結果儲存到變數 ans（第 77 行），若 ans 為 true，表示找到負環，就中斷迴圈（第 78 行）。

- 第 81 到 82 行：若 ans 為 true，則顯示「找到負環」，否則顯示「找不到負環」。

(c) 演算法效率分析

執行第 22 到 55 行的 Bellman Ford 演算法，每個點都可以加入佇列，點取出後可慮可以連出去的邊，所以演算法效率最差為 O(n*m)，n 為圖形中點的個數，m 為圖形中邊的個數。執行第 75 到 80 行，每一個節點都要執行 Bellman Ford 演算法，所以整個演算法效率為 $O(n^2*m)$。

(d) 預覽結果

按下「執行→編譯並執行」，螢幕顯示結果如下圖。

11-4 ▸▸ 使用 Floyd Warshall 演算法找最短路徑

Floyd Warshall 演算法是一種動態規劃（Dynamic Programming）的演算法策略，最短路徑決定了還可以更改，可以用於邊的權重為負值的情形，可以找出所有點對所有點的最短路徑，但不能用於負環的圖形上找尋最短路徑，也可以用於偵測負環，只要計算結果從 i 點出發回到點 i 的最短路徑數值小於 0（也就是 dis[i][i]<0，二維陣列 dis 定義如下方 Floyd Warshall 演算法），就形成負環。

Floyd Warshall 演算法

Floyd Warshall 演算法利用以下的關係進行解題。

(1) 初始化二維陣列 dis

$$\begin{cases} 設定\,dis[i][j]\,為無限大，若\,i\,不等於\,j \\ 設定\,dis[i][j]\,為\,0，若\,i\,等於\,j \end{cases}$$

(2) Floyd Warshall 演算法使用以下關係獲得最短距離

$$dis^{(p)}[i][j] = \min(dis^{(p-1)}[i][j], dis^{(p-1)}[i][k] + dis^{(p-1)}[k][j]$$

$dis^{(p)}[i][j]$ 與 $dis^{(p-1)}[i][j]$ 都是點 i 到點 j 的最短距離，只是 $dis^{(p-1)}[i][j]$ 是 $dis^{(p)}[i][j]$ 的前一次的結果，$dis^{(p)}[i][j]$ 為取 $dis^{(p-1)}[i][j]$

與 $dis^{(p-1)}[i][k] + dis^{(p-1)}[k][j]$ 兩者當中較小者，$dis^{(p-1)}[i][j]$ 表示未經過點 k 的最短距離，$dis^{(p-1)}[i][k] + dis^{(p-1)}[k][j]$ 表示通過點 k 的最短距離，兩者取較小者設定給 $dis^{(p)}[i][j]$。

下圖為有向圖，使用 Floyd Warshall 演算法找出所有點的最短路徑，使用二維陣列 dis 紀錄每個點到另一個點的最短距離，Ax 轉換成節點編號 0，Bx 轉換成節點編號 1，Cx 轉換成節點編號 2，Dx 轉換成節點編號 3，Ex 轉換成節點編號 4。

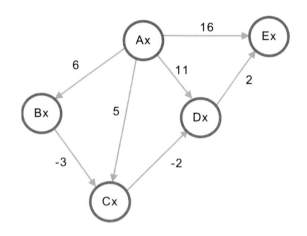

Step1 初始化二維陣列 dis 為以下狀態，INF 表示無限大。

	j=0	j=1	j=2	j=3	j=4
i=0	0	6	5	11	16
i=1	INF	0	-3	INF	INF
i=2	INF	INF	0	-2	INF
i=3	INF	INF	INF	0	2
i=4	INF	INF	INF	INF	0

Step2 考慮通過點 Ax(節點編號為 0)的最短路徑，執行以下公式

$$dis^{(1)}[i][j] = \min(dis^{(0)}[i][j], dis^{(0)}[i][0] + dis^{(0)}[0][j])$$

沒有更短路徑，所以未更新任何點。

	j=0	j=1	j=2	j=3	j=4
i=0	0	6	5	11	16
i=1	INF	0	-3	INF	INF
i=2	INF	INF	0	-2	INF
i=3	INF	INF	INF	0	2
i=4	INF	INF	INF	INF	0

Step3 考慮通過點 Bx(節點編號為 1)的最短路徑,執行以下公式

$$dis^{(2)}[i][j] = \min(dis^{(1)}[i][j], dis^{(1)}[i][1] + dis^{(1)}[1][j])$$

因為 dis[0][1]+dis[1][2] 為 3,小於 Step2 的 dis[0][2] 的值 5,所以更新 dis[0][2] 為 3。

	j=0	j=1	j=2	j=3	j=4
i=0	0	6	3	11	16
i=1	INF	0	-3	INF	INF
i=2	INF	INF	0	-2	INF
i=3	INF	INF	INF	0	2
i=4	INF	INF	INF	INF	0

Step4 考慮通過點 Cx(節點編號為 2)的最短路徑,執行以下公式

$$dis^{(3)}[i][j] = \min(dis^{(2)}[i][j], dis^{(2)}[i][2] + dis^{(2)}[2][j])$$

因為 dis[0][2]+dis[2][3] 為 1,小於 Step3 的 dis[0][3] 的值 11,所以更新 dis[0][3] 為 1,因為 dis[1][2]+dis[2][3] 為-5,小於 Step3 的 dis[1][3] 的值無限大(INF),所以更新 dis[1][3] 為-5。

	j=0	j=1	j=2	j=3	j=4
i=0	0	6	3	1	16
i=1	INF	0	-3	-5	INF
i=2	INF	INF	0	-2	INF
i=3	INF	INF	INF	0	2
i=4	INF	INF	INF	INF	0

Step5　考慮通過點 Dx（節點編號為 3）的最短路徑，執行以下公式

$$dis^{(4)}[i][j] = \min(dis^{(3)}[i][j], dis^{(3)}[i][3] + dis^{(3)}[3][j])$$

因為 dis[0][3]+dis[3][4] 為 3，小於 Step3 的 dis[0][4] 的值 16，所以更新 dis[0][4] 為 3，因為 dis[1][3]+dis[3][4] 為 -3，小於 Step3 的 dis[1][4] 的值無限大(INF)，所以更新 dis[1][3] 為-3，因為 dis[2][3]+dis[3][4] 為 0，小於 Step3 的 dis[2][4] 的值無限大（INF），所以更新 dis[2][4] 為 0。

	j=0	j=1	j=2	j=3	j=4
i=0	0	6	3	1	3
i=1	INF	0	-3	-5	-3
i=2	INF	INF	0	-2	0
i=3	INF	INF	INF	0	2
i=4	INF	INF	INF	INF	0

Step6　考慮通過點 Ex（節點編號為 4）的最短路徑，執行以下公式

$$dis^{(5)}[i][j] = \min(dis^{(4)}[i][j], dis^{(4)}[i][4] + dis^{(4)}[4][j])$$

沒有更短路徑，所以未更新任何點。

	j=0	j=1	j=2	j=3	j=4
i=0	0	6	3	1	3
i=1	INF	0	-3	-5	-3
i=2	INF	INF	0	-2	0
i=3	INF	INF	INF	0	2
i=4	INF	INF	INF	INF	0

11-4-1　使用 FordWarshall 找最短路徑

【11-4-1-使用 FordWarshall 找最短路徑.cpp】

給定最多 100 個節點以內的有向圖，每個節點名稱由字串組成，且節點名稱皆不相同，每個邊都有權重，且邊的權重為整數，可以是負數，相同起點與終點且方向相同的邊只有一個，保證圖中不含負環，求所有點到其他點的最短路徑。

- 輸入說明：輸入正整數 n 與 m，表示圖形中有 n 個點與 m 個邊，接下來有 m 行，每行輸入兩個節點名稱與邊的權重，邊的權重為整數。
- 輸出說明：考慮通過不同的節點，輸出所有點到其他點的最短路徑。
- 範例輸入

輸入測資   測資表示的圖形

5 7
Ax Bx 6
Ax Cx 5
Ax Dx 11
Ax Ex 16
Bx Cx -3
Cx Dx -2
Dx Ex 2

- 範例輸出

為了減少版面，只顯示最後結果。

0 6 3 1 3
INF 0 -3 -5 -3
INF INF 0 -2 0
INF INF INF 0 2
INF INF INF INF 0

(a) 解題想法

因為邊的權重可以是負的，且不含負環，要求所有點到其他點的最短路徑，所以使用 Floyd Warshall 演算法找最短路徑，使用 map 將節點名稱轉成節點編號，才有辦法建立圖形，使用三層迴圈找出所有點到其他點的最短路徑。

(b) 程式碼與解說

```
1    #include <iostream>
2    #include <algorithm>
3    #include <cstring>
4    #include <string>
5    #include <map>
6    #define INF 0x1f1f1f1f
7    using namespace std;
8    map<string,int> nmap;
```

```
9    int dis[100][100],n,m;
10   int getCityIndex(string p){
11     if (nmap.find(p)==nmap.end()){
12       int s=nmap.size();
13       nmap[p]=s;
14     }
15     return nmap[p];
16   }
17   void print(){
18     for(int i=0;i<n;i++){
19       for(int j=0;j<n;j++){
20         if (dis[i][j]==INF) cout << "INF" <<" ";
21         else cout << dis[i][j]<<" ";
22       }
23       cout << endl;
24     }
25     cout << endl;
26   }
27   int main(){
28     int a,b,w;
29     string x,y;
30     cin >> n >> m;
31     memset(dis,0x1f,sizeof(dis));
32     for(int i=0;i<n;i++){
33       dis[i][i]=0;
34     }
35     for(int i=0;i<m;i++){
36       cin >> x >> y >> w;
37       a=getCityIndex(x);
38       b=getCityIndex(y);
39       dis[a][b]=w;
40     }
41     for(int k=0;k<n;k++){
42       for(int i=0;i<n;i++){
43         for(int j=0;j<n;j++){
44           if (dis[i][k]==INF || dis[k][j]==INF) continue;
45           dis[i][j]=min(dis[i][j],dis[i][k]+dis[k][j]);
46         }
47       }
48       print();
49     }
50   }
```

- 第 6 行：定義 INF 為 0x1f1f1f1f。

- 第 8 行：宣告 nmap 為 map 物件，將字串對應到數字。

- 第 9 行：宣告整數陣列 dis 有 100 列 100 行，且宣告 n 與 m 為整數。

- 第 10 到 16 行：定義函式 getCityIndex，使用字串 p 為輸入的字串，將節點名稱 p 轉換成節點編號，假設使用 find 函式尋找 p 是否在 nmap 中，若 p 不在 nmap 內，則會回傳 nmap.end()，設定整數變數 s 為 nmap 的元素個數（第 12 行），設定 nmap[p] 為 s。最後回傳 nmap[p]，nmap[p] 為節點名稱 p 的編號。

- 第 17 到 26 行：定義 print 函式，使用巢狀迴圈顯示陣列 dis 每個元素到螢幕，如果數值是「0x1f1f1f1f」則顯示「INF」。

- 第 27 到 50 行：定義 main 函式。

- 第 28 行：宣告 a、b 與 w 為整數變數。

- 第 29 行：宣告 x 與 y 為字串物件。

- 第 30 行：輸入兩個整數到變數 n 與變數 m，n 表示點的個數，m 表示邊的個數。

- 第 31 行：設定陣列 dis 每個位元組為 0x1f，整數陣列 dis 每個元素為 0x1f1f1f1f，是一個很大的數字，轉成十進位數字為 522133279。

- 第 32 到 34 行：使用迴圈，迴圈變數 i 由 0 到（n-1），每次遞增 1，設定 dis[i][i] 為 0，表示點 i 到點 i 的最短距離為 0。

- 第 35 到 40 行：使用迴圈執行 m 次，每次輸入 2 個字串與 1 個數字表示邊的兩個節點名稱到變數 x 與 y，與邊的權重到變數 w（第 36 行）。使用 getCityIndex 函式將字串 x 轉換成節點編號儲存到變數 a（第 37 行），使用 getCityIndex 函式將字串 y 轉換成節點編號儲存到變數 b（第 38 行），設定 dis[a][b] 為 w（第 39 行）。

- 第 41 到 49 行：此部分為 Floyd Warshall 演算法，使用三層巢狀迴圈，外層迴圈的迴圈變數為 k，由 0 到（n-1），每次遞增 1，第二層迴圈的迴圈變數為 i，由 0 到（n-1），每次遞增 1，內層迴圈的迴圈變數為 j，由 0 到（n-1），每次遞增 1，若（dis[i][k] 等於 INF）或（dis[k][j] 等於 INF），就跳出內層迴圈，回到第二層迴圈繼續執行，取出 dis[i][j] 與 dis[i][k]+dis[k][j] 較小者設定給 dis[i][j]。

- 第 48 行：當第二層迴圈執行完畢就呼叫 print 函式，印出陣列 dis 目前的狀態。

(c) 演算法效率分析

執行第 41 到 49 行的 Floyd Warshall 演算法，使用三層迴圈，所以演算法效率為 $O(n^3)$，n 為圖形中點的個數。

(d) 預覽結果

按下「執行→編譯並執行」，螢幕顯示結果如下圖。

11-4-2 哪條路可以容納最多車子的數量

【11-4-2-哪條路可以容納最多車子的數量.cpp】

給定最多 100 個節點以內的無向圖，每個節點由編號命名，且節點編號皆不相同，每個邊都有權重，且邊的權重為正整數，表示該道路可以容納最多的車子有多少，相同起點與終點的邊只有一個，求所有點到其他點的可容納最多車子的數量。

- 輸入說明：輸入正整數 n 與 m，表示圖形中有 n 個點與 m 個邊，接下來有 m 行，每行輸入兩個節點編號與邊的權重，邊的權重為正整數。

- 輸出說明：顯示所有點到其他點的可容納最多車子的數量。

- 範例輸入

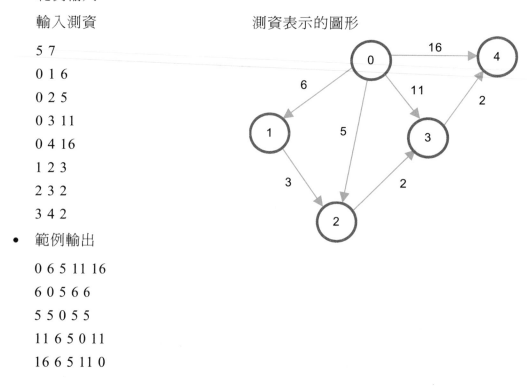

輸入測資

```
5 7
0 1 6
0 2 5
0 3 11
0 4 16
1 2 3
2 3 2
3 4 2
```

- 範例輸出

```
0 6 5 11 16
6 0 5 6 6
5 5 0 5 5
11 6 5 0 11
16 6 5 11 0
```

(a) 解題想法

此題為 Floyd Warshall 演算法的變形，改成以下關係式進行運算，

$$dis^{(p)}[i][j] = \max(dis^{(p-1)}[i][j], \min(dis^{(p-1)}[i][k], dis^{(p-1)}[k][j])$$

$\min(dis^{(p-1)}[i][k], dis^{(p-1)}[k][j])$ 表示由點 i 到點 j，且經過點 k，取兩段路車流量較小者，而 $dis^{(p-1)}[i][j]$ 表示由點 i 到點 j，但不經過點 k，取「經過點 k」與「不經過點 k」兩條路徑較大者設定到 $dis^{(p)}[i][j]$。

(b) 程式碼與解說

```
1     #include <iostream>
2     #include <algorithm>
3     #include <cstring>
4     using namespace std;
5     int dis[100][100];
6     int main(){
7       int a,b,w,n,m;
8       while (cin >> n >> m){
9         memset(dis,-1,sizeof(dis));
10        for(int i=0;i<n;i++){
11          dis[i][i]=0;
12        }
13        for(int i=0;i<m;i++){
14          cin >> a >> b >> w;
15          dis[a][b]=w;
16          dis[b][a]=w;
17        }
18        for(int k=0;k<n;k++){
19          for(int i=0;i<n;i++){
20            for(int j=0;j<n;j++){
21              if ((i!=j)&&(dis[i][k]!=-1)&&(dis[k][j]!=-1)) {
22                dis[i][j]=max(dis[i][j],min(dis[i][k],dis[k][j]));
23              }
24            }
25          }
26        }
27        for(int i=0;i<n;i++){
28          for(int j=0;j<n;j++){
29            cout << dis[i][j]<<" ";
30          }
31          cout << endl;
32        }
33      }
34    }
```

- 第 5 行：宣告整數陣列 dis 有 100 列 100 行。
- 第 6 到 34 行：定義 main 函式。
- 第 7 行：宣告 a、b、w、n 與 m 為整數變數。
- 第 8 行：使用 while 迴圈不斷輸入兩個整數到變數 n 與變數 m，n 表示點的個數，m 表示邊的個數。
- 第 9 行：設定陣列 dis 每個位元組為-1，整數陣列 dis 每個元素為-1。

- 第 10 到 12 行：使用迴圈，迴圈變數 i 由 0 到(n-1)，每次遞增 1，設定 dis[i][i] 為 0，表示點 i 到點 i 的最大車流量為 0。

- 第 13 到 17 行：使用迴圈執行 m 次，每次輸入 3 個數字表示邊的兩個頂點編號到變數 a 與 b，與邊的權重到變數 w（第 14 行），設定 dis[a][b] 為 w（第 15 行），設定 dis[b][a] 為 w（第 16 行）。

- 第 18 到 26 行：此部分為 Floyd Warshall 演算法，使用三層巢狀迴圈，外層迴圈的迴圈變數為 k，由 0 到（n-1），每次遞增 1，第二層迴圈的迴圈變數為 i，由 0 到(n-1)，每次遞增 1，內層迴圈的迴圈變數為 j，由 0 到(n-1)，每次遞增 1，若 i 不等於 j，且（dis[i][k] 不等於-1）且（dis[k][j] 不等於-1），先取出 dis[i][k] 與 dis[k][j] 較小者，再與 dis[i][j] 比較取較大者。

- 第 27 到 32 行：當巢狀迴圈印出陣列 dis 的狀態。

(c) 演算法效率分析

執行第 18 到 26 行的 Floyd Warshall 演算法，使用三層迴圈，所以演算法效率為 $O(n^3)$，n 為圖形中點的個數。

(d) 預覽結果

按下「執行→編譯並執行」，螢幕顯示結果如下圖。

11-5 ▸▸ 比較最短路徑演算法 Dijkstra、Bellman Ford 與 Floyd Warshall

	Dijkstra	Bellman Ford	Floyd Warshall
演算法分類	貪婪（Greedy）	動態規劃（Dynamic Programming）	動態規劃（Dynamic Programming）
演算法用途	單點到所有點的最短路徑。	單點到所有點的最短路徑。	所有點到所有點的最短路徑。
邊的權重限制	邊的權重不能是負值，且不能有負環。	邊的權重可以是負值，且不能有負環。	邊的權重可以是負值，且不能有負環。
是否可以偵測負環存在	不可以用於偵測負環。	可以用於偵測負環。	可以用於偵測負環。
演算法效率	$O(m+n*\log(n))$ 或 $O(n^2)$，n 為點的個數，m 為邊的個數。	$O(n*m)$ 或 $O(n^3)$，n 為點的個數，m 為邊的個數。	$O(n^3)$，n 為點的個數。

UVa Online Judge 網路解題資源

圖形結構		
分類	UVa 題目	分類
基礎題	UVa 10986 Sending email	Dijkstra
基礎題	UVa 929 Number Maze	Dijkstra
基礎題	UVa 558 Wormholes	BellmanFord
進階題	UVa 11090 Going in Cycle!!	BellmanFord
進階題	UVa 10801 Lift Hopping	BellmanFord
基礎題	UVa 534 Frogger	Floyd Warshall
基礎題	UVa 544 Heavy Cargo	Floyd Warshall
基礎題	UVa 10099 The Tourist Guide	Floyd Warshall
基礎題	UVa 247 Calling Circles	Floyd Warshall
基礎題	UVa 821 PageHopping	Floyd Warshall
基礎題	UVa 1001 - Say Cheese	Floyd Warshall

註：使用題目編號與名稱為關鍵字進行搜尋，可以在網路上找到許多相關的線上解題資源。

常見圖形演算法

　　圖形演算法除了深度優先搜尋、廣度優先搜尋與找尋最短路徑外，還有其他演算法，部分需要用到深度優先或廣度優先搜尋演算法的概念，再加上其他圖形演算法的概念來進行解題。以下每個主題都有其適用的情境，與要解決的問題類型，需要仔細了解。

12-1 ▸▸ 拓撲排序（Topology Sort）

　　有時某件工作開始前，必須先完成另一樣工作，這種找尋工作的執行順序，稱作拓撲排序（Topology Sort），符合條件的拓撲排序結果可能不只一種，若沒有其他限制，找出其中一種即可，也有可能無解，這種問題若以圖形表示，則會轉換成有向圖，若 A 連向 B，表示執行工作 B 時，先要完成工作 A 才行，如下圖。

　　何時無法找到拓撲排序的解答呢？當有向圖出現循環（cycle），就無法獲得拓撲排序，如下圖，彼此都需要等對方完成才可以執行。

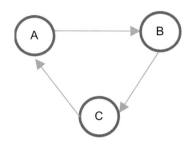

　　可以找到拓撲排序解答的圖形，一定是沒有循環的有向圖，這樣的圖稱作有向無環圖（Directed Acyclic Graph：縮寫為 DAG）。

拓撲排序（Topology Sort）

以下圖的拓撲排序為例說明。

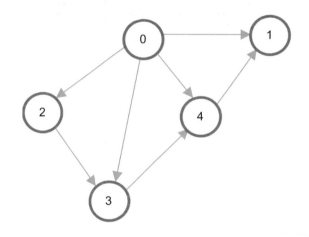

使用一個陣列 indeg 儲存每個點連結進來邊的個數，初始化為 0。

	點 0	點 1	點 2	點 3	點 4
陣列 indeg	0	0	0	0	0

Step1 建立圖形的過程當中，同時計算每個點連進來邊的個數，儲存到陣列 indeg，結果如下。

	點 0	點 1	點 2	點 3	點 4
陣列 indeg	0	2	1	2	2

Step2 取出 indeg 元素為 0 的點，取出點 0，輸出「點 0」，刪除點 0 連出去的所有邊，重新計算陣列 indeg。

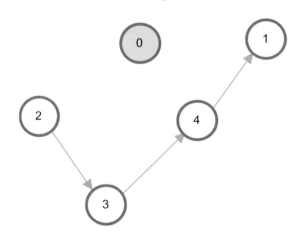

	點 0	點 1	點 2	點 3	點 4
陣列 indeg	0	1	0	1	1

Step3　取出 indeg 元素為 0 的點，且還未出現過的點，取出點 2，輸出「點 2」，刪除點 2 連出去的所有邊，重新計算陣列 indeg。

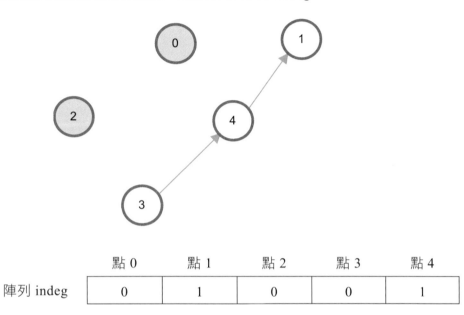

	點 0	點 1	點 2	點 3	點 4
陣列 indeg	0	1	0	0	1

Step4　取出 indeg 元素為 0 的點，且還未出現過的點，取出點 3，輸出「點 3」，刪除點 3 連出去的所有邊，重新計算陣列 indeg。

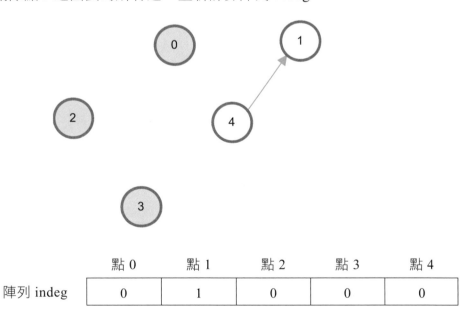

	點 0	點 1	點 2	點 3	點 4
陣列 indeg	0	1	0	0	0

Step5 取出 indeg 元素為 0 的點，且還未出現過的點，取出點 4，輸出「點 4」，刪除點 4 連出去的所有邊，重新計算陣列 indeg。

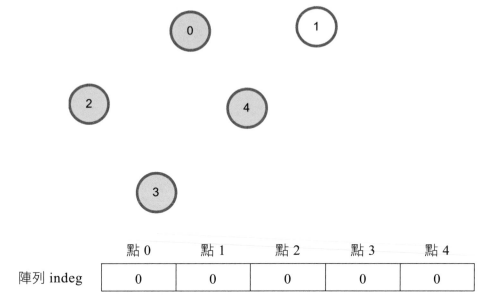

	點 0	點 1	點 2	點 3	點 4
陣列 indeg	0	0	0	0	0

Step6 取出 indeg 元素為 0 的點，且還未出現過的點，取出點 1，輸出「點 1」，刪除點 1 連出去的所有邊，重新計算陣列 indeg。

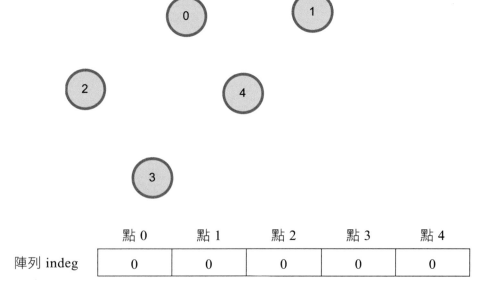

	點 0	點 1	點 2	點 3	點 4
陣列 indeg	0	0	0	0	0

如此獲得拓撲排序為「點 0、點 2、點 3、點 4 與點 1」

12-1-1 拓撲排序【12-1-1 拓撲排序.cpp】

　　給定最多 50 個節點以內的有向無環圖（Directed Acyclic Graph），每個節點編號由 0 開始編號，且節點編號皆不相同，相同起點與終點的邊只有一個，請找出一個可行的拓撲排序結果，保證可以找到一個拓撲排序。

- 輸入說明：輸入正整數 n 與 m，表示圖形中有 n 個點與 m 個有向邊，接下來有 m 行，每個邊輸入兩個節點編號，保證節點編號由 0 到（n-1）。
- 輸出說明：請找出一個可行的拓撲排序結果。
- 範例輸入

輸入測資　　　　　　　　　　測資表示的圖形

```
5 7
0 1
0 2
0 3
0 4
2 3
3 4
4 1
```

- 範例輸出

```
0 2 3 4 1
```

(a) 解題想法

　　使用陣列 indeg 紀錄每個點輸入邊的個數，找尋陣列 indeg 中輸入邊個數為 0 的點，若有這樣的點，則選擇其中一個點進行輸出，並刪除該點所連出去的邊，在陣列 indeg 中「被刪除邊的另一個端點的節點編號」的數值遞減 1，可能有更多點，其連進來的邊數為 0，繼續選擇陣列 indeg 中還未輸出且數值為 0 的點進行輸出，並刪除該點所連出去的邊，修改陣列 indeg 的元素數值，直到輸出所有的點為止。

(b) 程式碼與解說

```
1    #include<iostream>
2    #include<deque>
3    #include<cstring>
4    using namespace std;
5    int main(){
6      int indeg[51],n,m,x,y,ansN;
```

```
7        deque<int> G[51];
8        while(cin >> n >> m){
9          ansN=0;
10         for(int i=0;i<n;i++) G[i].clear();
11         memset(indeg,0,sizeof(indeg));
12         for(int i=0;i<m;i++){
13           cin >> x >> y;
14           G[x].push_back(y);
15           indeg[y]++;
16         }
17         for(int i=0;i<n;i++){
18           if (indeg[i]==0){
19             ansN++;
20             cout << i << " ";
21             for(int j=0;j<G[i].size();j++){
22               indeg[G[i][j]]--;
23             }
24           }
25           if (ansN==n) break;
26           else if (i==(n-1)){
27             i=0;
28           }
29         }
30         cout << endl;
31       }
32     }
```

- 第 5 到 32 行：定義 main 函式。

- 第 6 行：宣告陣列 indeg，有 51 個元素，與變數 n、m、x、y 與 ansN 為整數變數。

- 第 7 行：宣告陣列 G 為 deque 陣列，有 51 個元素，每個元素都是儲存整數的 deque。

- 第 8 到 31 行：使用 while 迴圈不斷輸入整數 n 與整數 m。

- 第 9 行：初始化變數 ansN 為 0。

- 第 10 行：使用迴圈清空陣列 G 內的每個 deque，使用迴圈變數 i，由 0 到（n-1），每次遞增 1，迴圈內執行清空 G[i]，刪除 G[i] 已經儲存的元素。

- 第 11 行：宣告並初始化 indeg，設定每個元素都是 0。

- 第 12 到 16 行：迴圈變數 i，由 0 到（m-1），每次遞增 1，每次輸入兩個整數到變數 x 與變數 y，表有向邊由點 x 到點 y，將 y 加入到 G[x]，indeg[y] 遞增 1，表示連進點 y 的邊增加 1 個。

- 第 17 到 29 行：使用迴圈變數 i，由 0 到(n-1)，每次遞增 1，執行以下動作。

- 第 18 到 24 行：若 indeg[i] 等於 0，表示點 i 沒有邊連入，可以當成下一個輸出的點，變數 ansN 遞增 1（第 19 行），輸出變數 i 的值到螢幕上，使用迴圈變數 j，由 0 到（G[i].size()-1），每次遞增 1，讀取 G[i] 的每一個元素值（G[i][j]），indeg[G[i][j]] 的值遞減 1，表示連入點 G[i][j] 的邊個數少 1。

- 第 25 到 28 行：若 ansN 等於 n，表示已經輸出所有點，則中斷迴圈執行，否則若變數 i 等於（n-1），則設定變數 i 為 0，讓第 17 行迴圈從 0 開始繼續執行。

- 第 30 行：輸出換行。

(c) 演算法效率分析

執行第 17 到 29 行的演算法效率每個邊與點最多拜訪一次，所以演算法效率為 O(n+m)，n 為點的個數，m 為邊的個數。

(d) 預覽結果

按下「執行→編譯並執行」，螢幕顯示結果如下圖。

12-1-2　選課順序【12-1-2 選課順序.cpp】

給定最多 50 個節點以內的有向無環的選課地圖（Directed Acyclic Graph），每個節點都由課程名稱所組成，且節點課程名稱皆不相同，假設有向邊（Programming 到 DataStructure）表示選課時要先修畢 Programming 才能選修 DataStructure，請找出一個可行的選課順序，保證可以找到一個可行的選課順序。

- 輸入說明：輸入正整數 n 與 m，表示圖形中有 n 個課程與 m 個有向邊（修課前要先修畢另一個課程），接下來有 m 行，每個邊輸入兩個節點課程名稱，保證節點課程名稱由英文大小寫字母組成，且不含空白鍵。

- 輸出說明：請找出一個可行的選課順序。
- 範例輸入

  5 5

  IntroductionToComputerSicence Compiler

  IntroductionToComputerSicence Programming

  Programming Database

  Programming Compiler

  Programming DataStructure

- 範例輸出

  IntroductionToComputerSicence

  Programming

  Database

  DataStructure

  Compiler

(a) 解題想法

解題想法與第 14-1-1 節相同，將課程名稱轉換成節點編號，最後再將節點編號轉換成課程名稱。

(b) 程式碼與解說

```
1    #include <iostream>
2    #include <deque>
3    #include <cstring>
4    #include <vector>
5    #include <algorithm>
6    using namespace std;
7    vector<string> name;
8    vector<string>::iterator it;
9    int getCityIndex(string p){
10     it=find(name.begin(),name.end(),p);
11     if (it < name.end()) return it-name.begin();
12     else{
13       name.push_back(p);
14       return name.size()-1;
15     }
16   }
17   int main(){
18     int indeg[51],n,m,ansN,a,b;
```

```
19      string x,y;
20      deque<int> G[51];
21      while(cin >> n >> m){
22        ansN=0;
23        for(int i=0;i<n;i++) G[i].clear();
24        memset(indeg,0,sizeof(indeg));
25        for(int i=0;i<m;i++){
26          cin >> x >> y;
27          a=getCityIndex(x);
28          b=getCityIndex(y);
29          G[a].push_back(b);
30          indeg[b]++;
31        }
32        for(int i=0;i<n;i++){
33          if (indeg[i]==0){
34            ansN++;
35            cout << name[i]<<endl;
36            for(int j=0;j<G[i].size();j++){
37              indeg[G[i][j]]--;
38            }
39          }
40          if (ansN==n) break;
41          else if (i==(n-1)){
42            i=0;
43          }
44        }
45      }
46    }
```

- 第 7 行：宣告 name 為 vector，每個元素可以儲存 string。

- 第 8 行：宣告 it 為迭代器，儲存 string 的 vector 的迭代器。

- 第 9 到 16 行：定義 getCityIndex 函式，用於將節點名稱字串 p 轉換成節點編號。

- 第 10 行：使用 find 函式在 name 中找尋字串 p，回傳結果儲存在迭代器 it。

- 第 11 到 15 行：若 it 小於 name.end()，表示字串 p 已經在 name 當中，則回傳節點編號為「it-name.begin()」，否則將字串 p 加入 name，回傳節點編號為「name.size()-1」。

- 第 17 到 46 行：定義 main 函式。

- 第 18 行：宣告陣列 indeg，有 51 個元素，與變數 n、m、a、b 與 ansN 為整數變數。

- 第 19 行：宣告 x 與 y 為字串。
- 第 20 行：宣告陣列 G 為 deque 陣列，有 51 個元素，每個元素都是儲存整數的 deque。
- 第 21 到 45 行：使用 while 迴圈不斷輸入整數 n 與整數 m。
- 第 22 行：初始化變數 ansN 為 0。
- 第 23 行：使用迴圈清空 deque 陣列 G，使用迴圈變數 i，由 0 到(n-1)，每次遞增 1，迴圈內清空 G[i]，刪除 G[i] 已經儲存的元素。
- 第 24 行：初始化 indeg，每個元素都為 0。
- 第 25 到 31 行：使用迴圈變數 i，由 0 到（m-1），每次遞增 1，每次輸入兩個字串到變數 x 與變數 y，使用 getCityIndex 函式將字串 x 轉換成節點編號儲存到變數 a（第 27 行），使用 getCityIndex 函式將字串 y 轉換成節點編號儲存到變數 b（第 28 行），表示有向邊由點 a 到點 b，將 b 加入到 G[a]，indeg[b] 遞增 1，表示連入點 b 的邊增加 1 個。
- 第 32 到 44 行：使用迴圈變數 i，由 0 到（n-1），每次遞增 1，執行以下動作。
- 第 33 到 39 行：若 indeg[i]等於 0，表示點 i 沒有邊連入，可以當成下一個輸出的點，變數 ansN 遞增 1（第 34 行），輸出 name[i] 到螢幕上，使用迴圈變數 j，由 0 到（G[i].size()-1），每次遞增 1，讀取 G[i] 的每一個元素值（G[i][j]），indeg[G[i][j]] 的值遞減 1，表示連入點 G[i][j] 的邊個數少 1。
- 第 40 到 43 行：若 ansN 等於 n，表示已經輸出所有點，則中斷迴圈執行，否則若變數 i 等於（n-1），則設定變數 i 為 0，讓第 32 行迴圈變數 i 從 0 開始繼續執行。

(c) 演算法效率分析

執行第 25 到 31 行總共有 n 個課程名稱需要被轉換，每個課程名稱轉換成編號需要執行一次 getCityIndex 函式，該函式需要 O(n)，這 n 個課程總共有 m 個邊，所以第 25 到 31 行演算法效率為 O(nm)，第 32 到 44 行的演算法效率每個邊與點最多拜訪一次，所以演算法效率為 O(n+m)，n 為點的個數，m 為邊的個數，所以演算法效率為 O(nm)，n 為點的個數，m 為邊的個數。

(d) 預覽結果

按下「執行→編譯並執行」，螢幕顯示結果如下圖。

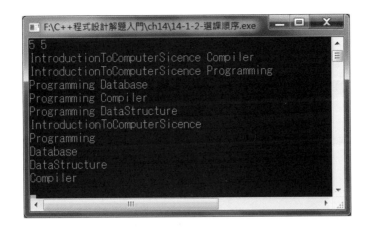

12-2 ▸▸ 尤拉迴路（Euler Circuit）

尤拉迴路（Euler Circuit）是給定一個圖形，判斷是否有可能經過圖形中每一個邊剛好一次，可以由起始點走回到起始點，若可以找出這樣的迴路稱作尤拉迴路（Euler Circuit）。

尤拉路徑（Euler Trail）是給定一個圖形，判斷是否有可能經過圖形中每一個邊剛好一次，可以由起點走到終點，而起點與終點不一定要相同，若可以找出這樣的路徑稱作尤拉路徑（Euler Trail），很明顯尤拉迴路（Euler Circuit）也是尤拉路徑（Euler Trail）。

對於起點與終點外的任何一個點，有進入該點的邊，就要有可以出去的邊，才可以經由邊進出每個點，可以計算每個節點的進入邊的個數與出去邊的個數，來判定是否有尤拉迴路（Euler Circuit）或尤拉路徑（Euler Trail）。

可以歸納出以下結論。

	尤拉迴路(Euler Circuit)	尤拉路徑（Euler Trail）
無向圖	圖中每個節點的邊的個數為偶數，且圖形需要聯通。	所有點中，只有 2 個點的邊的個數是奇數，且圖形需要聯通；或者符合無向圖的尤拉迴路（Euler Circuit）。
有向圖	圖中每個節點進入邊的個數要等於出去邊的個數，且圖形需要聯通。	所有點中，只有 1 個點出去的邊個數多於進入的邊個數 1 個，且此點為起點；同時只有另 1 個點進入的邊個數多於出去的邊個數 1 個，此點為終點，且圖形需要聯通；或者符合有向圖的尤拉迴路（Euler Circuit）。

12-2-1 尤拉路徑【12-2-1 尤拉路徑.cpp】

給定最多 20 個節點以內的有向圖，每個節點編號由 0 開始編號，且節點編號皆不相同，相同起點與終點的有向邊可以重複，請判斷是否可以形成尤拉路徑。

- 輸入說明：輸入正整數 m，表示圖形中有 m 個有向邊，接下來有 m 行，每個邊輸入兩個節點編號，保證節點編號由 0 到 19。

- 輸出說明：請找出是否可以形成尤拉路徑。

- 範例輸入(一)

  5
  0 1
  1 4
  4 5
  5 6
  6 0

- 範例輸出(一)

  可以找到尤拉路徑

- 範例輸入(二)

  5
  0 1
  1 4
  4 5
  7 6
  6 7

- 範例輸出(二)

  無法找到尤拉路徑

(a) 解題想法

使用陣列 indeg 紀錄每個點進入的邊個數，與陣列 outdeg 紀錄每個點出去的邊個數，變數 nal 紀錄圖形中點的個數，根據陣列 indeg 與 outdeg 統計所有點中進入的邊與出去的邊個數多 1 個的節點數到 nin，所有點中出去的邊與進入的邊個數多 1 個的節點數到 nout，所有點中進入的邊與出去的邊個數相同的節點數到 nequ，經由 nin、nout、nequ、nal 判斷是否可能有尤拉路徑，最後使用深度優先搜尋判斷圖形是否可以連通，若可以連通則確定有尤拉路徑。

(b) 程式碼與解說

```
1       #include <iostream>
2       #include <deque>
3       #include <cstring>
4       using namespace std;
5       bool v[20];
6       deque<int> G[20];
7       void dfs(int  x){
8         v[x]=true;
9         for(int i=0;i<G[x].size();i++){
10          if (!v[G[x][i]]) {
11            dfs(G[x][i]);
12          }
13        }
14      }
15      int main(){
16        int indeg[20],outdeg[20],dul[2000];
17        int n,m,x,y,nout,nin,nequ,nal,start;
18        bool success,used[20];
19        while(cin >> m){
20          for(int i=0;i<20;i++) G[i].clear();
21          memset(indeg,0,sizeof(indeg));
22          memset(outdeg,0,sizeof(outdeg));
23          memset(used,0,sizeof(used));
24          memset(v,0,sizeof(v));
25          memset(dul,0,sizeof(dul));
26          nout=nin=nequ=nal=0;
27          success=false;
28          for(int i=0;i<m;i++){
29            cin >> x >> y;
30            if (dul[x*100+y]==0){
31              G[x].push_back(y);
32              dul[x*100+y]=1;
33            }
34            outdeg[x]++;
35            indeg[y]++;
36            used[x]=true;
37            used[y]=true;
38          }
39          for(int i=0;i<20;i++) if (used[i]) nal++;
40          for(int i=0;i<20;i++) {
41            if (indeg[i]!=outdeg[i]){
42              if ((indeg[i]-outdeg[i])==1){
43                nin++;
```

```
44          }else if ((outdeg[i]-indeg[i])==1) {
45            nout++;
46            start=i;
47          }else {
48            break;
49          }
50        }else{
51          if (used[i]) nequ++;
52        }
53      }
54      if ((nin==1) && (nout==1) && (nequ==(nal-2))) success=true;
55      if ((nin==0) && (nout==0) && (nequ==nal)) success=true;
56      if (success){
57        if (nout==1){
58          dfs(start);
59        }
60        if (nout==0){
61          for(int i=0;i<20;i++) {
62            if(outdeg[i]>0) {
63              dfs(i);
64              break;
65            }
66          }
67        }
68        for(int i=0;i<20;i++) {
69          if(used[i]&&!v[i]){
70            success=false;
71            break;
72          }
73        }
74      }
75      if (success) cout<<"可以找到尤拉路徑"<<endl;
76      else cout<<"無法找到尤拉路徑"<<endl;
77    }
78  }
```

- 第 5 行：宣告 v 為布林陣列，有 20 個元素。

- 第 6 行：宣告陣列 G 為 deque 陣列，有 20 個元素，每個元素都是儲存整數的 deque。

- 第 7 到 14 行：定義 dfs 函式，以 x 當成輸入參數，設定 v[x] 為 true，使用迴圈變數 i，由 0 到 G[x].size()-1，每次遞增 1，取出 G[x] 的每個元素，若 v[G[x][i]] 為 false，表示點 G[x][i] 未拜訪過，則遞迴呼叫 dfs 函式，以 G[x][i] 為傳入參數。

- 第 15 到 78 行：定義 main 函式。

- 第 16 行：宣告 indeg 與 outdeg 為整數陣列，有 20 個元素，整數陣列 dul 有 2000 個元素。

- 第 17 行：宣告 n、m、x、y、nout、nin、nequ、nal 與 start 為整數變數。

- 第 18 行：宣告 success 為布林變數與 used 為布林陣列，有 20 個元素。

- 第 19 到 77 行：使用 while 迴圈不斷輸入整數 m。

- 第 20 行：使用迴圈清空 deque 陣列 G，使用迴圈變數 i，由 0 到 19，每次遞增 1，迴圈內執行清空 G[i]，刪除 G[i] 已經儲存的元素。

- 第 21 行：宣告並初始化 indeg，所個元素都為 0。

- 第 22 行：宣告並初始化 outdeg，所個元素都為 0。

- 第 23 行：宣告並初始化 used，所個元素都為 0。

- 第 24 行：宣告並初始化 v，所個元素都為 0。

- 第 25 行：宣告並初始化 dul，所個元素都為 0。

- 第 26 行：初始化變數 nout、nin、nequ 與 nal 都設定為 0。

- 第 27 行：初始化變數 success 設定為 false。

- 第 28 到 38 行：使用迴圈變數 i，由 0 到(m-1)，每次遞增 1，每次輸入兩個整數到變數 x 與變數 y，表有向邊由點 x 到點 y，若 dul[x*100+y] 等於 0，表示有向邊由點 x 到點 y 還未出現過，將 y 加入到 G[x]（第 31 行），設定 dul[x*100+y] 為 1（第 32 行）。

- 第 34 到 35 行：outdeg[x] 遞增 1，表示從 x 可以連出去的邊增加 1，indeg[y] 遞增 1，表示連入點 y 的邊增加 1 個。

- 第 36 到 37 行：設定 used[x] 與 used[y] 為 true。

- 第 39 行：迴圈變數 i，由 0 到 19，每次遞增 1，若 used[i] 為 true，則變數 nal 遞增 1，表示圖形中總點數增加 1，迴圈執行結束後就可以獲得節點總數。

- 第 40 到 53 行：迴圈變數 i，由 0 到 19，每次遞增 1，若 indeg[i] 不等於 outdeg[i]，表示點 i 連入的邊與出去的邊個數不相同，則若 indeg[i]-outdeg[i] 等於 1，表示點 i 進入的邊比出去的邊多一個，則變數 nin 增加 1（第 43 行），否則若 outdeg[i]-indeg[i] 等於 1，表示點 i 出去的邊比進來的邊多一個，則變數 nout 增加 1（第 45 行），設定變數 start 為變數 i 的數值，儲存路徑的起點節點編號到變數 start，否則 indeg[i] 與 outdeg[i]

的差距大於等於 2，則一定不會有尤拉路徑，使用 break 中斷第 40 到 53 的迴圈。。

- 第 50 到 52 行：否則，表示 indeg[i] 與 outdeg[i] 相同，則變數 nequ 遞增 1。

- 第 54 行：若 nin 等於 1，且 nout 等於 1，且 nequ 等於（nal-2），則設定 success 為 true，表示可能有尤拉路徑。

- 第 55 行：若 nin 等於 0，且 nout 等於 0，且 nequ 等於 nal，則設定 success 為 true，表示可能有尤拉迴路。

- 第 56 到 74 行：若 success 為 true，則若 nout 等於 1，則呼叫 dfs 函式，以 start 傳入，進行深度優先搜尋。

- 第 60 到 67 行：若 nout 為 0，則使用迴圈變數 i，由 0 到 19，每次遞增 1，若 outdeg[i] 大於 0，表示該點可以連結出去，呼叫 dfs 函式，以 i 傳入，進行深度優先搜尋，深度搜尋完成後，使用 break 中斷並跳出第 61 到 66 行的迴圈，使用 break 表示只從一個點使用深度優先搜尋是否可以到所有點，來判斷圖形是否連通。

- 第 68 到 73 行：使用迴圈變數 i，由 0 到 19，每次遞增 1，若 used[i] 為 true 與 v[i] 為 false，表示點 i 在圖形中出現過，但深度優先走訪時無法到達，表示圖形不連通，所以沒有尤拉路徑，設定 success 為 false（第 70 行），使用 break 中斷並跳出第 68 到 73 行的迴圈。

- 第 75 到 76 行：若 success 為 true，顯示「可以找到尤拉路徑」，否則顯示「無法找到尤拉路徑」。

(c) 演算法效率分析

執行第 58 行與第 63 行的深度優先搜尋演算法，每個邊與點最多拜訪一次，所以演算法效率為 O(n+m)，n 為點的個數，m 為邊的個數。

(d) 預覽結果

按下「執行→編譯並執行」，螢幕顯示結果如下圖。

12-2-2 　串接英文單字【12-2-2 串接英文單字.cpp】

給定最多 1000 個單字，將所有單字的首尾進行串接，例如：cat 可以與 tiger 串接，tiger 後面可以串接 rain，請判斷是否將所有輸入的單字首尾可以串接起來，單字可能會有相同的首尾字母，不一定要串接回起始單字的字首。

- 輸入說明：輸入正整數 m，表示有 m 個單字要輸入，接下來有 m 行，每行輸入一個單字，保證單字一定都是小寫字母組成。

- 輸出說明：請找出是否可以串接，若可以串接則顯示「可以串接」，否則輸出「無法串接」。

- 範例輸入(一)

  5

  john

  null

  len

  no

  open

- 範例輸出(一)

  可以串接

- 範例輸入(二)

  5
  john
  null
  long
  object
  table

- 範例輸出(二)

  無法串接

(a) 解題想法

　　單字的首尾字母可以想成一個有向邊，從字首字母連到字尾字母，是否可以串接，且起始點與終點單字不一定要同一個單字，就是要找尋是否存在尤拉路徑，其餘與第 12-2-1 節解題想法相同。

(b) 程式碼與解說

```
1    #include<iostream>
2    #include<deque>
3    #include<cstring>
4    #include <string>
5    using namespace std;
6    bool v[26];
7    deque<int> G[26];
8    void dfs(int  x){
9      v[x]=true;
10     for(int i=0;i<G[x].size();i++){
11       if (!v[G[x][i]]) {
12         dfs(G[x][i]);
13       }
14     }
15   }
16   int main(){
17     int indeg[26],outdeg[26],dul[2600];
18     int n,m,x,y,nout,nin,nequ,nal,start;
19     string s;
20     bool success,used[26];
21     while(cin >> m){
22       for(int i=0;i<26;i++) G[i].clear();
```

```
23        memset(indeg,0,sizeof(indeg));
24        memset(outdeg,0,sizeof(outdeg));
25        memset(used,0,sizeof(used));
26        memset(v,0,sizeof(v));
27        memset(dul,0,sizeof(dul));
28        nout=nin=nequ=nal=0;
29        success=false;
30        for(int i=0;i<m;i++){
31          cin >> s;
32          x=s[0]-'a';
33          y=s[s.length()-1]-'a';
34          if (dul[x*100+y]==0){
35            G[x].push_back(y);
36            dul[x*100+y]=1;
37          }
38          outdeg[x]++;
39          indeg[y]++;
40          used[x]=true;
41          used[y]=true;
42        }
43        for(int i=0;i<26;i++) if (used[i]) nal++;
44        for(int i=0;i<26;i++) {
45          if (indeg[i]!=outdeg[i]){
46            if ((indeg[i]-outdeg[i])==1){
47              nin++;
48            }else if ((outdeg[i]-indeg[i])==1) {
49              nout++;
50              start=i;
51            }else {
52              break;
53            }
54          }else{
55            if (used[i]) nequ++;
56          }
57        }
58        if ((nin==1) && (nout==1) && (nequ==(nal-2))) success=true;
59        if ((nin==0) && (nout==0) && (nequ==nal)) success=true;
60        if (success){
61          if (nout==1){
62            dfs(start);
63          }
64          if (nout==0){
65            for(int i=0;i<26;i++) {
66              if(outdeg[i]>0) {
```

```
67              dfs(i);
68              break;
69            }
70          }
71        }
72        for(int i=0;i<26;i++) {
73          if(used[i]&&!v[i]){
74            success=false;
75            break;
76          }
77        }
78      }
79      if (success) cout<<"可以串接"<<endl;
80      else cout<<"無法串接"<<endl;
81    }
82  }
```

- 第 6 行：宣告 v 為布林陣列，有 26 個元素。

- 第 7 行：宣告陣列 G 為 deque 陣列，有 26 個元素，每個元素都是儲存整數的 deque。

- 第 8 到 15 行：定義 dfs 函式，以 x 當成輸入參數，設定 v[x] 為 true，使用迴圈變數 i，由 0 到 G[x].size()-1，每次遞增 1，取出 G[x] 的每個元素，若 v[G[x][i]] 為 false，表示點 G[x][i] 未拜訪過，則遞迴呼叫 dfs 函式，以 G[x][i] 為傳入參數。

- 第 16 到 82 行：定義 main 函式。

- 第 17 行：宣告 indeg 與 outdeg 為整數陣列，有 26 個元素，整數陣列 dul 有 2600 個元素。

- 第 18 行：宣告 n、m、x、y、nout、nin、nequ、nal 與 start 為整數變數。

- 第 19 行：宣告 s 為字串變數。

- 第 20 行：宣告 success 為布林變數與 used 為布林陣列，有 26 個元素。

- 第 21 到 81 行：使用 while 迴圈不斷輸入整數 m。

- 第 22 行：使用迴圈清空陣列 G，使用迴圈變數 i，由 0 到 25，每次遞增 1，每次清空 G[i]，刪除 G[i] 已經儲存的元素。

- 第 23 行：宣告並初始化 indeg，所個元素都為 0。

- 第 24 行：宣告並初始化 outdeg，所個元素都為 0。

- 第 25 行：宣告並初始化 used，所個元素都為 0。

- 第 26 行：宣告並初始化 v，所個元素都為 0。

- 第 27 行：宣告並初始化 dul，所個元素都為 0。

- 第 28 行：初始化變數 nout、nin、nequ 與 nal 都設定為 0。

- 第 29 行：初始化變數 success 設定為 false。

- 第 30 到 42 行：迴圈變數 i，由 0 到（m-1），每次遞增 1，每次輸入一個單字到變數 s，將 s[0]-'a' 儲存到 x，將 s[s.length()-1]-'a' 儲存到 y，表有向邊由點 x 到點 y，若 dul[x*100+y] 等於 0，表示有向邊由點 x 到點 y 還未出現過，將 y 加入到 G[x]（第 35 行），設定 dul[x*100+y] 為 1（第 36 行）。

- 第 38 到 39 行：outdeg[x] 遞增 1，表示從 x 可以連出去的邊增加 1，indeg[y] 遞增 1，表示連入點 y 的邊增加 1 個。

- 第 40 到 41 行：設定 used[x] 與 used[y] 為 true。

- 第 43 行：迴圈變數 i，由 0 到 25，每次遞增 1，若 used[i] 為 true，則變數 nal 遞增 1，表示字母個數增加 1，迴圈執行結束後就可以獲得字母總數。

- 第 44 到 57 行：迴圈變數 i，由 0 到 25，每次遞增 1，若 indeg[i] 不等於 outdeg[i]，表示點 i 連入的邊與出去的邊個數不相同，則若 indeg[i]-outdeg[i] 等於 1，表示點 i 連入的邊比出去的邊多一個，則變數 nin 增加 1（第 47 行），否則若 outdeg[i]-indeg[i] 等於 1，表示點 i 出去的邊比連入的邊多一個，則變數 nout 增加 1（第 49 行），設定變數 start 為變數 i 的數值，否則 indeg[i] 與 outdeg[i] 的差距大於等於 2，則一定不會有尤拉路徑，使用 break 中斷第 44 到 57 的迴圈。

- 第 54 到 56 行：否則，表示 indeg[i] 與 outdeg[i] 相同，則變數 nequ 遞增 1。

- 第 58 行：若 nin 等於 1，且 nout 等於 1，且 nequ 等於（nal-2），則設定 success 為 true，表示可能有尤拉路徑。

- 第 59 行：若 nin 等於 0，且 nout 等於 0，且 nequ 等於 nal，則設定 success 為 true，表示可能有尤拉路徑。

- 第 60 到 78 行：若 success 為 true，則若 nout 等於 1，則呼叫 dfs 函式，以 start 傳入，進行深度優先搜尋。

- 第 64 到 71 行：若 nout 為 0，則使用迴圈變數 i，由 0 到 25，每次遞增 1，若 outdeg[i] 大於 0，表示該點可以連結出去，呼叫 dfs 函式，以 i 傳入，進行深度優先搜尋，深度搜尋完成後，使用 break 中斷並跳出第 65 到 70 行的迴圈，使用 break 表示只從一個點使用深度優先搜尋是否可以到所有點，來判斷圖形是否連通。

- 第 72 到 77 行：使用迴圈變數 i，由 0 到 25，每次遞增 1，若 used[i] 為 true 與 v[i] 為 false，表示點 i 在圖形中出現過，但深度優先走訪時無法到達，表示圖形不連通，所以沒有尤拉路徑，設定 success 為 false（第 74 行），使用 break 中斷並跳出第 72 到 77 行的迴圈。

- 第 79 到 80 行：若 success 為 true，顯示「可以串接」，否則顯示「無法串接」。

(c) 演算法效率分析

執行第 62 行與第 67 行的深度優先搜尋演算法，每個邊與點最多拜訪一次，所以演算法效率為 O(n+m)，n 為點的個數，m 為邊的個數。

(d) 預覽結果

按下「執行→編譯並執行」，螢幕顯示結果如下圖。

12-3 ▸▸ 最小生成樹

在無向圖有權重的連通圖中找尋可以連接所有點的邊且不形成循環，且這些邊的權重和最小，可以連通所有點且不形成循環，一定會形成樹，這樣的問題稱作最小生成樹（Minimum Spanning Tree）。

本節介紹 Kruskal 的最小生成樹演算法，因為這個演算法較容易實作，Kruskal 演算法由最小的邊出發，找出最小且不形成循環的邊，直到邊的個數為點的個數少 1，就找到最小生成樹。

使用 Kruskal 演算法找出最小生成樹

以下圖為例，進行 Kruskal 演算法的解說。

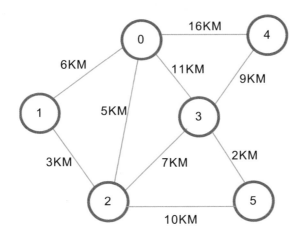

Step1　從圖形中找出最小的邊，點 3 到點 5 的邊，設定為已經選取此邊為最小生成樹的邊。

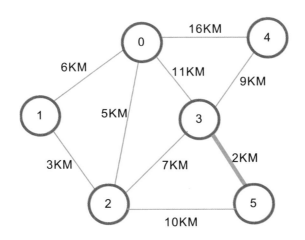

Step2 從圖形中沒有使用過的邊中，找出最小的邊，點 1 到點 2 的邊，且不會形成循環，設定為已經選取此邊為最小生成樹的邊。

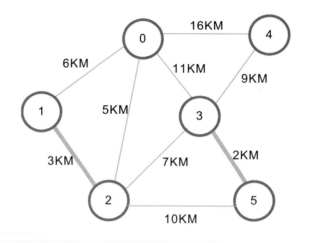

Step3 從圖形中沒有使用過的邊中，找出最小的邊，點 0 到點 2 的邊，且不會形成循環，設定為已經選取此邊為最小生成樹的邊。

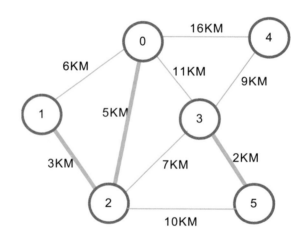

Step4 從圖形中沒有使用過的邊中，找出最小的邊，點 0 到點 1 的邊，因為會形成循環，所以此邊不能是最小生成樹的其中一邊。

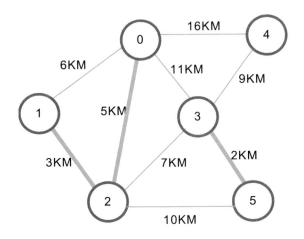

Step5 從圖形中沒有使用過的邊中，找出最小的邊，點 2 到點 3 的邊，且不會形成循環，設定為已經選取此邊為最小生成樹的邊。

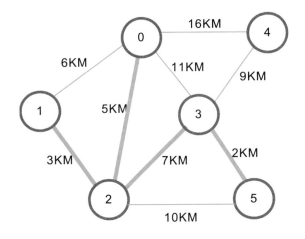

Step6 從圖形中沒有使用過的邊中，找出最小的邊，點 3 到點 4 的邊，且不會形成循環，設定為已經選取此邊為最小生成樹的邊。

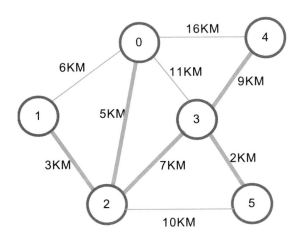

Step7 到此已經找出 5 個邊，形成此圖的最小生成樹，最小生成樹所有邊的權重總和為 26。

如何判斷選取的邊形成循環？這時需要使用集合的概念，剛開始每一個點都是一個集合，每個集合都只有一個元素，當加入最小生成樹的邊，邊的兩端點節點屬於同一個集合，就會形成循環，該邊不能是最小生成樹的邊。

Step1 將最小邊 (3,5) 加入最小生成樹，將點 3 與點 5 屬於不同的集合，且都是只有一個元素的集合，所以{3}與{5}進行聯集形成一個新集合{3,5}。

Step2 將最小邊 (1,2) 加入最小生成樹，將點 1 與點 2 屬於不同的集合，且都是只有一個元素的集合，所以 {1} 與 {2} 進行聯集形成另一個集合 {1,2}，目前集合有{3,5}與{1,2}。

Step3 將最小邊 (0,2) 加入最小生成樹，將點 0 與點 2 屬於不同的集合，所以 {0} 與 {1,2} 進行聯集形成另一個集合 {0,1,2}，目前集合有{3,5}與 {0,1,2}。

Step4 將最小邊 (0,1) 加入最小生成樹，點 0 與點 1 都屬於集合{0,1,2}，如果加入邊 (0,1) 則會形成循環，所以不能加入邊 (0,1)，目前集合有{3,5}與{0,1,2}。

Step5 將最小邊 (2,3) 加入最小生成樹，點 2 與點 3 屬於不同的集合，所以 {0,1,2} 與 {3,5} 進行聯集形成另一個集合 {0,1,2,3,5}，目前集合有 {0,1,2,3,5}。

Step6 將最小邊 (3,4) 加入最小生成樹，點 3 與點 4 屬於不同的集合，所以 {0,1,2,3,5}與 {4} 進行聯集形成另一個集合 {0,1,2,3,4,5}，目前集合有 {0,1,2,3,4,5}，到此完成最小生成樹。

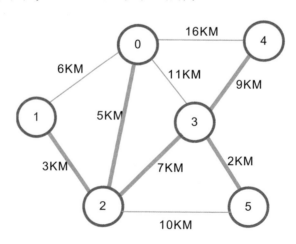

程式實作集合聯集與是否屬於同一個集合，可以使用一個陣列 parent，初始化每個元素的 parent 為自己。

	點 0	點 1	點 2	點 3	點 4	點 5
陣列 parent	0	1	2	3	4	5

Step1　將最小邊 (3,5) 加入最小生成樹，將點 3 與點 5 屬於不同的集合，且都是只有一個元素的集合，所以 {3} 與 {5} 進行聯集形成一個新集合 {3,5}，此時可以將陣列 parent 中代表點 3 的數值改成 5，表示點 3 的上一層是點 5，這樣點 3 與點 5 往上一層找尋都找到數值 5，有相同的祖先形成新的集合。

	點 0	點 1	點 2	點 3	點 4	點 5
陣列 parent	0	1	2	5	4	5

上述陣列若以樹狀結構表示如下。

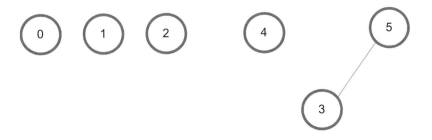

Step2　將最小邊 (1,2) 加入最小生成樹，將點 1 與點 2 屬於不同的集合，且都是只有一個元素的集合，所以 {1} 與 {2} 進行聯集形成另一個集合 {1,2}，目前集合有 {3,5} 與 {1,2}。此時可以將陣列 parent 中代表點 1 的數值改成 2，表示點 1 的上一層是點 2，這樣點 1 與點 2 往上一層找尋都找到數值 2，有相同的祖先形成新的集合。

	點 0	點 1	點 2	點 3	點 4	點 5
陣列 parent	0	2	2	5	4	5

上述陣列若以樹狀結構表示如下。

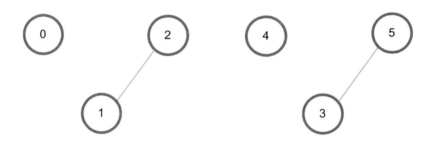

Step3　將最小邊 (0,2) 加入最小生成樹，將點 0 與點 2 屬於不同的集合，所以
　　　　{0} 與 {1,2} 進行聯集形成另一個集合 {0,1,2}，目前集合有 {3,5} 與
　　　　{0,1,2}。此時可以將陣列 parent 中代表點 0 的數值改成 2，表示點 0
　　　　的上一層是點 2，這樣點 0 與點 2 往上一層找尋都找到數值 2，有相同
　　　　的祖先形成新的集合。

	點 0	點 1	點 2	點 3	點 4	點 5
陣列 parent	2	2	2	5	4	5

上述陣列若以樹狀結構表示如下。

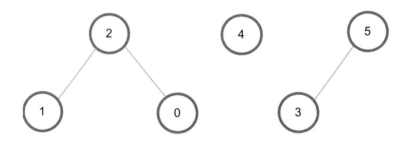

Step4　將最小邊(0,1)加入最小生成樹，點 0 與點 1 的祖先都是 2，所以都屬於
　　　　集合 {0,1,2}，如果加入邊(0,1)則會形成循環，所以不能加入邊(0,1)，
　　　　目前集合仍是 {3,5} 與 {0,1,2}。

	點 0	點 1	點 2	點 3	點 4	點 5
陣列 parent	2	2	2	5	4	5

上述陣列若以樹狀結構表示如下。

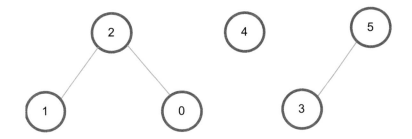

Step5 將最小邊 (2,3) 加入最小生成樹,點 2 與點 3 屬於不同的集合,所以
{0,1,2} 與 {3,5} 進行聯集形成另一個集合 {0,1,2,3,5},目前集合有
{0,1,2,3,5}。此時可以將陣列 parent 中代表點 5 的數值改成 2,表示點
5 的上一層是點 2,這樣點 0 與點 2 往上一層找尋都找到數值 2,有相
同的祖先形成新的集合。

	點 0	點 1	點 2	點 3	點 4	點 5
陣列 parent	2	2	2	5	4	2

上述陣列若以樹狀結構表示如下。

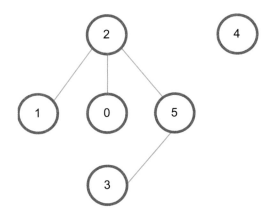

Step6 將最小邊 (3,4) 加入最小生成樹,點 3 與點 4 屬於不同的集合,所以
{0,1,2,3,5} 與 {4} 進行聯集形成另一個集合 {0,1,2,3,4,5},目前集合有
{0,1,2,3,4,5},到此完成最小生成樹。此時可以將陣列 parent 中代表點
4 的數值改成 2,表示點 4 的上一層是點 2,有相同的祖先形成新的集
合。

	點 0	點 1	點 2	點 3	點 4	點 5
陣列 parent	2	2	2	5	2	2

上述陣列若以樹狀結構表示如下。

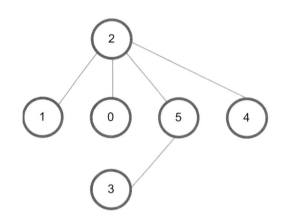

12-3-1　最小生成樹【12-3-1 最小生成樹.cpp】

給定最多 100 個節點以內的無向圖，每個節點編號由 0 開始編號，且節點編號皆不相同，每個邊的權重為正整數，相同起點與終點的邊只有一個，請找出最小成樹的邊權重和。

- 輸入說明：輸入正整數 n 與 m，表示圖形中有 n 個點與 m 個有向邊，接下來有 m 行，每個邊有三個數字，前兩個數字為邊的兩端點節點編號與最後一個數字為邊的權重，保證節點編號由 0 到（n-1）。
- 輸出說明：輸出最小生成樹的邊權重和。
- 範例輸入

輸入測資　　　　　　　　　測資表示的圖形

```
6 9
0 1 6
0 2 5
0 3 11
0 4 16
1 2 3
2 3 7
2 5 10
3 4 9
3 5 2
```

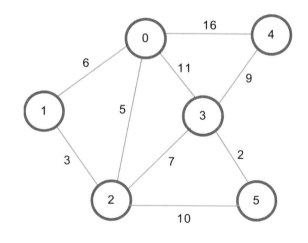

- 範例輸出

  26

(a) 解題想法

　　將所有邊的節點與權重，輸入到陣列 edge，將陣列 edge 依照 w 由小到大排序，由小到大依序取出每一個邊，使用陣列 parent 記錄節點的上一層節點編號，有相同根節點的節點編號，表示同一個集合，若取出最小邊的兩端點，由陣列 parent 來判斷是否在同一個集合內，若有相同的根節點節點編號，表示同一個集合，加入此邊會形成循環，該邊不是最小生成樹的邊；若有不同的根節點節點編號，表示兩端點不在同一個集合內，加入此邊不會形成循環，該邊是最小生成樹的邊，接著更改陣列 parent，集合元素個數越多者要放在上面，這樣由陣列 parent 往上找根節點才能在較少比較次數內完成，程式會有較佳的效率。

(b) 程式碼與解說

```
1     #include <iostream>
2     #include <algorithm>
3     using namespace std;
4     struct Edge{
5       int x;
6       int y;
7       int w;
8     };
9     Edge edge[5000];
10    int num[100],parent[100];
11    bool cmp(Edge a,Edge b){
12      return a.w < b.w;
13    }
14    int findParent(int a){
15      while(a!=parent[a]){
16        a=parent[a];
17      }
18      return a;
19    }
20    int main(){
21      int n,m,numEdge,result;
22      while (cin >> n >> m){
23        for(int i=0;i<m;i++){
24          cin >> edge[i].x >> edge[i].y >> edge[i].w;
25        }
26        for(int i=0;i<n;i++){
```

```
27            parent[i]=i;
28            num[i]=1;
29        }
30        sort(edge,edge+m,cmp);
31        result=0,numEdge=0;
32        for(int i=0;i<m && numEdge<n;i++){
33            int a,b;
34            a=findParent(edge[i].x);
35            b=findParent(edge[i].y);
36            if (a != b){
37                if (num[a]>num[b]){
38                    parent[b]=a;
39                    num[a]+=num[b];
40                } else {
41                    parent[a]=b;
42                    num[b]+=num[a];
43                }
44                result+=edge[i].w;
45                numEdge++;
46            }
47        }
48        if (numEdge == (n-1)) cout << result << endl;
49        else cout << "找不到最小生成樹" << endl;
50    }
51 }
```

- 第 4 到 8 行：宣告一個結構 Edge，由 3 個元素描述一個邊，分別是 x、y 與 w，x 紀錄邊的一個端點，y 紀錄邊的另一個端點，w 表示邊的權重。

- 第 9 行：宣告 edge 為結構 Edge 陣列，有 5000 個元素。

- 第 10 行：宣告 num 與 parent 為整數陣列，有 100 個元素。

- 第 11 到 13 行：定義 cmp 函式，與 sort 函式結合，可以讓結構 Edge 陣列依照 w 由小到大排序。

- 第 14 到 19 行：定義 findParent 函式，會不斷地往上一層找，直到最上層（a 等於 parent[a]）為止，當 a 不等於 parent[a]，則設定 a 為 parent[a]，表示往上一層找，直到 a 等於 parent[a] 為止。最後回傳變數 a。

- 第 20 到 51 行：定義 main 函式。

- 第 21 行：宣告變數 n、m、numEdge 與 result 為整數變數。

- 第 22 到 50 行：使用 while 迴圈不斷輸入整數 n 與整數 m。

- 第 23 到 25 行：迴圈變數 i，由 0 到（m-1），每次遞增 1，每次輸入三個整數到 edge[i].x、edge[i].y 與 edge[i].w，表示邊的兩端點與權重。

- 第 26 到 29 行：使用迴圈變數 i，由 0 到（n-1），每次遞增 1，設定 parent[i] 為 i，設定 num[i]為 1。

- 第 30 行：使用 sort 函式與 cmp 函式，將陣列 edge 依照 w 由小到大排序。

- 第 31 行：初始化變數 result 與 numEdge 為 0。

- 第 32 到 47 行：使用迴圈變數 i，由 0 到（m-1），每次遞增 1，且變數 numEdge 小於變數 n，宣告 a 與 b 為整數變數，找出 edge[i].x 的最上層祖先節點編號儲存到變數 a；找出 edge[i].y 的最上層祖先節點編號儲存到變數 b。

- 第 36 到 46 行：若 a 不等於 b，表示將邊 edge[i] 加入最小生成樹不會形成循環，選擇 edge[i] 加入到最小生成樹，若 num[a] 大於 num[b]，則元素多的集合要放在上面，設定 parent[b] 為 a（第 38 行），表示集合 a 在集合 b 上方，更新集合 a 個數（num[a]）為集合 a 個數（num[a]）加上集合 b 個數（num[b]）（第 39 行）；否則（num[a]小於等於 num[b]），元素多的集合要放在上面，設定 parent[a] 為 b（第 41 行），表示集合 b 在集合 a 上方，更新集合 b 個數（num[b]）為集合 b 個數（num[b]）加上集合 a 個數（num[a]）（第 42 行），陣列 num 儲存各集合的元素個數，根據陣列 num 數值越大越放在上面，這樣會使用 findParent 函式找尋最上層節點時，可以用較少的比較次數找到根節點，可以較快找到。

- 第 44 行：將 edge[i].w 累加到變數 result。

- 第 45 行：變數 numEdge 遞增 1。

- 第 48 到 49 行：若 numEdge 等於（n-1），則輸出變數 result，接著輸出換行，否則輸出「找不到最小生成樹」，接著輸出換行。

(c) 演算法效率分析

執行第 30 行排序演算法，效率為 $O(m*log(m))$，m 為邊的個數。第 32 到 47 行的演算法效率，第 32 行的迴圈最多執行 m 次，迴圈內每次執行第 34 行與第 35 行的 findParent 函式，若每次集合進行合併時，節點個數多的在上方，則可以在較少的比較次數找到根節點，演算法效率為 $O(log(n))$，整個演算法效率為 $O(m*log(n))$，m 為邊的個數，n 為點的個數。整體演算法效率為 $O(m*log(m)+m*log(n))$。

(d) 預覽結果

按下「執行→編譯並執行」，螢幕顯示結果如下圖。

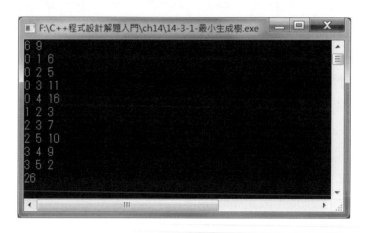

12-3-2 連接圖形所有點的最短距離

【12-3-2 連接圖形所有點的最短距離.cpp】

給定最多 100 個節點以內 XY 平面的點座標，表示一個國家的城市個數，假設要找出連接這些城市的道路，且道路可以取任兩點的直線距離進行建置，道路的成本與道路的距離成正比，請幫這個國家找出讓這些城市可以連接起來的道路最短距離。

- 輸入說明：輸入正整數 n，表示有 n 個城市，接下來有 n 行，每一行有兩個數值，表示一個城市所在平面的 X 與 Y 座標值，座標值可以是浮點數。

- 輸出說明：輸出將 n 個城市連接起來的道路最短距離。

- 範例輸入

  輸入測資

  5

  0.0 0.0

  2.0 2.0

  4.0 3.0

  5.0 5.0

  2.0 5.0

- 範例輸出

  10.129

測資表示的圖形

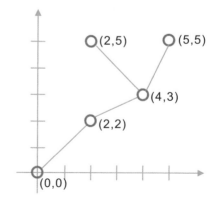

(a) 解題想法

　　將所有邊的節點與權重，輸入到陣列 edge，將陣列 edge 依照 w 由小到大排序，由小到大依序取出每一個邊，使用陣列 parent 記錄節點的上一層節點編號，有相同根節點的節點編號，表示同一個集合，若取出最小邊的兩端點，由陣列 parent 來判斷是否在同一個集合內，若有相同根節點的節點編號，表示同一個集合，加入此邊會形成循環，該邊不是最小生成樹的邊；若有不同的根節點節點編號，表示兩端點不在同一個集合內，加入此邊不會形成循環，該邊是最小生成樹的邊，最後更改陣列 parent，集合元素個數越多者要放在上面，這樣由陣列 parent 往上找根節點才能在較少比較次數內完成。

(b) 程式碼與解說

```
1    #include <iostream>
2    #include <algorithm>
3    #include <cmath>
4    using namespace std;
5    struct Edge{
6      int x;
7      int y;
8      double w;
9    };
10   Edge edge[5000];
11   double x[100],y[100];
12   bool compare (Edge a,Edge b){
13     return a.w < b.w;
14   }
15   int num[100],parent[100];
16   int findParent(int a){
17     while(a!=parent[a]){
18       a=parent[a];
19     }
20     return a;
21   }
22   int main(){
23     int n,m,numEdge,s;
24     double result;
25     while(cin >> n){
26       for(int i=0;i<n;i++){
27         cin >> x[i] >> y[i];
28       }
29       s=0;
30       for(int i=0;i<n;i++){
```

```
31        for(int j=i+1;j<n;j++){
32          edge[s].x=i;
33          edge[s].y=j;
34          edge[s].w=sqrt((x[i]-x[j])*(x[i]-x[j])+(y[i]-y[j])*(y[i]-y[j]));
35          s++;
36        }
37      }
38      for(int i=0;i<n;i++){
39        parent[i]=i;
40        num[i]=1;
41      }
42      sort(edge,edge+s,compare);
43      result=0,numEdge=0;
44      for(int i=0;i<s && numEdge<n;i++){
45        int a,b;
46        a=findParent(edge[i].x);
47        b=findParent(edge[i].y);
48        if (a != b){
49          if (num[a]>num[b]){
50            parent[b]=a;
51            num[a]+=num[b];
52          } else {
53            parent[a]=b;
54            num[b]+=num[a];
55          }
56          result+=edge[i].w;
57          numEdge++;
58        }
59      }
60      if (numEdge == (n-1)) {
61        cout << result << endl;
62      }
63    }
64  }
```

- 第 5 到 9 行：宣告一個結構 Edge，由 3 個元素描述一個邊，分別是 x、y 與 w，x 紀錄邊的一個端點，y 紀錄邊的另一個端點，w 表示邊的權重。

- 第 10 行：宣告 edge 為結構 Edge 陣列，有 5000 個元素。

- 第 11 行：宣告浮點數陣列 x 與 y，各有 100 元素。

- 第 12 到 14 行：定義 compare 函式，與 sort 函式結合，可以讓結構 Edge 陣列依照 w 由小到大排序。

- 第 15 行：宣告 num 與 parent 為整數陣列，有 100 個元素。

- 第 16 到 21 行：定義 findParent 函式，會不斷地往上一層找，直到最上層（a 等於 parent[a]）為止，當 a 不等於 parent[a]，則設定 a 為 parent[a]，表示往上一層找，直到 a 等於 parent[a]為止。最後回傳變數 a。

- 第 22 到 64 行：定義 main 函式。

- 第 23 行：宣告變數 n、m、numEdge 與 s 為整數變數。

- 第 24 行：宣告 result 為倍精度浮點數變數。

- 第 25 到 63 行：使用 while 迴圈不斷輸入整數 n。

- 第 26 到 28 行：迴圈變數 i，由 0 到（n-1），每次遞增 1，每次輸入兩個浮點數到 x[i]與 y[i]，表示點的 X 與 Y 的座標值。

- 第 29 行：初始化變數 s 為 0。

- 第 30 到 37 行：外層迴圈變數 i，由 0 到（n-1），每次遞增 1，內層迴圈變數 j，由 i+1 到（n-1），每次遞增 1，設定 edge[s].x 為 i（第 32 行），設定 edge[s].y 為 j（第 33 行），設定 edge[s].w 為座標（x[i],y[i]）到（x[j],y[j]）的直線距離（第 34 行），變數 s 遞增 1（第 35 行）。

- 第 38 到 41 行：迴圈變數 i，由 0 到(n-1)，每次遞增 1，設定 parent[i]為 i，設定 num[i] 為 1。

- 第 42 行：使用 sort 函式與 compare 函式，將陣列 edge 依照 w 由小到大排序。

- 第 43 行：初始化變數 result 與 numEdge 為 0。

- 第 44 到 59 行：迴圈變數 i，由 0 到（s-1），每次遞增 1，且變數 numEdge 小於變數 n，宣告 a 與 b 為整數變數，找出 edge[i].x 的最上層祖先節點編號儲存到變數 a（第 46 行）；找出 edge[i].y 的最上層祖先節點編號儲存到變數 b（第 47 行）。

- 第 48 到 58 行：若 a 不等於 b，表示 edge[i].x 與 edge[i].y 加入最小生成樹不會形成循環，選擇 edge[i] 加入到最小生成樹，若 num[a]大於 num[b]，則元素多的集合要放在上面，設定 parent[b] 為 a（第 50 行），表示集合 a 在集合 b 上方，更新集合 a 個數（num[a]）為集合 a 個數（num[a]）加上集合 b 個數（num[b]）（第 51 行）；否則（num[a]小於等於 num[b]），元素多的集合要放在上面，設定 parent[a]為 b（第 53 行），表示集合 b 在集合 a 上方，更新集合 b 個數（num[b]）為集合 b 個數（num[b]）加上集合 a 個數（num[a]）（第 54 行），陣列 num 儲存各集合的元素個數，根據陣列 num 數值越大越放在上面，這樣會使 findParent 函式找尋最上層節點時，整個集合可以用較少的比較次數找到根節點，可以較快找到。

- 第 56 行:將 edge[i].w 累加到變數 result。
- 第 57 行:變數 numEdge 遞增 1。
- 第 60 到 61 行:若 numEdge 等於(n-1),則輸出變數 result,接著輸出換行。

(c) 演算法效率分析

執行第 32 行排序演算法,效率為 O(s*log(s)),s 為邊的個數,平面上任兩點邊的個數有 $\frac{n(n-1)}{2}$ 個,n 為點的個數,以 s= $\frac{n(n-1)}{2}$ 代入 O(s*log(s)),可以得到演算法效率為 $O(n^2\log(n))$,n 為點的個數。第 44 到 59 行的演算法效率分析,第 44 行的迴圈最多執行 s 次,s 表示任兩點邊的個數有 $\frac{n(n-1)}{2}$ 個,n 為點的個數,迴圈內每次執行第 46 行與第 47 行的 findParent 函式,若節點個數多的在上方,演算法效率為 O(log(n)),第 44 到 59 行的演算法效率為 $O(n^2\log(n))$,n 為點的個數。所以整體演算法效率為 $O(n^2\log(n))$,n 為點的個數。

(d) 預覽結果

按下「執行→編譯並執行」,螢幕顯示結果如下圖。

12-4 ▸▸ 找出關節點

在無向連通圖中找尋關節點(articulation point),關節點表示從圖中移除這個點會形成無法連通的圖,而若圖形表示交通網路圖,這些關節點就是不可以取代的點,一定要維持能順暢通過這些關節點,不然圖形上某些點就無法到達。

使用深度優先搜尋找出關節點

任何一張連通圖可以使用深度優先搜尋（DFS）進行搜尋，一定能走訪所有點，將深度優先搜尋走訪過的點與邊會形成深度優先搜尋樹。

以下圖為例，由點 0 開始進行深度優先搜尋，過程中依照點的編號由小到大依序走訪。

原圖（虛線為深度優先搜尋的拜訪順序）

由點 0 開始進行深度優先搜尋形成一個深度優先搜尋樹，實線表示深度優先搜尋樹的邊，虛線為原圖的邊，且未納入深度優先搜尋樹，若該邊可以連結到更高的祖先（例如：點 0），則稱為 back edge，下圖 3 個虛線的邊都是 back edge。

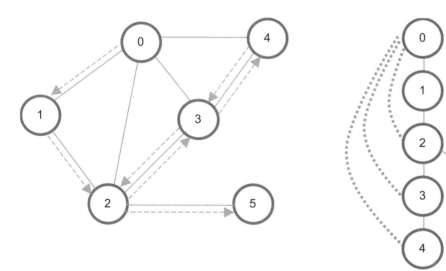

關節點的判斷演算法

(1) 若點 p 是深度優先搜尋樹的根節點，因為深度優先搜尋樹的子樹之間不會相連，會相連就會屬於同一子樹，所以點 p 只要有兩個以上的子樹，則點 p 就是關節點（articulation point）。

(2) 若點 p 不是深度優先搜尋樹的根節點，點 p 的每個子孫都有 back edge 可以連到點 p 的祖先（不含點 p），該點就不是關節點（articulation point），若有一個子孫沒有 back edge，該點就是關節點（articulation point）。

使用程式判斷圖形的邊為 back edge

深度優先搜尋走訪過程中點的走訪順序可以標記在陣列 v 中，可以使用陣列 v 來判斷是否有 back edge 的存在，back edge 表示在深度優先搜尋走訪順序較晚的點，有邊連結到走訪順序較早的點，這些邊被稱為 back edge。

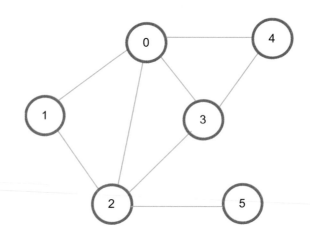

以上圖的點 0 開始，進行深度優先搜尋走訪，來判定節點是否有 back edge，與節點是否是關節點，使用陣列 v 儲存深度優先搜尋走訪時，拜訪節點的順序，使用陣列 up 儲存每個節點的子孫可以拜訪的最高祖先。

Step1 從點 0 出發，設定陣列 v 與陣列 up 為 1，從點 0 找出最小編號的點為下一個點，選擇點 1，進行深度優先搜尋。

	點 0	點 1	點 2	點 3	點 4	點 5
陣列 v	1	0	0	0	0	0

	點 0	點 1	點 2	點 3	點 4	點 5
陣列 up	1	0	0	0	0	0

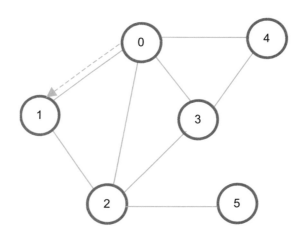

Step2 到達點 1，設定陣列 v 與陣列 up 為 2，從點 1 找出最小編號的點為下一個點，先選擇點 0，但點 0 剛剛過來的點，所以不能選，選擇點 2 為下一個點，進行深度優先搜尋。

	點 0	點 1	點 2	點 3	點 4	點 5
陣列 v	1	2	0	0	0	0

	點 0	點 1	點 2	點 3	點 4	點 5
陣列 up	1	2	0	0	0	0

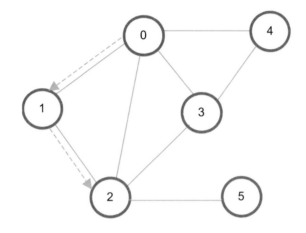

Step3 到達點 2，設定陣列 v 與陣列 up 為 3，從點 2 找出最小編號的點為下一個點，先選擇點 0，但已經拜訪過，所以不能選，將 up[2] 與 v[0] 較小值儲存到 up[2]，更新 up[2] 為 1，發現點 2 到點 0 的邊為 back edge；點 1 剛剛過來的點，所以不能選，選擇點 3 為下一個點，進行深度優先搜尋。

	點 0	點 1	點 2	點 3	點 4	點 5
陣列 v	1	2	3	0	0	0

	點 0	點 1	點 2	點 3	點 4	點 5
陣列 up	1	2	1	0	0	0

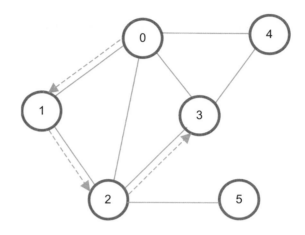

Step4 到達點 3，設定陣列 v 與陣列 up 為 4，從點 3 找出最小編號的點為下一
個點，先選擇點 0，但已經拜訪過，所以不能選，將 up[3]與 v[0]較小
值儲存到 up[3]，更新 up[3]為 1，發現點 3 到點 0 的邊為 back edge；
點 2 剛剛過來的點，所以不能選，選擇點 4 為下一個點，進行深度優先
搜尋。

	點 0	點 1	點 2	點 3	點 4	點 5
陣列 v	1	2	3	4	0	0

	點 0	點 1	點 2	點 3	點 4	點 5
陣列 up	1	2	1	1	0	0

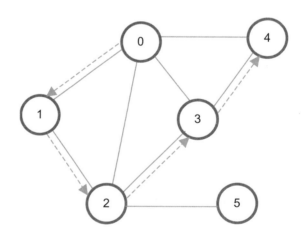

Step5 到達點 4，設定陣列 v 與陣列 up 為 5，從點 3 找出最小編號的點為下一
個點，先選擇點 0，但已經拜訪過，所以不能選，將 up[4]與 v[0] 較小
值儲存到 up[4]，更新 up[4] 為 1，發現點 4 到點 0 的邊為 back edge；

點 3 剛剛過來的點，所以不能選，沒有點可以走訪了，倒退回上一個點，點 3。

	點 0	點 1	點 2	點 3	點 4	點 5
陣列 v	1	2	3	4	5	0

	點 0	點 1	點 2	點 3	點 4	點 5
陣列 up	1	2	1	1	1	0

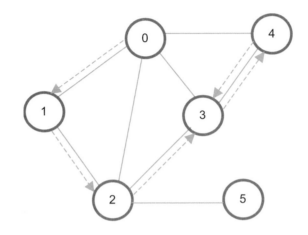

Step6　退回點 3，沒有點可以走訪了，倒退回上一個點，點 2。

	點 0	點 1	點 2	點 3	點 4	點 5
陣列 v	1	2	3	4	5	0

	點 0	點 1	點 2	點 3	點 4	點 5
陣列 up	1	2	1	1	1	0

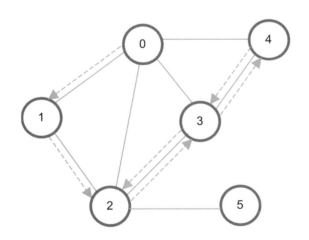

Step7 退回點 2，只剩點 5 未走訪過，選擇點 5 為下一個點，進行深度優先搜尋。

	點 0	點 1	點 2	點 3	點 4	點 5
陣列 v	1	2	3	4	5	0

	點 0	點 1	點 2	點 3	點 4	點 5
陣列 up	1	2	1	1	1	0

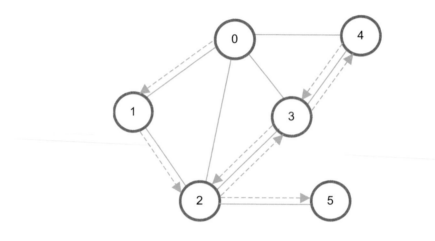

Step8 到達點 5，設定陣列 v 與陣列 up 為 6，從點 5 找出最小編號的點為下一個點，選擇點 2 為剛剛過來的點，所以不能選，沒有點可以走訪了倒退回上一個點，點 2。

	點 0	點 1	點 2	點 3	點 4	點 5
陣列 v	1	2	3	4	5	6

	點 0	點 1	點 2	點 3	點 4	點 5
陣列 up	1	2	1	1	1	6

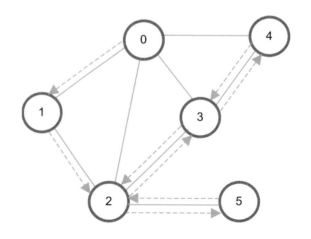

Step9　到退回點 2，發現 up[5] 大於 up[2]，所以點 5 沒有 back edge，點 2 為
　　　關節點。

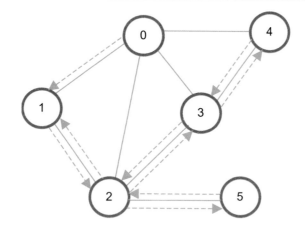

	點 0	點 1	點 2	點 3	點 4	點 5
陣列 v	1	2	3	4	5	6
	點 0	點 1	點 2	點 3	點 4	點 5
陣列 up	1	2	1	1	1	6

Step10　一路倒退回點 0，發現點 0 為深度優先搜尋樹的根節點，只有一個子樹，
　　　所以點 0 不是關節點。

	點 0	點 1	點 2	點 3	點 4	點 5
陣列 v	1	2	3	4	5	6
	點 0	點 1	點 2	點 3	點 4	點 5
陣列 up	1	2	1	1	5	6

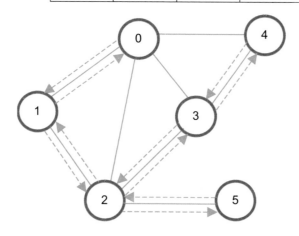

Step11　發現點 2 是關節點。

12-4-1 找出關鍵的路口【12-4-1 找出關鍵的路口.cpp】

給定最多 100 個節點以內的無向圖，每個節點名稱由字串組成，且節點名稱皆不相同，相同起點與終點的邊只有一個，請找出圖形中的關節點。

- 輸入說明：輸入正整數 n 與 m，表示圖形中有 n 個點與 m 個無向邊，接下來有 m 行，每個邊有兩個節點名稱，兩個節點名稱為邊的兩端點節點名稱。
- 輸出說明：輸出關節點的個數與節點名稱。
- 範例輸入

輸入測資　　　　　　　　測資表示的圖形

6 8
Ax Bx
Ax Cx
Ax Dx
Ax Ex
Bx Cx
Cx Dx
Cx Fx
Dx Ex

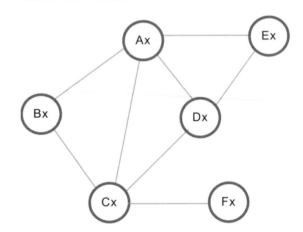

- 範例輸出

1
Cx

(a) 解題想法

利用深度優先搜尋演算法（DFS）傳入兩個參數 p 與 i，p 為 i 的雙親，深度優先搜尋過程中標記每個節點拜訪順序到陣列 v，使用另一個陣列 up，表示子孫可以經由 back edge 拜訪的最高祖先，遞迴呼叫下一層時，使用參數 i 與 target，i 為 target 的雙親，分成以下兩種情形。

(1) 若 p 等於 i，表示點 i 是根節點，則點 i 的子樹只要兩個以上就是關節點。

(2) 若點 i 不是根節點，若 target 等於 p 表示回到祖父母節點，不是 back edge，否則 target 不等於 p，若 v[target] 顯示已經拜訪過且 up[target] 小於 v[i]，則邊（i,target）為 back edge，若點 i 有一個子孫沒有 back edge，也就是找到一個子孫節點 target，up[target] 大於等於 v[i]，則點 i 就是關節點。

(b) 程式碼與解說

```
1     #include <iostream>
2     #include <deque>
3     #include <algorithm>
4     #include <string>
5     #include <cstring>
6     #include <vector>
7     using namespace std;
8     deque<int> G[100];
9     vector<string> name;
10    vector<string>::iterator it;
11    int v[100],up[100],ar[100];
12    int t,cnt;
13    void DFS(int p, int i) {
14      v[i] = up[i] = ++t;
15      int child=0,target;
16      bool ap = false;
17      for(int a=0;a<G[i].size();a++){
18        target=G[i][a];
19        if (target != p){
20          if (v[target]){
21            up[i] = min(up[i],v[target]);
22          } else {
23            child++;
24            DFS(i,target);
25            up[i] = min(up[i], up[target]);
26            if (up[target] >= v[i]) ap = true;
27          }
28        }
29      }
30      if (((i == p)&&(child > 1))||((i!=p)&&(ap==true))){
31        ar[i]=1;
32        cnt++;
33      }
34    }
35    int getCityIndex(string p){
36      it=find(name.begin(),name.end(),p);
37      if (it < name.end()) return it-name.begin();
38      else if (it == name.end()){
39        name.push_back(p);
40        return name.size()-1;
41      }
42    }
43    int main(){
```

```
44        string x,y;
45        int a,b,n,m;
46        while (cin >> n >> m){
47          t=0,cnt=0;
48          name.clear();
49          for(int i=0;i<n;i++){
50            G[i].clear();
51          }
52          for(int i=0;i<m;i++){
53            cin >> x >> y;
54            a=getCityIndex(x);
55            b=getCityIndex(y);
56            G[a].push_back(b);
57            G[b].push_back(a);
58          }
59          memset(v,0,sizeof(v));
60          memset(ar,0,sizeof(ar));
61          memset(up,0,sizeof(up));
62          DFS(0,0);
63          cout << cnt << endl;
64          for(int i=0;i<n;i++){
65            if (ar[i]>0) cout << name[i]<<endl;
66          }
67        }
68      }
```

- 第 8 行：宣告陣列 G 為 deque 陣列，有 100 個元素，每個元素都是儲存整數的 deque。

- 第 9 行：宣告 name 為 vector，每個元素可以儲存 string。

- 第 10 行：宣告 it 為迭代器，指向儲存 string 的 vector 的迭代器。

- 第 11 行：宣告 v、up 與 ar 為整數陣列，都有 100 個元素。

- 第 12 行：宣告 t 與 cnt 為整數變數。

- 第 13 到 34 行：定義 DFS 函式進行深度優先搜尋，輸入參數 p 表示上一個節點編號，與參數 i 表示目前節點編號。

- 第 14 行：變數 t 先遞增 1，再將變數 t 儲存到 v[i] 與 up[i]。

- 第 15 行：宣告變數 child 與 target 為整數，並初始化變數 child 為 0。

- 第 16 行：宣告 ap 為布林變數，並初始化為 false。

- 第 17 到 29 行：使用迴圈讀取節點編號 i 的所有邊可以連結出去的節點，使用迴圈變數 a 由 0 到 G[i].size()-1，每次遞增 1，設定變數 target 為 G[i][a]，

G[i][a] 表示讀取 G[i] 的第 a 個元素，變數 target 設定為能由節點編號 i 連結出去的下一個節點編號 G[i][a]。若變數 target 不等於變數 p，表示不是走回祖父母的節點 p，若 v[target] 不等於 0，表示有拜訪過，設定 up[i] 為 up[i] 與 v[target] 的最小值，儲存已經拜訪的最高祖先到 up[i]；否則，表示 v[target] 等於 0，表示點 target 未拜訪過，變數 child 遞增 1，使用遞迴呼叫 DFS 函式，使用變數 i 與變數 target 為參數，設定 up[i] 為 up[i] 與 up[target] 的最小值，若 up[target] 大於等於 v[i]，表示點 i 有子樹沒有 back edge，設定變數 ap 為 true。

- 第 30 到 33 行：若變數 i 等於變數 p，表示點 i 是根節點，若 child 大於 1，表示子樹個數大於 1，或者若變數 i 不等於變數 p，表示點 i 不是根節點，且若變數 ap 等於 true，則設定 ar[i] 為 1，變數 cnt 遞增 1。

- 第 35 到 42 行：定義 getCityIndex 函式，用於將節點名稱字串 p 轉換成節點編號。

- 第 36 行：使用 find 函式在 name 中找尋字串 p，回傳結果儲存在迭代器 it。

- 第 37 到 41 行：若 it 小於 name.end()，表示字串 p 已經在 name 當中，則回傳節點編號為「it-name.begin()」，否則將字串 p 加入 name，回傳節點編號為「name.size()-1」。

- 第 43 到 68 行：定義 main 函式。

- 第 44 行：宣告變數 x 與 y 為字串變數。

- 第 45 行：宣告變數 a、b、n 與 m 為整數變數。

- 第 46 到 68 行：使用 while 迴圈不斷輸入整數 n 與整數 m。

- 第 47 行：設定 cnt 與 t 為 0。

- 第 48 行：清空 name 中所有元素。

- 第 49 到 51 行：使用迴圈，迴圈變數 i 由 0 到（n-1），每次遞增 1，清空 deque 陣列 G 第 i 個元素。

- 第 52 到 58 行：迴圈變數 i，由 0 到（m-1），每次遞增 1，輸入邊的兩端點節點名稱到變數 x 與變數 y，使用 getCityIndex 函式將字串 x 轉換成節點編號儲存到變數 a（第 54 行），使用 getCityIndex 函式將字串 y 轉換成節點編號儲存到變數 b（第 55 行），將 b 加入到 G[a]的最後，表示點 a 可以到點 b（第 56 行），將 a 加入到 G[b]的最後，表示點 b 可以到點 a（第 57 行）。。

- 第 59 到 61 行：設定陣列 v、ar 與 up 的每個元素都為 0。

- 第 62 行：使用 DFS 進行深度優先搜尋

- 第 63 行：輸出變數 cnt 的值。

- 第 64 到 66 行：迴圈變數 i，由 0 到（n-1），每次遞增 1，若 ar[i] 大於 0，則輸出 name[i]，也就是點 i 的節點名稱，表示點 i 為關節點。

(c) 演算法效率分析

執行 getCityIndex 函式是本程式花最多執行時間的區域，執行第 36 行的 find 需要 O(n)時間，每個邊都要執行兩次 getCityIndex 函式，演算法效率為 O(n*m)，n 為點的個數，m 為邊的個數，第 13 到 34 行深度優先搜尋演算法，每個點都要拜訪，與點連出去的邊都需要考慮，演算法效率為 O(n+m)，整體演算法效率為 O(n*m)。

(d) 預覽結果

按下「執行→編譯並執行」，螢幕顯示結果如下圖。

UVa Online Judge 網路解題資源

圖形結構		
分類	UVa 題目	分類
基礎題	UVa 10305 Ordering Tasks	拓撲排序（Topology Sort）
基礎題	UVa 11060 Beverages	拓撲排序（Topology Sort）
基礎題	UVa 10129 Play on Words	尤拉路徑（Euler Trail）
基礎題	UVa 10034 Freckles	最小生成樹
基礎題	UVa 10147 Highways	最小生成樹
基礎題	UVa 10199 Tourist Guide	關節點（articulation point）
基礎題	UVa 315 Network	關節點（articulation point）

註：使用題目編號與名稱為關鍵字進行搜尋，可以在網路上找到許多相關的線上解題資源。

C++程式設計解題入門(第二版)--融入程式設計競賽與 APCS 檢定試題

作　　者：黃建庭
企劃編輯：江佳慧
文字編輯：王雅雯
設計裝幀：張寶莉
發 行 人：廖文良

發 行 所：碁峰資訊股份有限公司
地　　址：台北市南港區三重路 66 號 7 樓之 6
電　　話：(02)2788-2408
傳　　真：(02)8192-4433
網　　站：www.gotop.com.tw
書　　號：AEL021700
版　　次：2019 年 06 月初版
　　　　　2024 年 07 月初版九刷
建議售價：NT$520

國家圖書館出版品預行編目資料

C++程式設計解題入門(第二版)：融入程式設計競賽與 APCS 檢定
　試題 / 黃建庭著. -- 初版. -- 臺北市：碁峰資訊, 2019.06
　　面；　公分
　ISBN 978-986-502-150-4(平裝)

　1.C++(電腦程式語言)

312.32C　　　　　　　　　　　　　　　　　108007892

商標聲明：本書所引用之國內外公司各商標、商品名稱、網站畫面，其權利分屬合法註冊公司所有，絕無侵權之意，特此聲明。

本書是根據寫作當時的資料撰寫而成，日後若因資料更新導致與書籍內容有所差異，敬請見諒。若是軟、硬體問題，請您直接與軟、硬體廠商聯絡。